Gerhard-Helge Schildt
Wolfgang Kastner

Prozeßautomatisierung

SpringerWienNewYork

Univ.-Prof. Dr.-Ing. Gerhard-Helge Schildt
Univ.-Ass. Dipl.-Ing. Dr. techn. Wolfgang Kastner
Institut für Automation
Technische Universität Wien
Wien, Österreich

Das Werk ist urheberrechtlich geschützt.
Die dadurch begründeten Rechte, insbesondere die der Übersetzung, des Nachdruckes, der Entnahme von Abbildungen, der Funksendung, der Wiedergabe auf photomechanischem oder ähnlichem Wege und der Speicherung in Datenverarbeitungsanlagen, bleiben, auch bei nur auszugsweiser Verwertung, vorbehalten.
© 1998 Springer-Verlag/Wien

Reproduktionsfertige Vorlage von den Autoren
Druck: Novographic, Ing. Wolfgang Schmid, A-1230 Wien
Graphisches Konzept: Ecke Bonk
Gedruckt auf säurefreiem, chlorfrei gebleichtem Papier – TCF
SPIN 10630221

Mit 229 Abbildungen

ISBN 3-211-82999-7 Springer-Verlag Wien New York

Meinem verehrten Lehrer Prof. Dr.-Ing. Hans Fricke
(apl. Professor an der Technischen Universität Braunschweig)
gewidmet.

Vorwort

So eine Arbeit wird eigentlich nie fertig,
man muß sie für fertig erklären,
wenn man nach Zeit und Umständen das Mögliche getan hat.

Johann Wolfgang von Goethe, Italienische Reise.

Prozeßautomatisierung, Prozeßleittechnik, Prozeßdatenverarbeitung – dies sind Begriffe, die aus unterschiedlichem Blickwinkel ein neues Fachgebiet der Ingenieurwissenschaften umschreiben. Dieses Fachgebiet befaßt sich mit Verfahren beim Einsatz von (Mikro-)Computern und Mikroelektronik-Bausteinen für Automatisierungsaufgaben in technischen Prozessen.

Die marktwirtschaftliche Entwicklung ist durch das Bestreben gekennzeichnet, technische Vorgänge möglichst kostengünstig durchzuführen. Im Zuge dieser Entwicklung wurden immer mehr selbsttätig arbeitende Einrichtungen zur Meßwerterfassung, Steuerung und Regelung eingesetzt. So entstanden in der Vergangenheit die weitgehend selbständigen Fachgebiete der *Meßtechnik*, der *Steuerungstechnik* und der *Regelungstechnik*.

Mit dem Vordringen der modernen Mikroelektronik werden für alle Automatisierungsaufgaben zunehmend digitale Verfahren eingesetzt. Die Meß-, Steuer- und Regelgeräte enthalten damit vielfach einen digital arbeitenden Kern. Dies führt nun einerseits dazu, daß die bisher getrennten Fachgebiete wieder enger zusammenwachsen, ja sogar in einigen Fällen durch die gemeinsame Mikroelektronik-Technologie miteinander verschmelzen. Andererseits erwächst für die entwickelnden Ingenieure die Notwendigkeit, neben den Verfahren der Meßtechnik, der Steuerungstechnik und der Regelungstechnik auch die Verfahren der Software- und Hardwareentwicklung für die eingesetzten Mikroelektronik-Systeme zu beherrschen.

Für die Wettbewerbsfähigkeit einer Volkswirtschaft spielt die Automatisierungstechnik eine entscheidende Rolle. Hier wiederum ist die Produktivität von entscheidender Bedeutung. Nur durch eine erhebliche Steigerung der Produktivität kann eine internationale Wettbewerbsfähigkeit erhalten bzw. wiedergewonnen werden. Produktivität und Automatisierungstechnik sind dabei eng miteinander verkoppelt. Automatisierungstechnik in der modernen Industriegesellschaft liefert unter anderem einen wesentlichen Beitrag zur Reduzierung der Umweltbelastung. Die Automatisierungstechnik ist eine fächerübergreifende Disziplin. Sie verbindet auf der einen Seite die klassischen Ingenieurwissenschaften *Maschinenbau* und *Elektrotechnik* (mit den dazugehörigen Fachgebieten Meß-, Steuer- und Regelungstechnik) mit der Physik, Chemie, angewandten Mathematik und - natürlich - der *Informatik*. Bis heute hat sich klar erwiesen, daß sowohl die Politik als auch die Wirtschaft die fundamentale Bedeutung der Automatisierungstechnik erkannt haben und ihr eine entsprechende Förderung in Forschung und Entwicklung gewähren.

Moderne Konzepte wie *Lean Production, Lean Management, Total Quality Management* oder *Facility Management* sind im Grunde nur die konsequente Anwendung informatischer Methoden zur Steuerung komplexer Systeme. Neue Ansätze aus dem Bereich des *Soft Computing* (Künstliche Intelligenz, Fuzzy Logik, neurale Netze) oder die Petri-Netze (eine Methode, Systeme präzise, formal und dennoch anschaulich zu modellieren) sollten gezielt eingesetzt werden.

Ganzheitliche Lösungen mit dem Menschen im Mittelpunkt sind gefragt. Wenn die Entscheidungsträger in Unternehmen erkennen, daß der Schlüssel zum Erfolg in der Automatisierungstechnik liegt und daß Automatisierungstechnik kein Jobkiller, sondern durchaus auch ein Jobbringer ist, dann ist ein entscheidender Schritt zur Zukunftssicherung getan.

Das vorliegende Buch wendet sich sowohl an Fachkräfte in Wirtschaft und Industrie als auch an Studenten der Informatik. Das Ziel dieses Buches ist es, dem künftigen Informatiker ingenieurmäßiges Wissen auf dem Gebiet der Automatisierungstechnik zu vermitteln.

Mein besonderer Dank gilt Herrn Dr. Wolfgang Kastner für die Mitarbeit, Überarbeitung und redaktionelle Übernahme der Gesamtvorlage und Frau Ruth Fochtner für die Gestaltung des ursprünglichen Skriptums.

Preßbaum, 1998   Gerhard-Helge Schildt

Inhaltsverzeichnis

1 Prozeßautomatisierung

Die Entwicklung der Automaten gibt
der menschlichen Rasse eine neue und
sehr nützliche Ansammlung mechanischer Sklaven,
die ihre Arbeit verrichten.

Norbert Wiener

Grundlage aller *Automatisierungssysteme* ist die *Automatisierungstechnik*. Diese hat das Ziel, alle Funktionsbereiche einer technischen Anlage mit Hilfe von informationsverarbeitenden Systemen zu integrieren. Nicht die Optimierung eines einzelnen Funktionsbereiches, sondern seine Integration in *durchgängige Verfahrensketten* steht dabei im Mittelpunkt.

So ist es z.B. für ein modernes Fertigungsunternehmen erforderlich, *flexible Fertigungsverfahren* einzusetzen, um mit kurzen *Lieferzeiten*, niedrigen *Losgrößen*, wettbewerbsfähigen Preisen und hoher *Produktqualität* auf die Erfordernisse eines sich ständig ändernden Marktes reagieren zu können. Dieses gelingt nur mit einer geschlossenen, rechnergestützten Verfahrenskette. Aber auch auf dem Gebiet der Automation technischer Prozesse findet man zunehmend rechnergestützte Komponenten, die vorgegebenen Echtzeitanforderungen entsprechen müssen.

Im Zusammenhang mit technischen Anlagen und Systemen findet man oft die Begriffe *Prozeßautomatisierung*, *Prozeßdatenverarbeitung* und *Prozeßleittechnik*. Alle diese Begriffe werden auf technische Prozesse angewandt, wobei ein technischer Prozeß wie folgt definiert werden kann:

Unter einem technischen Prozeß versteht man einen Vorgang, bei dem Materie, Energie oder Information umgeformt, transportiert oder gespeichert wird.

Zu einer erweiterten Betrachtung des technischen Prozesses kommt man, wenn man zusätzlich den zeitlichen Ablauf der *Einflußgrößen* auf den technischen Prozeß sowie die *Ergebnisgrößen* des technischen Prozesses betrachtet. Man kommt damit zur folgenden, erweiterten Darstellung eines technischen Prozesses:

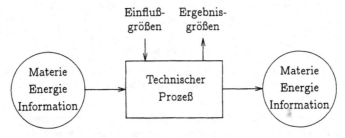

Abb. 1.1. Darstellung des technischen Prozesses mit den Einfluß- und Ergebnisgrößen

1.1   Automatisierungssystem

Was mir an Deinem System
am besten gefällt?
Es ist so unverständlich
wie die Welt!

Georg Wilhelm Friedrich Hegel, „Sprüche und Epigramme"

1.1.1   Struktur von Automatisierungssystemen

Unter einem *Automatisierungssystem* versteht man einen technischen Prozeß, der mit einer *Automatik* zusammenarbeitet (Abb. 1.2).

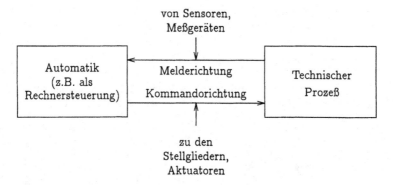

Abb. 1.2. Automatisierungssystem

Die Zusammenarbeit zwischen einer Automatik und einem technischen Prozeß besteht darin, daß die Automatik alle erforderlichen Informationen über die Zustände des technischen Prozesses von *Sensoren* bzw. *Meßgeräten* erhält (*Melderichtung*) und daraus Stellgrößen an *Stellglieder* bzw. *Aktuatoren* erzeugt (*Kommandorichtung*). Die Automatik übernimmt auf diese Weise die Aufgaben der *Überwachung*, *Steuerung* und *Regelung* des technischen Prozesses. Wegen der Komplexität dieser Aufgaben werden daher in der Automatik statt festverdrahteter Hardware-lösungen frei programmierbare Rechner eingesetzt (Rechnersteuerung).

Kennzeichnend für ein Automatisierungssystem ist, daß die zeitliche Zusammenarbeit zwischen der Rechnersteuerung und dem technischen Prozeß vom Prozeß vorgeschrieben wird; das bedeutet, daß die Automatik rechtzeitig reagieren muß. Üblicherweise muß daher das Zeitverhalten der Zusammenarbeit zwischen Automatik und technischem Prozeß genau spezifiziert werden. In diesem Zusammenhang wird der Begriff *Echtzeitverhalten* (engl.: *real-time behaviour*) benützt. Es ist leicht einsehbar, daß es bei der Zusammenarbeit zwischen *Automatik* und *technischem Prozeß* zu sog. Zeit- bzw. Synchronisationsproblemen kommen kann.

Von besonderer Bedeutung für die Steuerung eines technischen Prozesses durch eine Automatik ist die sog. *Rechtzeitigkeit* (engl.: *timeliness*) der Generierung von Kommandotelegrammen an zugeordnete Aktuatoren.

Die *Systemstruktur* nach Abb. 1.2 kann nun noch dahingehend erweitert werden, daß man den Eingriff eines *Bedieners* bzw. Benutzers (engl.: *operator*) in die Arbeitsweise der Automatik zuläßt (Abb. 1.3).

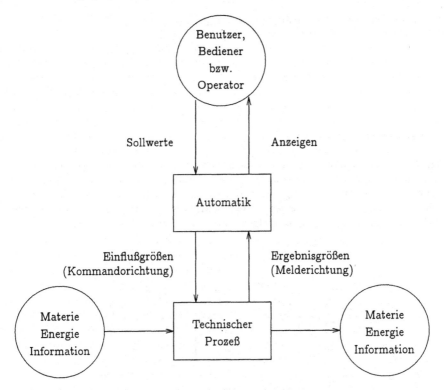

Abb. 1.3. Prozeßautomatisierungssystem

Um die Zusammenarbeit zwischen dem technischen Prozeß und der Automatik, die in der Regel einen oder mehrere Prozeßrechner, Mikrorechner oder *speicherprogrammierbare Steuerungen* (SPS) enthält, zu ermöglichen, sind folgende Automatisierungsfunktionen zu realisieren:

- *Prozeßgrößenerfassung* (Messen und Erfassen von Prozeßgrößen)

- *Prozeßüberwachung* (Grenzwertüberwachungen von Prozeßgrößen)

- *Prozeßsteuerung* (Erzeugung von Stellgrößen nach betrieblichem Konzept)

- *Prozeßregelung* (Regelung von Prozeßgrößen gegenüber dem Einfluß von Störgrößen bzw. Sollwertänderungen)

- *Prozeßführung* (entsprechend einem festgelegten Regelungskonzept)

- *Prozeßsicherung* (mit Mitteln der Hardware- und Softwareredundanz)

- *Prozeßdiagnose* (on-line arbeitende Diagnosesysteme)

1.1.2 Beispiele für Prozeßautomatisierungssysteme

Durch bloße Lehren sind nie Menschen zu bekehren:
das gute Beispiel prägt allein
der Lehre Sinn im Herzen ein.

Bodenstedt, „Die Schule der Weisen"

1.1.2.1 Verkehrssignalanlage

Eine Verkehrssignalanlage zur Steuerung des Straßenverkehrs über einen gewissen Beeinflussungsraum hinweg besteht üblicherweise aus den Signalisierungseinrichtungen (Ampeln), deren Ansteuerung über Schaltkästen (SK) an den Kreuzungen erfolgt. Diese Schaltkästen dienen als *Prozeß-Interfaces* und können an einen Verkehrsleitrechner angeschlossen werden. Weiter wird der Verkehrsleitrechner noch mit einer Betriebsleitzentrale verbunden (Abb. 1.4).

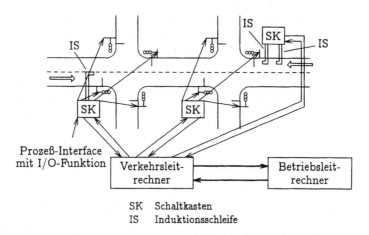

SK   Schaltkasten
IS   Induktionsschleife

Abb. 1.4. Verkehrssignalanlage mit Verkehrsleitrechner und Betriebsleitzentrale

Als ein zusätzliches Prozeßelement sind in Abb. 1.4 *Induktionsschleifen* (IS) eingetragen, die die Anwesenheit von Fahrzeugen detektieren und auf dem Weg über die Prozeß-Interfaces (Schaltkästen, SK) an den Verkehrsleitrechner melden. Die Kombination zweier Induktionsschleifen zu einem Induktionsschleifenpaar ermöglicht durch die Befahrungsereignisse außer der Detektierung von Fahrzeugen auch eine Messung der mittleren Geschwindigkeit bei bekanntem Induktionsschleifenabstand. Auf diese Weise kann der Verkehrsleitrechner mit Informationen über die Streckenbelastung und die mittlere Fahrzeuggeschwindigkeit versorgt werden, so daß auf der Grundlage dieser Informationen erst eine adäquate Prozeßbeeinflussung im Sinne einer *Regelung* bewirkt werden kann. Die im Verkehrsleitrechner implementierte regelungstechnische Strategie kann dazu dienen,

- eine optimale Verkehrsbewältigung zu erreichen (z.B. mit Hilfe sog. *grüner Wellen*),

- den Verkehrsablauf zu sichern (z.B. durch Vorgabe und Einhaltung sog. *Räumzeiten* auf Kreuzungen),

- die Verkehrssignalanlage entsprechend dem veränderlichen Verkehrsaufkommen zu steuern (sog. *adaptives Regelverhalten*).

Zusätzlich kann von einer *Betriebsleitzentrale* aus die Signalisierung für bestimmte Trassen bevorrechtigt voreingestellt werden (z.B. bei besonderen Verkehrsaufkommen durch Großveranstaltungen).

1.1.2.2 Kontinuierlicher Produktionsprozeß

Als Beispiel für einen *kontinuierlichen Produktionsprozeß* kann ein Walzvorgang in einem Stahlwerk dienen. Abbildung 1.5 veranschaulicht die Zusammenhänge zwischen dem Material- und dem Energiefluß.

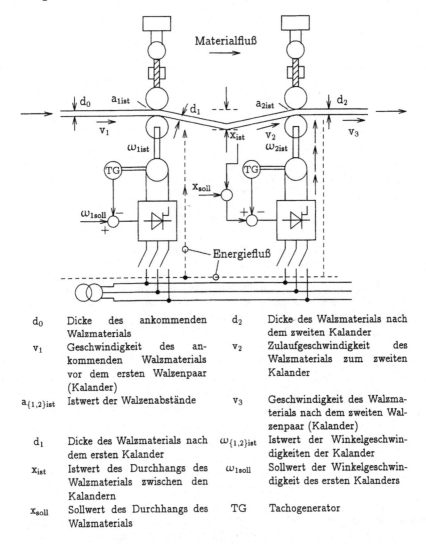

d_0	Dicke des ankommenden Walzmaterials	d_2	Dicke des Walzmaterials nach dem zweiten Kalander
v_1	Geschwindigkeit des ankommenden Walzmaterials vor dem ersten Walzenpaar (Kalander)	v_2	Zulaufgeschwindigkeit des Walzmaterials zum zweiten Kalander
$a_{\{1,2\}ist}$	Istwert der Walzenabstände	v_3	Geschwindigkeit des Walzmaterials nach dem zweiten Walzenpaar (Kalander)
d_1	Dicke des Walzmaterials nach dem ersten Kalander	$\omega_{\{1,2\}ist}$	Istwert der Winkelgeschwindigkeiten der Kalander
x_{ist}	Istwert des Durchhangs des Walzmaterials zwischen den Kalandern	ω_{1soll}	Sollwert der Winkelgeschwindigkeit des ersten Kalanders
x_{soll}	Sollwert des Durchhangs des Walzmaterials	TG	Tachogenerator

Abb. 1.5. Automatisierte Walzstraße

Man erkennt die Komplexität der Abhängigkeiten zwischen Zulaufgeschwindigkeit und Dicke des Walzmaterials, dem Durchhang des Walzmaterials zwischen den Kalandern, der ausgangsseitigen Dicke und Geschwindigkeit des Walzmaterials in Verbindung mit den Abständen der Walzen bei jedem Kalander sowie der Antriebsgrößen $\omega_{1\,\text{soll}}$, $\omega_{1\,\text{ist}}$ und $\omega_{2\,\text{ist}}$. Ein kontinuierlicher Prozeß ist dadurch gekennzeichnet, daß die Anzahl der möglichen Prozeßzustände *unbegrenzt* ist.

1.1.2.3   Diskontinuierlicher Produktionsprozeß

Ein *diskontinuierlicher Produktionsprozeß* tritt z.B. in der metallverarbeitenden Industrie an einem Robotic-Arbeitsplatz auf (Abb. 1.6).

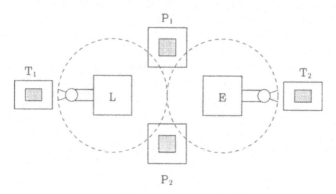

T_1, T_2	Transporteinrichtungen
P_1, P_2	Bearbeitungseinheiten
L	Ladeeinrichtung
E	Entladeeinrichtung

Abb. 1.6. Robotic-Arbeitsplatz

Abbildung 1.7 zeigt den zugehörigen Zustandsgraphen. Dabei versteht man unter einem *Zustandsgraph* die bildliche Darstellung möglicher *Prozeßzustände*. Zustandsgraphen dienen als Grundlage für den Entwurf von Automatisierungssystemen.

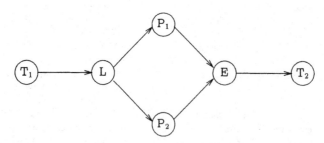

Abb. 1.7. Zustandsgraph

Kennzeichen eines diskontinuierlichen Prozesses ist, daß die Anzahl der Prozeßzustände *endlich* ist. Im vorliegenden Beispiel sind nur folgende Prozeßzustände möglich:

- Antransport des Werkstücks (T_1)

- Ladevorgang und Schwenken (L)

- Bearbeitung des Werkstücks auf der Bearbeitungseinheit 1 (P_1)

- Bearbeitung des Werkstücks auf der Bearbeitungseinheit 2 (P_2)

- Schwenken und Entladen (E)

- Abtransport des Werkstücks (T_2)

1.1.2.4 Rechnergesteuerter Rangierablauf

Abbildung 1.8a zeigt als Seitenansicht die Gleisanordnung eines Rangierbahnhofes. Man erkennt den Ablaufberg mit einer Lichtschrankenanordnung zur Detektierung eines Wagenablaufereignisses sowie ein Schienenkontaktpaar, bestehend aus dem Bergkontakt (BK) und dem Talkontakt (TK). Abbildung 1.8b zeigt als Draufsicht die sog. *Gleisharfe* mit der Verteilzone und den bezeichneten Richtungsgleisen. Abbildung 1.8c stellt ein *Impulsdiagramm* dar, wie es sich bei regulärer Befahrung eines Schienenkontaktpaares durch eine Wagenachse ergibt.

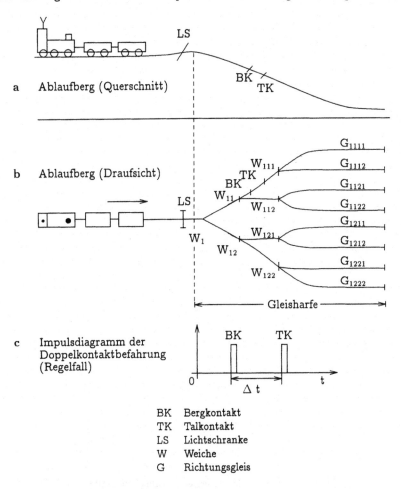

BK	Bergkontakt
TK	Talkontakt
LS	Lichtschranke
W	Weiche
G	Richtungsgleis

Abb. 1.8: Ablaufberg im Querschnitt (a), Gleisharfe mit Verteilzone und Richtungsgleisen (b), Impulsdiagramm bei der Befahrung eines Kontaktpaares (c)

1.1.2.5 Elektronisches Stellwerk

Herkömmliche Relais-Stellwerke in der Eisenbahnsignaltechnik werden zunehmend durch elektronische Stellwerke ersetzt, bei denen Prozeßrechnertechnik zum Einsatz kommt. Dieses Teilgebiet der Prozeßautomatisierung ist von einer besonderen Schwierigkeit geprägt: Zum einen beträgt die Standzeit von Stellwerken rund 30 Jahre, zum anderen sind die Investitionen in der Stellwerkstechnik erheblich. Dieser Umstand führt in der Praxis dazu, daß herkömmliche Relais-Stellwerke räumlich benachbart mit elektronischen Stellwerken zusammenarbeiten müssen.

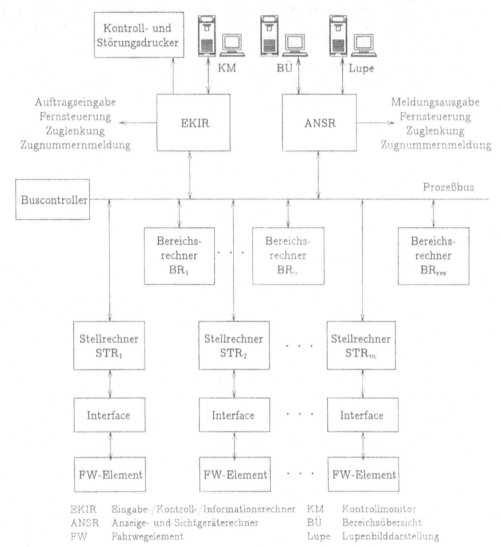

EKIR	Eingabe-/Kontroll-/Informationsrechner	KM	Kontrollmonitor
ANSR	Anzeige- und Sichtgeräterechner	BÜ	Bereichsübersicht
FW	Fahrwegelement	Lupe	Lupenbilddarstellung

Abb. 1.9. Konfiguration eines elektronischen Stellwerks

Abbildung 1.9 zeigt eine typische Konfiguration für ein elektronisches Stellwerk: Den einzelnen Beeinflussungsbereichen sind Bereichsrechner (BR_1 bis BR_n) zugeordnet. Alle Bereichsrechner werden untereinander vernetzt. Einem Ausfall eines Bereichsrechners wird dadurch entgegengewirkt, daß die Konfiguration einen Reserve-Bereichsrechner (BR_{res}) im Hot-Standby-Betrieb enthält, der jederzeit die Aufgaben eines ausgefallenen Bereichsrechners übernehmen kann. Die Bereichsrechner sind über ein Bussystem miteinander vernetzt, an dem ein *Buscontroller* zur Abwicklung der erforderlichen Kommunikation angeschlossen ist.

An den Bus sind außerdem angeschlossen: ein *Eingaberechner* (EKIR) für Aufgaben der Auftragseingabe, Fernsteuerung und Zuglenkung, und ein *Anzeigerechner* (ANSR) mit Schnittstellen zur Meldungsausgabe, Fernsteuerung, Zuglenkung, Zugbeeinflussung und Zugnummernmeldung.

In der Betriebsleitzentrale bzw. im Stellwerk befinden sich periphere Geräte wie Sichtgeräte als *Bereichsübersicht* (BÜ), *Lupenanzeige* und *Kontrollmonitor* (KM), *Dateneingabetastaturen* oder z.B. *Lichtgriffel* sowie ein *Kontroll-* und *Störungsdrucker* zur Dokumentation zählpflichtiger Ersatzhandlungen und betrieblicher Störungsmeldungen. Am Bus angeschlossen sind weiterhin sog. Stellrechner als rechnergesteuerte Schnittstellen zu den verschiedenen Fahrwegelementen (FW), wie z.B. Gleisabschnitte, Weichen, Vorsignale, Hauptsignale.

Abbildung 1.10 zeigt einen Gleisbereich, der in verschiedene Beeinflussungsbereiche zur Steuerung durch ein elektronisches Stellwerk aufgeteilt ist.

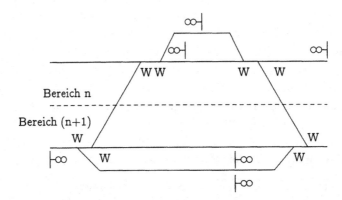

Abb. 1.10. Gleisbereich und Fahrwegelemente (W = Weiche)

Seit einiger Zeit hat sich eine andere Leittechnik vor allem für den rechnergesteuerten Frachtverkehr auf der Schiene entwickelt, die auf dem Einsatz von Satellitennavigation (siehe Abschn. 3.5.6.2) beruht. Dabei werden in den USA bundesländerübergreifend und großflächig Güterzüge von wenigen Betriebsleitzentralen im Streckennetz gesteuert.

1.2 Begriffe und Definitionen

> *Erst dann, wenn sich der Mensch*
> *neue Begriffe formt, befreit er sich.*
> Antoine de Saint-Exupéry, „Gesammelte Schriften"

1.2.1 System

Ein *System* besteht aus einer *Menge von Elementen* und einer *Menge von Relationen*, die zwischen den Elementen bestehen. Jedes System ist charakterisiert durch seine Elemente, die Relationen zwischen ihnen und die Systemgrenze gegenüber der Umgebung (Abb 1.11).

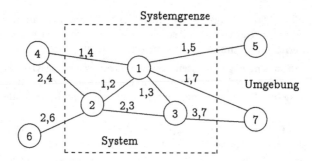

Abb. 1.11. Schematische Darstellung eines Systems mit Elementen und Relationen

1.2.2   Technischer Prozeß

Ein *technischer Prozeß* ist definiert als Vorgang, der durch Umformung oder Transport von

- *Materie,*

- *Energie* oder

- *Information*

gekennzeichnet ist und bei dem sich durch geeignetes Einwirken auf Einflußgrößen bestimmte Ergebnisgrößen erzielen lassen (vgl. DIN 66203).

1.2.2.1   Klassifizierung technischer Prozesse

Nach der Art des umgeformten oder transportierten Mediums unterscheidet man

- *Materialprozesse* (z.B. chemische Prozesse, Stahlerzeugungsprozesse)

- *Energieprozesse* (z.B. Wärmeenergieprozesse, elektrische Energieprozesse)

- *Informationsprozesse* (z.B. Vermittlungstechnik)

Differenziert man nach der Art der Einwirkung im Sinne einer Umformung, eines Transports oder einer Speicherung, so können unterschieden werden

- *Erzeugungsprozesse* (z.B. Energiegewinnung)

- *Verteilungsprozesse* (z.B. Prozesse der Energieverteilung an Haushalte)

- *Aufbewahrungsprozesse* (z.B. Lagerprozesse)

Technische Prozesse zur industriellen Herstellung von Produkten werden wie folgt gegliedert:

- *Verfahrenstechnische Prozesse* (z.B. physikalisch-chemische Umwandlung von Stoffen)

- *Fertigungstechnische Prozesse* (z.B. spanabhebende oder spanlose Formgebung, Montageprozesse)

- *Fördertechnische Prozesse* (z.B. Transport von Stoffen).

1.2.2.2 Graphische Darstellung technischer Prozesse

Zur graphischen Veranschaulichung von Vorgängen in technischen Prozessen sind verschiedene Stufen der Beschreibung möglich. Auf einer groben Beschreibungsebene werden sog. *Fließbilder* verwendet. Sie entsprechen weitgehend den *Blockschaltbildern* der Regelungstechnik. Dabei werden Verfahren bzw. Verfahrensabschnitte durch Rechtecke dargestellt, die durch Wirkungslinien miteinander verbunden werden. Sie veranschaulichen den Material-, Energie- bzw. Informationsfluß. Mehrere Wirkungslinien zwischen zwei benachbarten Verfahrensabschnitten können auch durch eine gedoppelte Wirkungslinie veranschaulicht werden (Abb. 1.12).

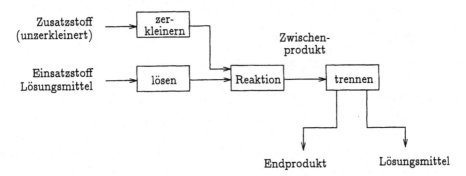

Abb. 1.12. Fließbild eines chemischen Prozesses

Eine andere Beschreibungsform besteht darin, die Informationen bzw. die Stoffe in den Mittelpunkt der Betrachtung zu rücken und als Kreise darzustellen, während die ausführenden Verfahren nur als Wirkungslinien angegeben werden (Abb. 1.13).

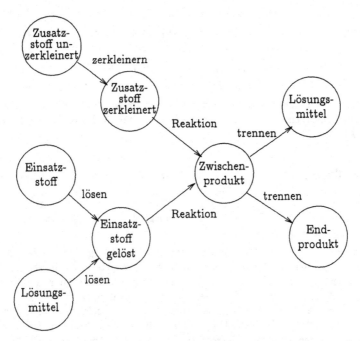

Abb. 1.13. Beschreibung eines Prozesses als informations-/stofforientierte Darstellung

Eine weitergehende Beschreibung technischer Prozesse besteht darin, die in Abb. 1.12 und Abb. 1.13 verwendeten Darstellungsformen miteinander zu mischen, um einen aus mehreren Teilprozessen bestehenden Produktionsprozeß zu veranschaulichen. Abbildung 1.14 zeigt das so entstehende sog. *Phasenmodell*. Hierbei werden die Zwischenprodukte bzw. Produkte als Kreise und die zugeordneten Teilprozesse als Rechtecke dargestellt.

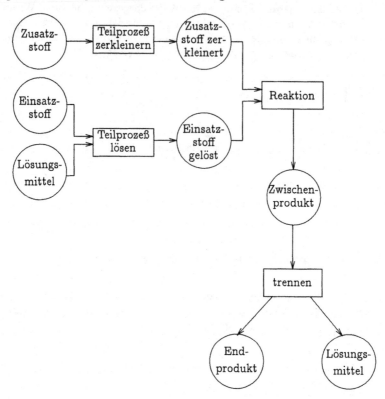

Abb. 1.14. Phasenmodell

Die Darstellungsform nach Abb. 1.14 mit der Beschreibung von Prozeßzuständen und Aktionen des Prozesses kommt einer Beschreibung mit *Petri-Netzen* nahe, die im folgenden behandelt werden (siehe Abschn. 2).

1.2.3   Prozeßrechner

Ein *Prozeßrechner* ist ein frei programmierbarer Digitalrechner, der in Verbindung mit einem technischen Prozeß eingesetzt wird, um z.B. Zustandsgrößen zu erfassen und auszuwerten sowie Einflußgrößen zu berechnen.

Die Gesamtheit von Rechner und zugeordneten Ein-/Ausgabegeräten bildet ein *Prozeßleitsystem*. Bei Prozeßrechnern steht die Ausstattung mit Meßwerterfassungsgeräten und mit vom Rechner angesteuerten Prozeßsteuergliedern im Vordergrund. Dagegen kann die Ausstattung mit Druckern, Plottern oder äußeren Speichern einfacher gehalten werden als bei kommerziellen EDV-Anlagen. Prozeßrechner müssen meistens auch in der Lage sein, analoge Daten vom Prozeß aufzunehmen und ebenso auch analoge Daten an Prozeßstellglieder auszugeben. Diese Aufgaben werden durch entsprechende Signalumsetzer (*Analog-/Digital-Umsetzer* bzw. *Digital-/Analog-Umsetzer*) gelöst.

Durch das Vordringen immer leistungsfähigerer und zugleich preisgünstiger Mikrorechner werden diese immer mehr als Prozeßrechner eingesetzt. So ist heute ein Prozeßrechner schon fast immer ein Mikrorechner. Entscheidend ist, daß der Prozeßrechner folgende Eigenschaften aufweist:

- Daten zeitgerecht zu erfassen, zu verarbeiten und auszugeben (zu einem bestimmten Zeitpunkt oder innerhalb einer vorgegebenen Zeitspanne),

- Ein- und Ausgaben von Prozeßsignalen (meist als elektrische Signale vorliegend) durchzuführen,

- zusätzlich zu Zahlen und Zeichen auch einzelne Bits zu verarbeiten (um z.B. Kontaktstellungen abzufragen oder Geräte im technischen Prozeß ein- und auszuschalten).

Ein Prozeßrechner kann, sofern er nur die genannten Fähigkeiten aufweist, sehr verschieden ausgeführt werden, so z.B. als *Ein-Chip-Mikroprozessor* oder als *verteiltes Mikroprozessorsystem*.

Nicht das äußere technische Erscheinungsbild bestimmt, ob ein Prozeßrechner vorliegt, sondern die oben genannten Fähigkeiten und der Einsatz in Verbindung mit einem technischen Prozeß.

1.2.4 Prozeßrechensystem

In großtechnischen Anlagen – wie z.B. in Kraftwerken – werden oftmals viele Mikrorechner eingesetzt, die über Kommunikationssysteme untereinander vernetzt sind und Daten über den technischen Prozeß austauschen. Ein *Prozeßrechensystem* schließt daher sowohl die Geräte (Hardware) als auch die den Prozeß steuernden Programme (Software) ein.

In den letzten Jahren haben sich zwei Arten von Prozeßrechensystemen herausgebildet:

- *Speicherprogrammierbare Steuerungen* (SPS, siehe Abschn. 4.3) und

- *Prozeßleitsysteme* (PLS).

Eine *speicherprogrammierbare Steuerung* enthält eine Vielzahl logisch verknüpfbarer Kontakte (Relais, Zeitgeber und Zähler), die mit einem vom Anwender selbst erstellten Programm beliebig geschaltet werden können. Zur Programmerstellung sind Kenntnisse über Programmiersprachen nicht erforderlich, lediglich Kenntnisse aus der Relais- und Digitaltechnik. Alle Komponenten einer SPS können zur Anlagensteuerung benutzt werden. Während man mit konventioneller Technik eine Steuerung aus diskreten Komponenten aufbauen müßte, die dann noch funktionsgerecht verdrahtet werden müßte, müssen bei einer SPS nur die Ein- und Ausgänge verkabelt werden. Die Steuerung wird durch den Programmablauf der Software durchgeführt. Ein einmal erstelltes *SPS-Programm* kann beliebig oft kopiert werden, was bei einer Serienfertigung zu einer erheblichen Zeitersparnis führt. Die Programmierung erfolgt über eine *Programmierkonsole*, die mit einem Kabel mit der SPS verbunden wird. Moderne *SPS-Baugruppen* bieten heute schon die Möglichkeit, Analogwerte z.B. für regelungstechnische Aufgabenstellungen zu verarbeiten. Weiter kann mit diesen SPS auch eine Prozeßüberwachung sowie -diagnose durchgeführt werden; moderne speicherprogrammierbare Steuerungen arbeiten bereits vernetzt.

Prozeßleitsysteme sind heute verteilte, über *Bussysteme* miteinander verbundene, dezentrale Mikrorechnersysteme. In solchen Systemen werden die verwendeten Mikrorechner auf verschiedene Hierarchieebenen aufgeteilt. So werden hierbei z.B. die Bereiche

- *Prozeßrechner-Zentraleinheiten,*

- *Prozeßsignal-Peripherie,*

- *Prozeßbedien-Peripherie* und

- *Kommunikationsgeräte* für den Informationsverkehr unterschieden.

Während es sich bei SPS und PLS um echte Prozeßrechensysteme handelt, werden heute in technischen Geräten und Anlagen bereits weitere Arten von programmgesteuerten Einheiten eingesetzt wie z.B.:

- *programmierbare Logikbausteine* (engl.: *programmable logic devices*, PLD) für kombinatorische und auch für sequentielle Schaltungen. Darunter versteht man hochintegrierte digitale Schaltungen (engl.: *very large scale integration*, VLSI), die nicht durch den Halbleiterhersteller, sondern durch den Anwender selbst programmiert werden. Hierfür werden spezielle CAE-Systeme (*computer aided engineering*) eingesetzt. Beispiele für programmierbare Logikbausteine sind PROMs (*programmable read-only memory*) und PALs (*programmable array logic*). Solche programmierbaren Logikbausteine sind in der Lage, ihre Funktion wesentlich schneller auszuführen, als es mit universellen Mikrocomputern möglich wäre;

- sog. *„intelligente" Sensoren*, bei denen bei der Erfassung von Meßwerten eine gewisse Vorverarbeitung möglich wird. Die Bezeichnung „intelligent" ist eigentlich nicht angemessen, da während der Vorverarbeitung in Wirklichkeit keine kreativen Denkprozesse nachgebildet werden.

1.2.5   Prozeßrechner-Programmsystem

Das *Prozeßrechner-Programmsystem* ist die Menge aller Programme, die zur Ausführung der Automatisierungsaufgaben einschließlich ihrer Dokumentation erforderlich sind. Das gesamte Softwaresystem kann aufgeteilt werden in

- *Anwendersoftware* (engl.: *user software*) und

- *Systemprogramme* (organisierende Programme). Dazu gehören z.B. ein Echtzeitbetriebssystem (engl.: *real-time operating system*), Diagnoseprogramme zur Laufzeit (engl.: *run-time software tools*) und ggfs. eine Softwareentwicklungsumgebung zur Entwicklung von Prozeßrechnersoftware (nicht zur Laufzeit) auf dem Prozeßrechnersystem selbst.

Unter *Laufzeitprogrammen* versteht man Programme, die während der Prozeßsteuerung mitlaufen. Dabei handelt es sich z.B. um *Sondenprogramme*, die die *Prozessorauslastung* oder *Füllstandsgrade* von *Pufferspeichern* erfassen (siehe Abschn. 7.2.4.4), sowie um *Statistikprogramme*, die die relative Häufigkeit des Aufrufs einzelner Anwenderprogramme ermitteln sollen.

1.2.6   Prozeßdaten

Prozeßdaten sind bezüglich ihrer Amplitudenwerte und des zeitlichen Auftretens dieser Amplitude zu klassifizieren. Abbildung 1.15 gibt hierzu eine Übersicht.

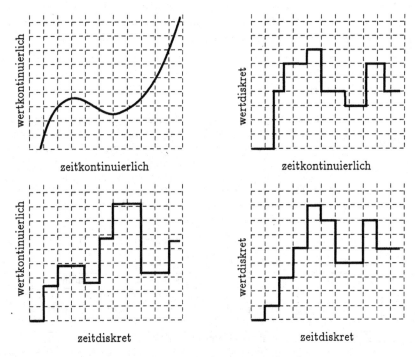

Abb. 1.15. Klassifizierung von Signalen

An den hardwaremäßigen Schnittstellen des Prozeßrechnersystems treten nach Abb. 1.16 für die physikalischen Größen folgende Signale auf:

- *binäre Prozeß-Signale* (z.B. Schalterstellungen)

- *bigitale Prozeß-Signale* (z.B. n-bit langes Wort zugeordnet dem Abtastwert einer Prozeßgröße)

- *analoge Prozeß-Signale* (z.B. Thermospannung)

- *impulsförmige Prozeß-Signale* (repräsentativ für Ereignisse, z.B. von einer Lichtschranke oder von einem Radumdrehungsgeber)

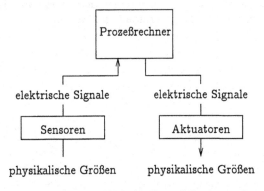

Abb. 1.16. Schnittstellen des Prozeß-Rechensystems

Bei impulsförmigen Signalen unterscheidet man *statische* und *dynamische* Signale. Bei statischen Signalen liegt die Information im *Pegelwert*, während bei dynamischen Signalen die Information im Auftreten von *Impulsflanken* liegt.

1.2.7 Automatisierung

Die *Automatisierung* technischer Systeme hat das Ziel, die technischen Prozesse möglichst effektiv durchzuführen. Im Laufe der Entwicklung der Automatisierungstechnik wurden immer mehr Funktionen technischer Prozesse selbständig arbeitenden Einrichtungen übertragen. Zunächst wurden erst einmal prozeßnahe Funktionen (wie z.B. das Erfassen und Anzeigen von Meßwerten, Steuerungen einfacher Art sowie Regelungen) automatisiert. Nachfolgend wurde in der Art einer hierarchischen Struktur die Automatisierung auf höhere Ebenen wie z.B. die *Betriebsführung* oder sogar die *Unternehmensführung* ausgedehnt. Tabelle 1.1 zeigt eine mögliche Zuordnung von *Automatisierungsfunktionen* zu *Prozeßführungsebenen*.

Tabelle 1.1. Zuordnung von Automatisierungsfunktionen zu Prozeßführungsebenen

Prozeßführungsebene	Automatisierungsfunktionen
Unternehmensführung	Kostenanalysen, strategische Entscheidungshilfen
Betriebsführung	Betriebsablaufplanung, betriebliche Kapazitätssteuerung, Optimierung des betrieblichen Ablaufs, Auswertung von Prozeßergebnissen
Anlagenführung	Prozeßüberwachung, Eingriff beim Abweichen vom Sollverhalten, Anfahren der Anlage, Störungsbehandlung, Prozeßsicherung
Maschinenführung	Erfassen von Zustandsgrößen, Steuern, Regeln, Verriegeln, Not-Bedienungen
Prozeßgrößen	Messen von Prozeßgrößen, Stellen von Prozeßgrößen, Prozeßelemente ansteuern

Mit zunehmender Leistungsfähigkeit von Prozeßrechnersystemen können auch Aufgaben einer höheren Prozeßführungsebene automatisiert werden. Diese Entwicklung ist noch lange nicht abgeschlossen; vielmehr kommt für solche Automatisierungsaufgaben den sog. *wissensbasierten Systemen* eine zunehmende Bedeutung zu.

Die durch Prozeßrechner oder andere technische Einrichtungen selbsttätig ausgeführten Funktionen werden *Automatisierungsfunktionen* genannt. Dabei kann unter dem Begriff *Funktion* eine Verknüpfung von Eingangsgrößen zur Bildung von Ausgangsgrößen, eine Aufgabe oder eine Tätigkeit bei der Erfüllung einer Aufgabe verstanden werden.

Weitere Begriffsdefinitionen zum Fachgebiet Prozeßrechensysteme wurden unter anderem vom Deutschen Institut für Normung (DIN) genormt und sind in den Normen DIN 19223 und 66201 zu finden.

1.3 Auswirkungen der Prozeßautomatisierung auf Mensch und Gesellschaft

> *Die Gesellschaft setzt sich aus zwei*
> *großen Klassen zusammen:*
> *aus solchen,*
> *welche mehr Mahlzeiten als Appetit haben,*
> *und solchen,*
> *welche mehr Appetit als Mahlzeiten haben.*
>
> Chomfort, „Maximes et pensées"

Bis heute ist der Grad der Automatisierung schon sehr weit fortgeschritten. Erfahrungen in der Industrie haben gezeigt, daß ein Industrieroboter 4 Produktionsarbeitsplätze ersetzt, zugleich einen hochqualifizierten Arbeitsplatz schafft und im Mittel etwa 150.000 Euro kostet. Auf diese Weise werden überwiegend angelernte Arbeitskräfte von der Rationalisierung durch Automation erfaßt. Bei großen Unternehmen erfolgt die Entwicklung und Herstellung der Industrieroboter im eigenen Hause, um die Roboter optimal an die zu automatisierenden Arbeitsabläufe anzupassen. Im vollautomatisierten Produktionsablauf findet man nur noch zwei Gruppen von Arbeitskräften: Die erste Gruppe ist die der sog. *Keeper* - das sind Arbeitskräfte, die die Industrieroboter mit Material versorgen, gefertigte/montierte Teile und Verpackungsmaterial wegführen. Die Bezeichnung Keeper geht auf das englische Wort *to keep* zurück und bedeutet in Betrieb halten. Die zweite Gruppe heißt *Maintenance Staff*, d.h., die hierzu gehörenden Arbeitskräfte betreiben Störbehebung und sind hochqualifizierte Facharbeiter oder Techniker.

Durch die Automatisierung technischer Prozesse können sich sowohl *beabsichtigte* als auch *nichtbeabsichtigte* Auswirkungen ergeben.

Beabsichtigte Auswirkungen der *Prozeßautomatisierung* sind z.B.:

- einfachere und bequemere Handhabung technischer Anlagen/Systeme (z.B. die Automatisierung einer Waschmaschine oder einer Heizungsanlage)

- die Erzeugung besserer, billiger und gleichmäßiger Produkte mit weniger menschlichem Arbeitseinsatz (es gibt keine sog. *Montagsproduktion* mehr)

- Verringerung der Gefährdung von Menschen (z.B. durch ein automatisches Bremssystem im Kraftfahrzeug oder durch Automatisierungen im Bereich des schienengebundenen Verkehrs wie etwa die induktive Zugbeeinflussung)

- Humanisierung von Arbeitsbedingungen (z.B. durch Automatisierungseinrichtungen in einer Lackiererei beim Umgang mit giftigen Dämpfen)

- Verringerung umweltgefährdender Schadstoffe (z.B. durch Einsatz einer Rechnersteuerung am Verbrennungsmotor eines Kraftfahrzeuges oder bei der Überwachung des CO-Anteils in den Rauchgasen einer Heizungsanlage)

- Sicherung von Arbeitsplätzen durch Verbesserung der Wettbewerbsfähigkeit (z.B. beim Einsatz von Robotern in der Automobil-Fertigung).

Unbeabsichtigte Auswirkungen der Prozeßautomatisierung sind z.B.:

- die Freisetzung von Arbeitskräften (z.B. durch Einsatz von Robotern und Handhabungsgeräten in der Fertigung)

- die berufliche Umstrukturierung von Arbeitsplätzen durch die Veränderung von Arbeitsabläufen und Arbeitsinhalten (z.B. das Wegfallen von Hilfsarbeiten oder die Zunahme von Dienstleistungstatigkeiten)

- Verringerung menschlicher Kontakte (z.B. durch die Einführung von Fahrkartenautomaten oder Auskunftsautomaten)

- Verringerung des Anteils an „entspannender" Tätigkeit an der Gesamttätigkeit

- Überforderung des *Leitstandpersonals* in (Kern-)Kraftwerken in kritischen Betriebssituationen, da die Auswirkung manueller Schalthandlungen wegen der Komplexität vorhandener Automatisierungseinrichtungen nicht mehr vollständig durchschaut werden kann.

Insbesondere zu dem Aspekt der Freisetzung von Arbeitskräften ist festzuhalten, daß vor allem Arbeitskräfte mit niedrigqualifizierten Tätigkeitsprofilen durch Automatisierungsmaßnahmen zunehmend eingespart werden. Andererseits werden neue Arbeitsplätze geschaffen, die den Tätigkeitsmerkmalen nach den modernen Automatisierungstechniken entsprechen. Von der Rationalisierung durch Automation sind vor allem nicht-kreative industrielle Arbeitsplätze betroffen.

Allgemein kann festgestellt werden, daß die ständige Weiterentwicklung der Automation in einer freien Marktwirtschaft nicht aufgehalten werden kann. Seit längerem kann beobachtet werden, daß der Lohnkostenanteil vor allem bei Breitenprodukten ständig im Sinken begriffen ist. In einigen Branchen ist der Lohnkostenanteil bereits unter 10% der Herstellkosten gesunken. Damit nimmt als Folge der Automation in der Fertigung die Empfindlichkeit der Kostenstruktur gegenüber Tariferhöhungen ständig ab. Ein verantwortlicher Umgang des Ingenieurs mit der Herausforderung zu ständig zunehmender Automation ist anzustreben.

Weiterführende Literatur

Lauber, R.: *Prozeßautomatisierung I.* Berlin: Springer Verlag, 1976.

DIN 19223: *Automatisierung: Begriffe.*

DIN 66201: *Prozeßrechensysteme: Begriffe.*

Huemer, R.; Eder, F.: *Speicherprogrammierbare Steuerungen.* Wien: Facultas UniversitätsVerlag, 1995.

2 Petri-Netz-Modelle

*Es genügt nicht, zum Fluß zu kommen
mit dem Wunsch, Fische zu fangen,
man muß auch das Netz in der Hand mitnehmen.*

Chinesisches Sprichwort

Petri-Netze erlauben die Modellierung von parallelen Systemen und ermöglichen dadurch die Analyse der Struktur und der dynamischen Abläufe. Automatisierungssysteme, bestehend aus Computer-Systemen und technischen Prozessen, sind oft sehr komplexe Anordnungen, die aus vielen miteinander kommunizierenden Komponenten bestehen. Mit Petri-Netzen läßt sich jede einzelne Komponente als eigenes System modellieren. Die Interaktionen zwischen den Komponenten werden in das Modell eingefügt, so daß dieses dann das Gesamtsystem repräsentiert.

Eine wesentliche Eigenschaft der *Petri-Netz-Notation* ist die Unabhängigkeit von der Art des Systems, das modelliert werden soll. So kann es sich z.B. um *Fertigungsanlagen, chemische Anlagen* oder *Kraftwerke* handeln. An dieser Stelle werden Petri-Netze zur Modellierung von Automatisierungssystemen benutzt. Weiter wird an dieser Stelle darauf hingewiesen, daß die Arbeitsweise mit Petri-Netzen nur soweit vorgestellt wird, wie es für den Anwender erforderlich ist.

2.1 Struktur von Petri-Netzen

*Vier Elemente,
innig gesellt,
bilden das Leben,
bauen die Welt.*

Friedrich Schiller, „Wunschlied"

Ein *Petri-Netz* besteht aus vier Elementen:

- *Stellen* (engl.: *places*) P

- *Transitionen* (engl.: *transitions*) T

- *Input-Funktion* I

- *Output-Funktion* O

Dabei stellt ein Petri-Netz einen endlichen, gerichteten Graph mit zwei Arten von Knoten – den *Stellen* und *Transitionen* – dar.

Stellen bezeichnen Zustände. Sie beschreiben den augenblicklichen Zustand eines Prozesses, wie z.B. *Materiallager nicht leer* oder *ein Job wird bearbeitet* oder *Prozessor nicht frei*. Sie sind die *passiven* Elemente der Petri-Netze und werden graphisch durch Kreise symbolisiert (Abb. 2.1).

Abb. 2.1. Beispiel für eine Stelle

Transitionen sind Ereignisse und stellen einen Zustandsübergang von einem zum nächsten Zustand dar. Sie sind die *aktiven Elemente* der Petri-Netze. Transitionen werden als Rechtecke oder vereinfacht als Balken dargestellt (Abb. 2.2).

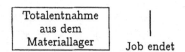

Abb. 2.2. Beispiele für Transitionen

Petri-Netze entstehen nun dadurch, daß Knoten beider Arten durch gerichtete Kanten miteinander verbunden werden. In Abb. 2.3 bewirkt die Transition *Totalentnahme* den Übergang von der Stelle *Materiallager nicht leer* zu der Stelle *Materiallager leer*. Dabei ist die Stelle *Materiallager nicht leer* eine Bedingung, die erfüllt werden muß, bevor die Transition *Totalentnahme* stattfinden kann.

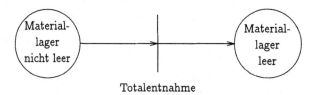

Abb. 2.3. Einfache Verknüpfung von Stellen und Transition

In Petri-Netzen dürfen nur Knoten *unterschiedlicher* Art jeweils direkt miteinander verbunden werden. Eine Stelle (Zustand) führt also immer direkt zu einer Transition (Ereignis), nie zu einer anderen Stelle (Abb. 2.4). Da eine Transition den Übergang von einer Stelle zur nächsten bewirkt, kann der Nachfolger einer Transition nur eine Stelle, niemals aber eine Transition sein.

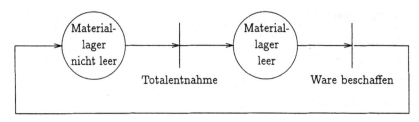

Abb. 2.4. Einfaches Petri-Netz für Lagerverwaltung

Ein Ereignis führt also von einem einzelnen, bestimmten Zustand zu einem nächsten, der im Petri-Netz dann als nachfolgende Stelle auftritt. Es kann aber auch vorkommen, daß eine Transition mehrere direkte Vorgängerstellen und mehrere Nachfolgestellen hat. Die direkten Vorgängerstellen einer Transition heißen *Eingangs-*, die Nachfolger heißen *Ausgangsstellen*.

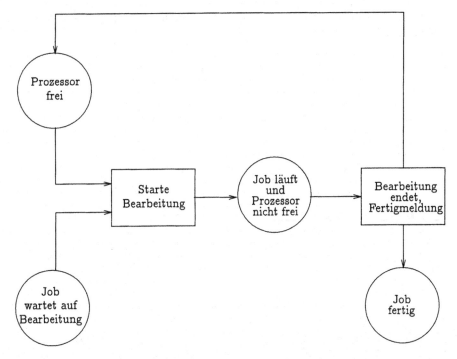

Abb. 2.5. Beispiel eines Petri-Netzes für einen Prozessor

In Abb. 2.5 enthalten die Stellen *Prozessor frei* und (mindestens ein) *Job wartet auf Bearbeitung* die Bedingungen für die Folgetransition *Starte Bearbeitung*. Diese *Transition* schafft den Übergang von den Eingangsstellen zu der Stelle *Job läuft und Prozessor nicht frei*, die nun die Bedingung für die Transition *Bearbeitung endet* ist. Die Transition *Bearbeitung endet, Fertigmeldung* hat zwei Ausgangsstellen, *Job fertig* und *Prozessor frei*.

Über die Einschränkung hinaus, daß alle Pfeile in eine eindeutige Richtung zeigen müssen, und daß nur Knoten verschiedener Art direkt miteinander verbunden werden dürfen, gibt es keine prinzipiellen Einschränkungen für Petri-Netze.

Die *Input-Funktion* I stellt die Verbindungen von Stellen mit einer Transition her. Die Input-Funktion $I(t_j)$ gibt an, welche Stellen die Eingangsstellen (engl.: *input places*) der Transition t_j sind.

Die *Output-Funktion* O stellt die Verbindung einer Transition mit den nachfolgenden Stellen her. Die Output-Funktion $O(t_j)$ gibt die Relation der Transition t_j zu ihren Ausgangsstellen an.

Definition 2.1. Petri-Netz. Ein Petri-Netz N ist ein Vier-Tupel $N = (P, T, I, O)$:

- $P = \{p_1, p_2, \ldots, p_n\}$ ist eine endliche Menge von Stellen, $n \geq 0$.
- $T = \{t_1, t_2, \ldots, t_m\}$ ist eine endliche Menge von Transitionen, $m \geq 0$.
- I ist die Input-Funktion, eine Abbildung $(I: T \to P^*)$ von Transitionen auf Multimengen von Stellen (Zuordnung der Eingangsstellen).
- O ist die Output-Funktion, eine Abbildung $(O: T \to P^*)$ von Transitionen auf Multimengen von Stellen (Zuordnung der Ausgangsstellen).

Die Menge der Stellen und der Transitionen sind disjunkt, $P \cap T = \emptyset$.   ◇

Beispiel 2.1. Gegeben sei ein Petri-Netz, das den *gegenseitigen Ausschluß* (engl.: *mutual exclusion*) veranschaulicht (Abb. 2.6).

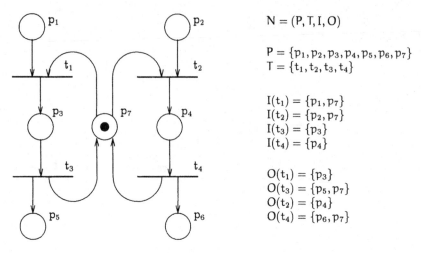

$$N = (P, T, I, O)$$

$$P = \{p_1, p_2, p_3, p_4, p_5, p_6, p_7\}$$
$$T = \{t_1, t_2, t_3, t_4\}$$

$$I(t_1) = \{p_1, p_7\}$$
$$I(t_2) = \{p_2, p_7\}$$
$$I(t_3) = \{p_3\}$$
$$I(t_4) = \{p_4\}$$

$$O(t_1) = \{p_3\}$$
$$O(t_3) = \{p_5, p_7\}$$
$$O(t_2) = \{p_4\}$$
$$O(t_4) = \{p_6, p_7\}$$

Abb. 2.6. Petri-Netz für Mutual-Exclusion

Ein zusätzliches, graphisches Element wurde bisher noch nicht eingeführt, nämlich die *initiale Marke* (schwarzer Punkt) im Zustand p_7 (Abb. 2.6). Im folgenden wird der Begriff der *Markierung* eines Petri-Netzes eingeführt.

Definition 2.2. Markierung. Die Markierung μ eines Petri-Netzes $N = (P, T, I, O)$ ist eine Abbildung der Menge der Stellen P auf die nicht negativen, ganzen Zahlen N_0 ($\mu\colon P \to N_0$). Die Markierung μ wird definiert als ein n-dimensionaler Vektor $\mu = (\mu_1, \mu_2, \ldots, \mu_n)$, wobei $n = |P|$ gilt und jedes $\mu_i \in N_0$ ist (für $i = 1, 2, \ldots, n$). Der Vektor μ gibt dann für jede Stelle p_i an, wieviel Marken μ_i in dieser Stelle sind (für $i = 1, 2, \ldots, n$). Die oben erwähnte Funktion ist offensichtlich:

$$\mu(p_i) = \mu_i \qquad (i = 1, 2, \ldots, n) \tag{2.1}$$

$\diamond$

Für das Petri-Netz nach Abb. 2.6 ist die Markierung $\mu = (0, 0, 0, 0, 0, 0, 1)$. Ein markiertes Petri-Netz N_m ist gegeben durch $N_m = (P, T, I, O, \mu)$.

Definition 2.3. Anzahlfunktion. Die Funktion $\#(p_i, I(t_j))$ gibt an, wieviele Kanten von $p_i \in P$ nach $t_j \in T$ gerichtet sind:

$$\#(p_i, I(t_j)) = \begin{cases} 0, & \text{falls } p_i \notin I(t_j), \\ \text{Anzahl der Elemente } p_i \in I(t_j) & \text{sonst,} \end{cases} \tag{2.2}$$

bzw. wieviele Kanten von t_j nach p_i führen:

$$\#(p_i, O(t_j)) = \begin{cases} 0, & \text{falls } p_i \notin O(t_j), \\ \text{Anzahl der Elemente } p_i \in O(t_j) & \text{sonst.} \end{cases} \tag{2.3}$$

$\diamond$

Definition 2.4. Kantengewicht. Ist $n = \#(p_i, I(t_j)) \neq 0$, so sind n Kanten von $p_i \in P$ nach $t_j \in T$ gerichtet. Diese n Kanten können in einer Kante mit dem *Kantengewicht* n zusammengefaßt werden.

Ist hingegen $m = \#(p_i, O(t_j)) \neq 0$, so führen m Kanten von $t_j \in T$ nach $p_i \in P$. Diese m Kanten können ebenfalls in einer Kante mit dem *Kantengewicht* m zusammengefaßt werden. $\diamond$

2.2 Exekution von Petri-Netzen

> *Wie fang' ich nach der Regel an?*
> *Ihr stellt sie selbst, und folgt ihr dann.*
>
> Richard Wagner, „Die Meistersinger"

In einem Petri-Netz beschreiben die Stellen bestimmte Zustände des Systems. Zusammen mit einer Markierung wird ein aktueller Zustand modelliert. Von diesem Zustand ausgehend kann nun in eine Menge anderer Zustände gewechselt werden. Um solche Zustandswechsel in Petri-Netzen darzustellen, wird die sog. *Schaltregel* definiert; sie regelt zum einen die *Schaltbedingung* zum anderen das sog. *Feuern* einer Transition.

Definition 2.5. Schaltbedingung. Eine Transition $t_j \in T$ in einem markierten Petri-Netz $N_m = (P, T, I, O, \mu)$ heißt aktiviert (engl.: *enabled*), wenn für alle $p_i \in P$ gilt:

$$\mu(p_i) \geq \#(p_i, I(t_j)) \tag{2.4}$$

◇

Definition 2.6. „Feuern" einer Transition. Ist die Schaltbedingung für eine Transition $t_j \in T$ in einem gegebenen markierten Petri-Netz $N_m = (P, T, I, O, \mu)$ erfüllt, d.h., ist sie aktiviert, so ist das Feuern dieser Transition der Übergang von der Markierung μ zu μ', die folgendermaßen definiert ist:

$$\mu'(p_i) = \mu(p_i) - \#(p_i, I(t_j)) + \#(p_i, O(t_j)) \tag{2.5}$$

für alle $p_i \in P$.   ◇

Die Markierung eines Petri-Netzes beschreibt dessen Zustand. Feuert eine Transition, so entsteht im Petri-Netz eine neue Markierung und damit ein neuer Gesamtsystemzustand. Dieser Zustandsübergang wird durch die sog. *Next-state-Funktion* δ definiert.

Definition 2.7. Next-state-Funktion. Die Next-state-Funktion $\delta(\mu, t_j)$ ist für ein markiertes Petri-Netz $N_m = (P, T, I, O, \mu)$ mit der *Markierung* μ und der *Transition* $t_j \in T$ dann und nur dann definiert, wenn gilt

$$\mu(p_i) \geq \#(p_i, I(t_j)) \tag{2.6}$$

für alle $p_i \in P$ (d.h., t_j ist aktiviert). Wenn $\delta(\mu, t_j)$ definiert ist, dann gilt:

$$\delta(\mu, t_j) = \mu' \tag{2.7}$$

mit

$$\mu'(p_i) = \mu(p_i) - \#(p_i, I(t_j)) + \#(p_i, O(t_j)) \tag{2.8}$$

für alle $p_i \in P$.   ◇

Den Anfangszustand eines Petri-Netzes beschreibt man mit der *Anfangsmarkierung* als Vektor μ_0. Kann eine Transition $t_j \in T$ aus diesem Anfangszustand heraus feuern, so entsteht nach dem Feuern die neue Markierung μ_1.

Damit ist die Next-state-Funktion $\delta(\mu_0, t_j) = \mu_1$. Feuert dann die Transition $t_k \in T$ zusätzlich, so ergibt sich eine neue Markierung μ_2, so daß gilt $\delta(\mu_1, t_k) = \mu_2$. Dies kann so oft fortgesetzt

werden, bis keine Transition mehr feuert. Die Exekution eines Petri-Netzes kann damit entweder durch die Reihenfolge der Markierungen $(\mu_0, \mu_1, \mu_2, \ldots)$ oder durch die Reihenfolge der
feuernden Transitionen $(t_j, t_k, \ldots)$ beschrieben werden.

Eine solche Sequenz muß jedoch nicht eindeutig bestimmt sein. Sind z.B. zu einem Zeitpunkt
zwei Transitionen mit einer gemeinsamen Eingangsstelle aktiviert, so kann es sein, daß eine
zufällig ausgewählte Transition beim Schalten jene Marken abzieht, die die zweite Transition
benötigen würde, um ihre Schaltbedingung zu erfüllen. Die Sequenzen hängen also von solchen
Zufallsentscheidungen ab. Dies veranschaulicht das Petri-Netz in Abb. 2.7.

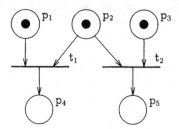

Abb. 2.7. Verzweigung in einem Petri-Netz

Die Anfangsmarkierung ist $\mu_0 = (1, 1, 1, 0, 0)$; mit dieser Anfangsmarkierung sind die Transitionen t_1 und t_2 erfüllt. Nimmt man an t_1 feuert zuerst, so würde sich die Nachfolgemarkierung
als $\delta(\mu_0, t_1) = \mu_1 = (0, 0, 1, 1, 0)$ ergeben, wodurch die Transition t_2 nicht mehr feuern kann.
Umgekehrt - wenn t_2 zuerst feuert - gilt das Analoge. In diesem Fall ist die Reihenfolge der
Markierungen nicht deterministisch. Somit gilt der wesentliche Grundsatz:

Marken in Petri-Netzen sind unteilbar!

Situationen, in denen auf einen Zustand p_ν mehrere Transitionen folgen, sollen in der Regel vermieden werden, da in einem solchen Fall der Schaltablauf eines Petri-Netzes *indeterministisch*
wird.

2.2.1   Reachability-Set

> *Was unerreichbar ist,*
> *das rührt uns nicht.*
> *Doch was erreichbar,*
> *sei uns goldne Pflicht.*
>
> Gottfried Keller, „Gedichte"

Die Menge aller möglichen *Folge-Markierungen* wird als sog. *Reachability-Set* angegeben.

Definition 2.8. Reachability-Set. Das *Reachability-Set* $R(N_m)$ für ein markiertes Petri-Netz
$N_m = (P, T, I, O, \mu_0)$ mit der Anfangsmarkierung μ_0 ist die kleinste Menge der Markierungen, die
sich folgendermaßen zusammensetzt:

1. $\mu_0 \in R(N_m)$;

2. falls $\mu \in R(N_m)$ und weiter für eine beliebige Transition $t_j \in T$ gilt $\mu' = \delta(\mu, t_j)$, dann ist
   auch $\mu' \in R(N_m)$.

◇

Zeichnet man die *Markierungen* des *Reachability-Sets* als Knoten eines Graphen, so ergibt sich der *Markierungsgraph* (engl.: *reachability tree*). Dazu beginnt man mit der *Anfangsmarkierung* μ_0 (auch als initiale Markierung bezeichnet) und zeichnet für jede aktivierte Transition $t_j \in T$ eine Kante und an deren Ende die sich ergebende neue Markierung als Knoten des Markierungsgraphen. An die Kante wird die Bezeichnung der Transition aufgetragen. Ausgehend von diesen neuen Knoten wird wiederum untersucht, welche Transitionen aktiviert werden können. Ist die Schaltbedingung für keine weiteren Transitionen mehr erfüllt, hat man Knoten am Reachability-Tree erreicht, die „Blätter" darstellen.

Beispiel 2.2. Es soll ein Petri-Netz für den zyklischen Ablauf dreier Tasks A, B und C betrachtet werden (Abb. 2.8). Die Reihenfolge der bearbeiteten Tasks sowie der Markierungsgraph sind zu ermitteln, wenn die Anfangsmarkierung als $\mu_0 = (0, 0, 0, 1)$ gegeben ist.

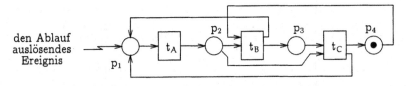

Abb. 2.8. Zyklischer Task-Ablauf

Ausgehend von der Anfangsmarkierung $\mu_0 = (0, 0, 0, 1)$ ergibt sich bei Anwendung der Schaltregel die folgende Sequenz von Markierungen:

$$\mu_1 = (1, 0, 0, 1)$$
$$\mu_2 = (0, 1, 0, 1)$$
$$\mu_3 = (1, 0, 1, 0)$$
$$\mu_4 = (0, 1, 1, 0)$$
$$\mu_5 = \mu_1$$

Damit ergibt sich als Reihenfolge der Tasks: ABACABAC ...

Zeichnet man die Markierungen als Knoten eines Graphen, so ergibt sich der Markierungsgraph entsprechend Abb. 2.9.

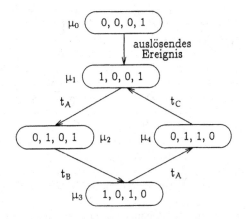

Abb. 2.9. Markierungsgraph

Beispiel 2.3. Die Veranschaulichung paralleler Prozesse mit Petri-Netzen erlaubt es, gegebenenfalls vorhandene *Deadlocks* aufzuspüren. Dazu wird in Abb. 2.10 ein Petri-Netz betrachtet, zu
dem der Markierungsgraph ermittelt werden soll.

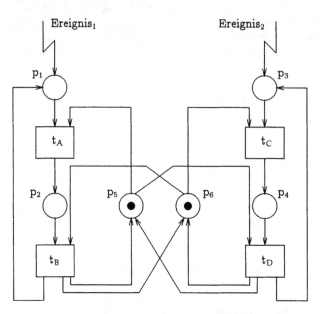

Abb. 2.10. Beispiel für nebenläufige Vorgänge mit möglichem Deadlock

In diesem Petri-Netz mit den Transitionen A, B, C und D sei die Anfangsmarkierung für die
insgesamt 6 Stellen p_1 bis p_6 als $\mu_0 = (0,0,0,0,1,1)$ gegeben. Abhängig davon, ob zuerst das
Ereignis$_1$ und dann das Ereignis$_2$ eintritt oder umgekehrt, ergibt sich ein Markierungsgraph nach
Abb. 2.11.

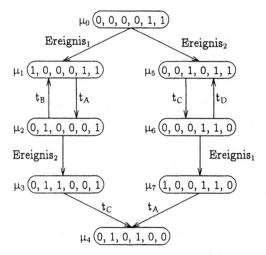

Abb. 2.11. Markierungsgraph des Petri-Netzes

Wie die dargestellten Beispiele gezeigt haben, kann der dynamische Ablauf in einem konzipierten System durch Verschieben von Marken in einem Petri-Netz untersucht werden. Dabei

muß die Anfangsmarkierung entsprechend der Ausgangssituation gewählt werden. Können die Marken nach den beschriebenen Gesetzmäßigkeiten nach und nach so lange verschoben werden, bis die gewünschte Endmarkierung erreicht ist, dann ist das System ablaufmäßig in Ordnung. Kommt es aber zu Blockierungen oder zu undefinierten Zuständen, dann ist das Konzept noch fehlerhaft und muß korrigiert werden.

Petri-Netze eignen sich wegen ihrer Anschaulichkeit zur detaillierten Darstellung und Analyse möglicher Synchronisations- und Deadlockprobleme.

Beispiel 2.4. Gegeben sei das Petri-Netz in Abb. 2.12, das Teil eines großen Petri-Netzes ist.

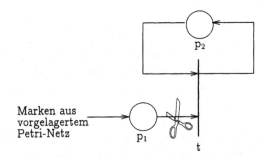

Abb. 2.12. Beispiel eines „toten" Zweiges

Wie man leicht erkennen kann, wird für die Transition t die Schaltbedingung nie erfüllt, da sich keine Marke in der Stelle p_2 befindet. Das verwendete „Scherensymbol" verdeutlicht, daß es sich bei diesem Teil des gesamten Petri-Netzes um einen „toten" Zweig handelt.

Die Erreichbarkeit von Zuständen in einem Petri-Netz stellt somit ein grundlegendes Problem in der Analyse dar. Diese Problematik ist in der Literatur unter dem Begriff *Reachability-Problem* bekannt und kann folgendermaßen beschrieben werden:

Für ein markiertes Petri-Netz $N_m = (P, T, I, O, \mu_0)$ mit der Anfangsmarkierung μ_0 soll festgestellt werden, ob für eine Markierung μ gilt: Ist $\mu \in R(N_m)$?

Wie man dieses Problem lösen kann, wird im nun folgenden Abschnitt gezeigt.

2.2.2 Reachability-Tree

> *Grau, teurer Freund,*
> *ist alle Theorie,*
> *und grün des Lebens goldner Baum.*
> Johann Wolfgang von Goethe, „Faust"

Der Markierungsgraph ist zur Lösung dieser Problematik sicherlich ein probates Hilfsmittel. Man beachte aber, daß das Finden aller möglichen Markierungen eine langwierige Angelegenheit sein kann. So hat beispielsweise ein Petri-Netz mit einem unendlich großen Reachability-Set natürlich auch einen unendlich hohen Reachability-Tree.

Wünschenswert wäre daher ein Algorithmus, mit dessen Hilfe der Markierungsgraph automatisch konstruiert wird und der ein unendliches Reachability-Set auf einen Baum mit endlicher Höhe abbildet. Obwohl dies einen gewissen Verlust an Information bedeutet, gewinnt man dadurch einen überschaubaren und für die Analyse leichter zu verwendenden Reachabilty-Tree.

Zur Erstellung eines endlich hohen Reachability-Trees sind Markierungen μ', die von einer Markierung μ abstammen und mit der Ausnahme, daß sie einige zusätzliche Marken in manchen Stellen enthalten, gleich der Markierung μ sind, von besonderem Interesse.

Definition 2.9. Relation $\succ$. Eine Markierung μ' ist einer Markierung μ *ähnlich* ($\mu' \succ \mu$), falls folgende Relationen zutreffen:

$$\mu'(p_i) \geq \mu(p_i) \text{ für alle Stellen } p_i \in P, \text{ und}$$
$$\mu'(p_j) > \mu(p_j) \text{ für mindestens eine Stelle } p_j \in P. \tag{2.9}$$

◇

Bei *ähnlichen* Markierungen μ' feuern wiederum die gleichen Transitionen, die auch schon für μ aktiviert waren, mit dem Ergebnis, daß in den Stellen p_j weitere Marken erzeugt werden. Solche Stellen, die nach wiederholtem Ausführen eine beliebig große Anzahl von Marken besitzen, sollen mit dem Symbol ∞ markiert werden. Für jede Konstante c gilt:

$$\infty + c = \infty$$
$$\infty - c = \infty$$

Mit diesen Operationen und unter der Verwendung von ∞ ist es nun möglich, unendlich hohe Teilbäume zu vermeiden. Bevor der Algorithmus vorgestellt wird, müssen jedoch noch einige Vorarbeiten geleistet werden. Konkret gilt es im Markierungsgraphen folgende Typen von Knoten (Markierungen) zu unterscheiden:

1. *Neue Knoten*, die durch den Algorithmus erzeugt werden und noch zu bearbeiten sind.

2. *Duplikate*, also Markierungen, die im Baum bereits verankert sind und bearbeitet wurden.

3. *Terminalknoten*, für welche keine weiteren Transitionen aktiviert sind.

4. *Interne Knoten*, die bereits durch den Algorithmus bearbeitet wurden und keinen der oben genannten Typen zuordenbar sind.

Der Algorithmus startet nun mit der initialen Markierung des Petri-Netzes und setzt diese als *neuen* Knoten (Wurzel) in den Baum ein. Beginnend mit der Wurzel des Baumes müssen, solange es *neue* Knoten μ_x im Baum gibt, folgende Schritte durchgeführt werden:

Für jeden Knoten μ_x überprüfe:

1. μ_x ist ein *Duplikat* (D), wenn es bereits eine Markierung μ_y gibt, die kein *neuer* Knoten ist.

2. μ_x ist ein *Terminalknoten* (T), falls keine weitere Transition aktiviert ist (d.h., für alle $t_j \in T$ ist die *Next-state-Funktion* nicht definiert).

3. μ_x ist ein *interner Knoten* (I). Für jede Transition $t_j \in T$, für die die *Next-state-Funktion* definiert ist, wird eine markierte Kante t_j zu einem *neuen* Knoten μ_z gezogen. Die Markierung μ_z setzt sich folgendermaßen zusammen:

$$\mu_z(p_i) = \begin{cases} \infty, & \text{falls } \mu_x(p_i) = \infty, \\ \infty, & \text{falls ein Vorgängerknoten } \mu_y \text{ existiert, mit } \mu_z \succ \mu_y, \\ \delta(\mu_x(p_i), t_j) & \text{sonst.} \end{cases}$$

Danach wird bis zum Abbruchkriterium ein beliebiger *neuer* Knoten ausgewählt und der Aufbau des Baumes fortgesetzt. Es kann gezeigt werden, daß dieser Algorithmus für jedes Petri-Netz mit jeder beliebigen Anfangsmarkierung μ_0 terminiert.

Beispiel 2.5. Für das Petri-Netz in Abb. 2.13 mit der Anfangsmarkierung $\mu_0 = (1, 0, 1, 0, 0, 0)$ soll der Reachabilty-Tree ermittelt werden. Falls mehrere Transitionen gleichzeitig aktiviert sind, soll immer jene mit dem kleinsten Index feuern.

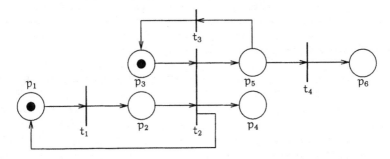

Abb. 2.13. Beispiel für nebenläufige Vorgänge mit Deadlock

Führt man die einzelnen Schritte des oben beschriebenen Algorithmus aus und läßt immer jene Transition mit dem kleinsten Index feuern, so hat der Reachability-Tree die in Abb. 2.14 wiedergebene Gestalt.

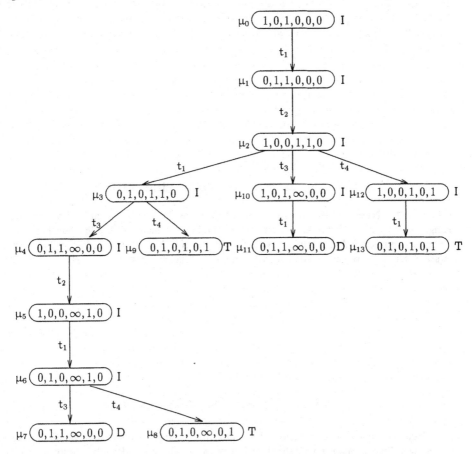

Abb. 2.14. Reachability-Tree für Petri-Netz aus Abb. 2.13

Die Markierungen sind in Abb. 2.14 zum besseren Verständnis zusätzlich mit dem jeweiligen ersten Buchstaben der unterschiedlichen Knotentypen bezeichnet. Eine Analyse unter Zuhilfenahme des Reachability-Trees ergibt, daß in der Stelle p_4 Marken so lange gesammelt werden, bis die Transition t_4 feuert. Nach mindestens einem Schritt ist die *Next-state-Funktion* für keine weitere Transition aktiviert, die Abarbeitung des Petri-Netzes kommt zum Erliegen.

2.2.3   Erweiterte Petri-Netze

Der Glaube ist eine Fähigkeit des Menschen,
die sich erweitern läßt.

Und jeder, der es vermag,
sollte zu dieser Erweiterung etwas beitragen.

Elias Canetti, „Aufzeichnungen"

Eine Erweiterung der *Petri-Netz-Notation* besteht noch in der Einführung von *Kommunikationslinien*. Diese Linien stellen ein Mittel zum reinen Informationsaustausch dar. Dazu werden *positive* und *negative* Kommunikationslinien eingeführt.

Definition 2.10. Positive Kommunikationslinie. Die Transition t kann nur feuern, wenn in der Eingangsstelle p mindestens eine Marke vorhanden ist. Über die Kommunikationslinie erfolgt ein Anstoß an die Transition t, jedoch ohne daß aus der Stelle p eine Marke abgezogen wird. Positive Kommunikationslinien werden durch strichlierte Kanten dargestellt, die durch ein „+" gekennzeichnet werden.   ◇

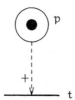

Abb. 2.15. Positive Kommunikationslinie

Definition 2.11. Negative Kommunikationslinie. Die Transition t kann nur feuern, wenn in der Eingangsstelle p *keine* Marke vorhanden ist. Auch in diesem Fall erfolgt kein Markentransport, sondern nur eine Aktivierung der Transition t. Negative Kommunikationslinien werden durch strichlierte Kanten dargestellt, die durch ein „−" gekennzeichnet werden.   ◇

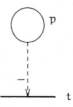

Abb. 2.16. Negative Kommunikationslinie

Man beachte, daß Kommunikationslinien nur Stellen mit Transitionen verbinden können, nicht hingegen Transitionen mit Stellen! Weiter muß nun die Input-Funktion und die Definition der Anzahlfunktion adaptiert werden.

Die *erweiterte Input-Funktion* I beschreibt nun einerseits herkömmliche Verbindungen, andererseits positive und negative Kommunikationslinien zwischen den Eingangsstellen und einer Transition. Eine positive Kommunikationslinie, welche die Eingangsstelle p_i mit der Transition t_j verbindet, wird in der Input-Funktion durch $I(t_j) = \{p_i^+, \dots\}$ beschrieben. Ferner wird die Notation $I(t_j) = \{p_i^-, \dots\}$ für negative Kommunikationslinien verwendet.

Definition 2.12. Erweiterte Anzahlfunktion. Die Funktion $\#(p_i, I(t_j))$ gibt an, wieviele Kanten von $p_i \in P$ nach $t_j \in T$ gerichtet sind:

$$\#(p_i, I(t_j)) = \begin{cases} 0, & \text{falls } p_i \notin I(t_j), \\ +, & \text{für eine positive Kommunikationslinie,} \\ -, & \text{für eine negative Kommunikationslinie,} \\ \text{Anzahl } p_i \in I(t_j) & \text{sonst.} \end{cases} \qquad (2.10)$$

◇

Die nächste Erweiterung der Notation besteht in der Einführung der sog. *Stellenkapazität*.

Definition 2.13. Stellenkapazität. Die *Stellenkapazität* K einer Stelle gibt an, wieviele Marken diese Stelle maximal aufnehmen kann, wodurch die Stelle K-*bounded* wird. Sind in einer Stelle mit der Kapazität K bereits k Marken enthalten, so kann die Eingangstransition nicht mehr feuern und die Schaltbedingung ist nicht mehr erfüllt. ◇

Mit der Einführung der Eigenschaft *Stellenkapazität* für die Stellen eines Petri-Netzes müssen dann auch die Definitionen der Schaltregel und der Next-state-Funktion angepaßt werden.

Definition 2.14. Erweiterte Schaltbedingung. Eine Transition $t_j \in T$ in einem markierten Petri-Netz $N_m = (P, T, I, O, \mu)$ heißt *aktiviert* (engl.: *enabled*), wenn für alle $p_i \in P$ mit der Kapazität K_i gilt:

$$\mu(p_i) = \begin{cases} \geq n \text{ und } \mu(p_i) - \#(p_i, I(t_j)) + \#(p_i, O(t_j)) \leq K_i, & \text{wenn } \#(p_i, I(t_j)) = n, \\ \geq 1 \text{ und } \mu(p_i) + \#(p_i, O(t_j)) \leq K_i, & \text{wenn } \#(p_i, I(t_j)) = +, \\ = 0 \text{ und } \mu(p_i) + \#(p_i, O(t_j)) \leq K_i, & \text{wenn } \#(p_i, I(t_j)) = -. \end{cases} \quad (2.11)$$

◇

Definition 2.15. Erweiterte Schaltregel. Ist die Schaltbedingung für eine Transition $t_j \in T$ in einem gegebenen markierten Petri-Netz $N_m = (P, T, I, O, \mu)$ erfüllt, d.h., ist sie aktiviert, so ist das Feuern dieser Transition der Übergang von der Markierung μ zu μ', die folgendermaßen definiert ist:

$$\mu'(p_i) = \begin{cases} \mu(p_i) - \#(p_i, I(t_j)) + \#(p_i, O(t_j)), & \text{wenn } \#(p_i, I(t_j)) = n, \\ \mu(p_i) + \#(p_i, O(t_j)), & \text{wenn } \#(p_i, I(t_j)) = +, \\ \mu(p_i) + \#(p_i, O(t_j)), & \text{wenn } \#(p_i, I(t_j)) = -. \end{cases} \qquad (2.12)$$

◇

Definition 2.16. Erweiterte Next-state-Funktion. Die Next-state-Funktion $\delta(\mu, t_j)$ ist für ein markiertes Petri-Netz $N_m = (P, T, I, O, \mu)$ mit der *Markierung* μ und der *Transition* $t_j \in T$ dann und nur dann für alle *Stellen* $p_i \in P$ mit der *Kapazität* K_i definiert, wenn gilt

$$\mu(p_i) = \begin{cases} \geq n \text{ und } \mu(p_i) - \#(p_i, I(t_j)) + \#(p_i, O(t_j)) \leq K_i, & \text{wenn } \#(p_i, I(t_j)) = n, \\ \geq 1 \text{ und } \mu(p_i) + \#(p_i, O(t_j)) \leq K_i, & \text{wenn } \#(p_i, I(t_j)) = +, \\ = 0 \text{ und } \mu(p_i) + \#(p_i, O(t_j)) \leq K_i, & \text{wenn } \#(p_i, I(t_j)) = -. \end{cases} \quad (2.13)$$

Wenn die Transition t_j *aktiviert* ist und $\delta(\mu, t_j)$ definiert ist, dann gilt $\delta(\mu, t_j) = \mu'$ mit

$$\mu'(p_i) = \begin{cases} \mu(p_i) - \#(p_i, I(t_j)) + \#(p_i, O(t_j)), & \text{wenn } \#(p_i, I(t_j)) = n, \\ \mu(p_i) + \#(p_i, O(t_j)), & \text{wenn } \#(p_i, I(t_j)) = +, \\ \mu(p_i) + \#(p_i, O(t_j)), & \text{wenn } \#(p_i, I(t_j)) = - \end{cases} \qquad (2.14)$$

für alle $p_i \in P$.   ◇

Beispiel 2.6. Die in Abb. 2.17 dargestellte Transition t ist nicht aktiviert, da die Stelle p_2 mit der Stellenkapazität 2 keine weiteren Marken mehr aufnehmen kann.

Abb. 2.17. Stellenkapazität

Es bleibt zu erwähnen, daß es neben diesen einfachen Petri-Netzen noch sog. *höhere Petri-Netze* gibt. Man kann sich diese so vorstellen, daß zusätzliche Bedingungen dadurch ausgewertet werden, daß Markierungen in den Stellen p_i „eingefärbt" werden, um so weitere logische Verknüpfungen beim Schaltablauf in Petri-Netzen zu ermöglichen (z.B. durch Notation von Zeitangaben oder zeitlichen Schranken).

Abschließend sind in Abb. 2.18 und Abb. 2.19 verschiedene Prozesse und deren Abhängigkeiten in Petri-Netz-Notation dargestellt.

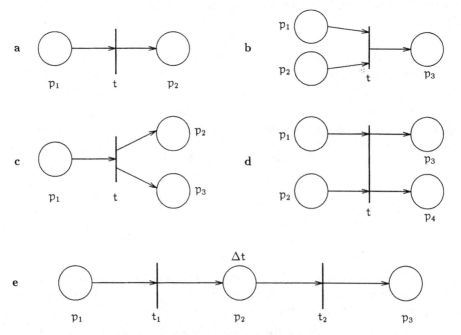

Abb. 2.18: Petri-Netz Notation für Prozesse I: Folgeprozeß (a), Fusionsprozeß (b), Spaltprozeß (c), Synchronisationsprozeß (d), Zeitprozeß (e)

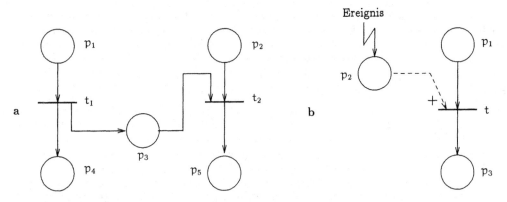

Abb. 2.19: Petri-Netz Notation für Prozesse II: Kopplung über Kommunikationszustand (a),
Kopplung über positive Kommunikationslinie (b)

2.3 Petri-Netze für die Automatisierungstechnik

> *Der Praktiker argumentiert so:*
> *Ich begnüge mich mit Halbheiten und komme zu etwas.*
> *Der Idealist strebt nach dem Vollkommenen und*
> *bleibt in Lumpereien stecken. Also!*
>
> Jakob Bloßhart, „Bausteine"

Von den theoretischen Verfahren der letzten Zeit finden in der Automatisierungstechnik Petri-Netze immer mehr Beachtung. Die von dem deutschen Mathematiker C.A. Petri begründeten und nach ihm benannten Netze bieten dank ihrer elementaren Symbolik dem Praktiker leichten Zugang: Plätze oder Stellen in Form von Kreisen bedeuten diskrete, einzelne Systemzustände, z.B. „kalt", „warm", „beladen", „frei", „Schalter betätigt". Die Systemzustände können beispielsweise als Ein- und Ausgänge sowie als Speicherzustände einer *speicherprogrammierbaren Steuerung* gedeutet werden.

Die Änderung von Zuständen, zum Beispiel der Übergang von „frei" auf „beladen" mit dem diskreten Ergebnis „Behälter voll" wird als Transition durch einen Balken oder Kasten symbolisiert. Diese Transition wird über Pfeile mit ihren zugehörigen Vor- und Nachzuständen verbunden. Die tatsächliche Existenz von System(vor)zuständen führt zu einem Ergebnis - dem Schalten der Transition - und neuen aktuellen System(nach)zuständen. Ein Ergebnis „Bearbeitung beginnen" wird zum Beispiel ausgelöst, wenn die Zustände „Maschine bereit" und „Werkstück vorhanden" gültig sind. So wird im Sinne von Ursache-Wirkung-Beziehungen das System und sein Verhalten als ein Netz aus Stellen, Transitionen und Verbindungen modelliert.

Man kann mit diesem Netz das Systemverhalten leicht nachvollziehen, das heißt simulieren, indem die aktuellen Zustände, nämlich die Stellen, von sogenannten Marken belegt werden. Nur wenige Regeln, die in ihrer Art etwa den Mühle- oder Mensch-ärgere-dich-nicht-Spielregeln entsprechen, sind für diese Modellierung von Systemstruktur und Systemdynamik erforderlich. Daneben gibt es weitere Darstellungsmöglichkeiten für höhere Abstraktionen, die sich dem fortgeschrittenen „Spieler" auf natürliche Weise und problemangemessen erschließen. Von sehr großem Vorteil ist auch die den Petri-Netzen zugrundeliegende mathematische Basis, die neben der Simulation des Systemverhaltens (vergleichbar mit einer Schaltungssimulation) weitere Erkenntnisse über das modellierte System erschließt, zum Beispiel über die Erreichbarkeit gewünschter Systemzustände bzw. die Nichterreichbarkeit unerwünschter Blockadezustände oder über die Zyklen von Systemzuständen.

Anwendbar ist die Modellierung mit Petri-Netzen auf alle diskreten Automatisierungssysteme wie zum Beispiel Stückprozesse, fahrerlose Transportsysteme (FTS), Hochregallager, flexible Fertigungszellen oder Chargenprozesse (z.B. in der Nahrungsmittelindustrie), das heißt, Prozesse, bei denen gleichartige Zustandsänderungen relativ lange dauern.

Für den praktischen Einsatz von Petri-Netzen ist die Rechnerunterstützung unabdingbar. Sowohl für professionelle Anwender als auch für Einsteiger stehen als Werkzeuge (Tools) komfortable Editoren und Simulatoren zur Verfügung. Werkzeuge, die Petri-Netze automatisch in SPS- und Hochsprachen-Programme sowie in Schaltungen überführen, wurden in Forschungslaboratorien entwickelt.

Ist der Umgang mit diesem neuen Beschreibungsmittel erst erlernt, können damit ingenieurgemäße, grafisch anschauliche und leicht verständliche Vorstellungen vom Prozeß und seiner Steuerung geschaffen werden. Damit schließt sich die Lücke zwischen den Ideen und den gängigen Beschreibungsmitteln (**Kontaktplan KOP, Funktionsplan FUP, Anweisungsliste AWL** usw.).

Die Vorabsimulation und -analyse auf konzeptionellem Niveau kann die Probleme der praktischen Realisierung vorwegnehmen und lösen. Zusätzlich liegt eine überschaubare Dokumentation auf Bild- und Sprachebene vor. Sie dient der gemeinsamen Absprache zwischen Auftraggeber und Entwickler sowie der immer wichtiger werdenden Qualitätssicherung.

Weiterführende Literatur

Hartung, G.: *Programmieren einer Klasse von Multiprozessorsystemen mit höheren Petri-Netzen.* Heidelberg: Hüthig Verlag, 1987.

Peterson, J.: *Petri Net Theory and the Modelling of Systems.* Englewood Cliffs: Prentice Hall, 1981.

Reisig, W.: *Petrinetze.* Berlin: Springer Verlag, 1982.

Schnieder, E.: *Prozeßinformatik, Einführung mit Petri-Netzen.* Wiesbaden: Vieweg Verlag, 1986.

3 Gerätetechnischer Aufbau von Prozeßrechenanlagen

3.1 Methoden der Prozeßführung

Though this be madness
yet there's a method in't.
(Ist dies schon Tollheit,
so hat es doch Methode.)

William Shakespeare, „Troilus and Cressida"

Die verschiedenen Möglichkeiten der Kopplung von technischen Prozessen mit ihrer Steuerung – lose oder enge Kopplung, offene oder geschlossene Strukturen – sind ein Abbild der technologischen Entwicklung der Prozeßautomatisierung. Sie werden in den folgenden Unterabschnitten beschrieben.

3.1.1 Handbedienter Prozeß

Was Hände bauten,
können Hände stürzen.

Friedrich Schiller, „Wilhelm Tell"

Bei nichtautomatisierten technischen Prozessen (dem Anfangszustand vor Beginn der Automatisierung) nimmt der Mensch alle Aufgaben der Prozeßlenkung wahr (Abb. 3.1).

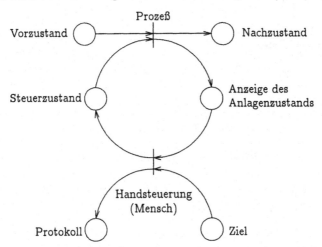

Abb. 3.1. Handbedienter Prozeß

Der Zustand der Anlage wird mit Instrumenten angezeigt, die vielfach in einer *Betriebsleitzentrale* räumlich zusammengefaßt werden. Von diesen Instrumenten können die charakteristischen *Zustandsgrößen* (z.B. Vorlauftemperatur, Rücklauftemperatur, Drücke, Durchflußmengen, Ströme, Spannungen) abgelesen werden. Eingriffe in den Prozeß werden von Hand durch Bedienung von Stellgeräten ausgeführt. Der Prozeß wird demnach durch menschliche Aktivitäten gelenkt. Dieser vorautomatische Betrieb war bis in die sechziger Jahre weit verbreitet.

3.1.2 Indirekte Prozeßkopplung

Schinkenessen ist indirektes Schweineschlachten.

Wilhelm Busch, „Briefe"

3.1.2.1 Off-line Kopplung

Der erste Schritt einer Kopplung zwischen Prozeß und Prozeßrechner war, anfallendes Datenmaterial manuell in beliebigen Abständen einem Rechner zur Auswertung zuzuführen. Als Rechner kam ein Universalrechner im Stapelbetrieb (*batch processing*) in Betracht. Der Rechner protokollierte dann den betrieblichen Ablauf aufgrund der erfolgten manuellen Eingaben (Abb. 3.2).

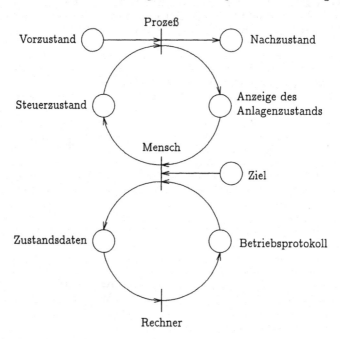

Abb. 3.2. Indirekte Kopplung off-line

Man findet noch heute den Einsatz solcher Systeme in der Hüttenindustrie, im Bereich der Energieerzeugung und in der Verfahrenstechnik.

3.1.2.2 In-line Kopplung

Sind zur Prozeßsteuerung komplizierte Algorithmen oder umfangreiche Berechnungen innerhalb vorgegebener zeitlicher Grenzen erforderlich, können die Daten über den Anlagenzustand über eine manuell betätigte Datenstation (z.B. ein Terminal) dem Rechner zugeführt werden, der die

Ergebnisse der Berechnung zeitgerecht ausgibt. Die Aufgaben der Protokollierung und Auswertung können dem Rechner übertragen werden. Diese in gewissen Grenzen (s- bis min-Bereich) zeitgebundene, aber nur über den Menschen mit dem Prozeß aufrechterhaltene Verbindung wird als *indirekte Prozeßkopplung in-line* bezeichnet (Abb. 3.3). Diese Betriebsart erfordert leistungsfähige Rechnersysteme mit entsprechenden Antwortzeiten aus dem Bereich der *Echtzeit-Datenverarbeitung* (engl.: *real-time processing*).

Beispiele für solche *indirekte Prozeßkopplungen in-line* findet man bei elektrischen Versorgungsunternehmen (EVUs), bei der Beurteilung der Lastverteilung von Energieflüssen in Energieverteilungsnetzen durch vorausschauende Simulation oder bei Verkehrsprognosen zur Beurteilung des Verkehrsaufkommens.

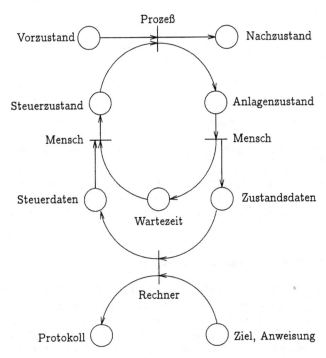

Abb. 3.3. Indirekte Kopplung in-line

3.1.3   Direkte Prozeßkopplung on-line

> *Kopplung ist ein besonderes sicherheitstechnisches Mittel,*
> *das durch zwangsweise Mitnahme die vorbestimmte Reihenfolge*
> *der Funktionsveränderung von Gliedern einer Abhängigkeitskette bewirkt.*
>
> Wörterbuch technischer Begriffe mit 6500 Definitionen nach DIN

3.1.3.1   Offene Kopplung (Zustandserfassung)

Zur Entlastung des Bedienungspersonals bei der Prozeßführung wird die stereotype Prozeßdatenerfassung und -aufbereitung dieser Daten im rechten Zweig des Petri-Netzes nach Abb. 3.4 einem Rechner übertragen. Der Rechner übernimmt die Prozeßprotokollierung und die Information des Bedienpersonals in der Betriebsleitzentrale durch entsprechende Aufbereitung der Prozeßzustände (*Prozeßvisualisierung*).

Besondere Bedeutung hat diese Struktur dann, wenn bei speziellen Prozessen eine Vielzahl von Zustandsdaten in so kurzer Zeit anfallen, daß sie manuell gar nicht erfaßt werden können.

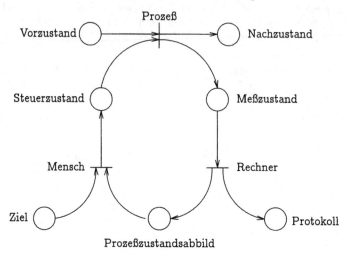

Abb. 3.4. Direkte Kopplung mit automatischer Prozeßzustandserfassung

Man verzichtet dabei absichtlich auf rechnergestützte Prozeßsteuerung zugunsten einer detaillierten Prozeßzustandserfassung (z.B. in Strahltriebwerken auf Versuchstestständen zur Analyse einer *flame-out-Situation* oder bei kerntechnischen Experimenten) mit dem Ziel des Auffindens seltener Ereignisse aus einer *Datenflut*.

3.1.3.2   Offene Kopplung (Prozeßbeeinflussung)

Bei dieser Art der Prozeßkopplung übernimmt ein Prozeßrechner die Prozeßbeeinflussung. Dabei muß auf der Bedienerseite eine geeignete Schnittstelle zwischen Mensch und Rechner vorhanden sein, z.B. ein Terminal mit funktionsbezogenem Tastenfeld oder andere anthropotechnisch günstige Bedienungselemente (z.B. Steuerknüppel, Schalthebel, Steuerkugel). Die Steuerinformation wird dann im Rechner nach vorgegebenen Algorithmen in Stellsignale für den Stelleingriff in den Prozeß umgesetzt und maschinell protokolliert.

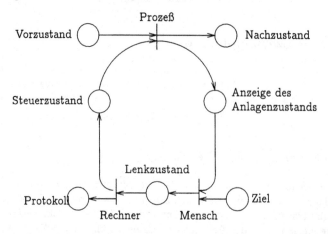

Abb. 3.5. Offene Kopplung mit automatischer Prozeßbeeinflussung

Diese Kopplungsstruktur stellt eine Vorstufe zur *vollständigen* Automatisierung dar. Sie kommt bei der Steuerung solcher Prozesse zum Einsatz, wo der Mensch als Erfahrungsträger und „Filter" in der Wirkungskette nicht entbehrlich ist. Solche Systeme kommen z.B. in der Eisenbahnsignaltechnik vor, wo Geschwindigkeitsvorgaben nach optischer Signalisierung durch den Lokführer manuell eingestellt werden und die weitere Verarbeitung bis zur Einstellung der erforderlichen Antriebs- bzw. Bremskraft automatisch abläuft.

3.1.3.3 Geschlossene Kopplung

Ist der Mensch nicht mehr Bestandteil der Wirkungskette, und werden sowohl die Prozeßzustandserfassung als auch die Prozeßsteuerung einem Prozeßrechner übertragen, liegt eine geschlossene Kopplung (engl.: *closed loop*) vor. Der Bediener kann jedoch noch über ein Terminal oder eine ähnliche Schnittstelle Anweisungen an den Prozeßrechner aufgrund des vom Prozeßrechner erstellten Betriebsprotokolls geben. Es ergibt sich damit eine Struktur nach Abb. 3.6.

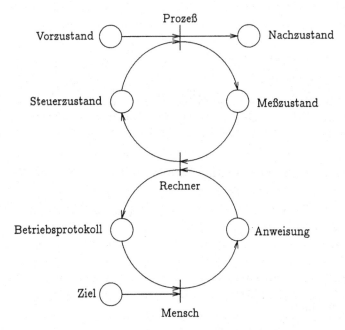

Abb. 3.6. Geschlossene Kopplung (closed loop)

3.2 Automatisierungsstrukturen

> *Jedes menschliche Wesen hat eine*
> *kompliziertere Struktur als die Gesellschaft,*
> *zu der es gehört.*
>
> Alfred North Whitehead, „Abenteuer der Ideen"

Man unterscheidet *zentrale* und *dezentrale Automatisierungsstrukturen*. Es soll angenommen werden, daß ein technischer Prozeß aus n Teilprozessen besteht (Abb. 3.7).

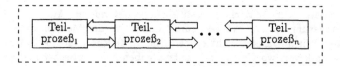

Abb. 3.7. Teilprozesse

Solche *Teilprozesse* als Bestandteil eines technischen Gesamtprozesses können z.B. bei einem Robotic-Arbeitsplatz sein:

- Antransport eines Werkstücks

- Spannen eines Werkstücks

- Positionieren eines Werkzeugs

- Bearbeitung eines Werkstücks

- Werkzeugwechsel

- Abtransport eines Werkstücks

Die benannten Teilprozesse sind untereinander alle verschieden. Es gibt jedoch auch technische Prozesse, die aus Gründen begrenzter CPU-Leistung bei der Prozeßsteuerung in gleichartige Teilprozesse zu unterteilen sind. Oder aber ein technischer Prozeß wird in gleichartige Teilprozesse aus räumlichen Gründen zerlegt, wobei gleiche Teilprozesse nur räumlich verteilt sind.

3.2.1   Zentrale Automatisierungsstruktur

> *Jeder universale Schöpfer setzt eine Welttatsache*
> *als Zentrum und ordnet die übrige Weltmasse*
> *als Kreis um den Mittelpunkt.*
>
> Ludwig Marcuse, „Die Welt der Tragödie"

Bei der zentralen Struktur nach Abb. 3.8 wird bei größeren Automatisierungssystemen meist nur ein Prozeßrechner verwendet, der bei serieller Informationsverarbeitung alle Prozeßautomatisierungsfunktionen durchführt.

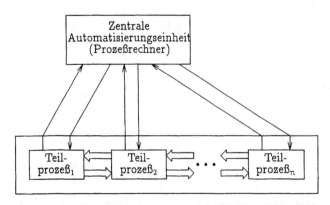

Abb. 3.8. Zentrale Automatisierungsstruktur

Diese Struktur hat jedoch einen gravierenden Nachteil, nämlich jenen, einem Kunden eine gewünschte Anlagenverfügbarkeit zu gewährleisten. Im Falle eines Ausfalls der zentralen Automatisierungseinheit tritt vollständiger Anlagenstillstand auf.

3.2.2 Dezentrale Automatisierungsstruktur

Divide et impera
(Teile und herrsche)

Ludwig XI

Bei einer dezentralen Automatisierungsstruktur werden Prozeßrechner oder speicherprogrammierbare Steuerungen, die parallel zueinander die jeweilige Funktion ausführen, als dezentrale Automatisierungseinheiten (DAE) eingesetzt. Sie werden auch als sog. *Automatisierungsinseln* bezeichnet (Abb. 3.9).

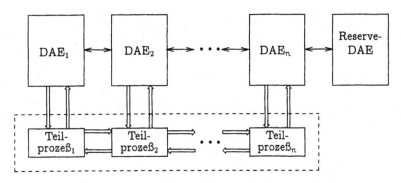

Abb. 3.9. Dezentrale Automatisierungsstruktur

Um eine gewünschte Anlagenverfügbarkeit zu gewährleisten, kann eine Reserve-DAE vorgesehen werden, die im Falle eines Ausfalles einer DAE deren Funktionalität übernimmt. Notwendige Voraussetzung dafür ist, daß alle DAEs untereinander vernetzt sind.

3.3 Automatisierungssysteme mit Redundanz

Die Redundanz ist die Einschränkung des Strukturvorrates
von seriellen Farbmengen durch bestimmte Nebenbedingungen.
Die vorhandene Redundanz ist ein Zeichenensemble,
das umfassender ist als für
die abzubildende Grundstruktur erforderlich.
Dadurch wird es möglich,
die Eintönigkeit der strengen Serie
durch kombinatorische Variation aufzuheben.

DuMont's Sachwörterbuch, Kunst des 20. Jahrhunderts

Automatisierung in einem Prozeß kann nur sinnvoll durchgeführt werden, wenn durch systeminhärente Redundanz der mögliche Ausfall von Systemkomponenten in vorgegebenen Grenzen tolerierbar ist (engl.: *fault-tolerant system behaviour*). Man unterscheidet bei Prozeßrechnersystemen folgende Formen der *Redundanz*:

- *Hardware-Redundanz* (*kalte* oder *heiße* Redundanz)

- *Software-Redundanz* (Betrieb verschiedener Programme zur Realisierung einer Funktion)

- *Meßwert-Redundanz* (mehrfache Erfassung von Meßgrößen, dazu gehört auch die Erfassung von Meßgrößen, die aufgrund der Funktionen des technischen Prozesses voneinander abhängen)

- *Zeit-Redundanz* (z.B. mehrfache Telegrammübertragung mit Vergleich und Quittungsverkehr)

Die betriebliche *Verfügbarkeit* eines Prozeßrechensystems kann überschlägig danach beurteilt werden, wie lange es ohne Betriebsstörung betriebsfähig bleibt und nach welcher Zeit es im Anschluß an einen Ausfall wieder in Betrieb gesetzt werden kann (Abb. 3.10).

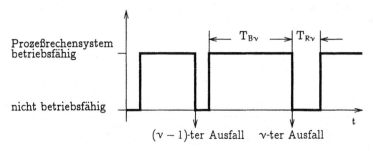

$T_{R\nu}$ Reparaturzeitintervall nach dem ν-ten Ausfall
$T_{B\nu}$ Zeit zwischen der Behebung des $(\nu-1)$-ten Ausfalls
         und nachfolgendem Ausfall

Abb. 3.10. Beispiel für den Zeitablauf des Betriebes eines Prozeßrechensystems

Den Betriebsablauf kann man durch folgende Mittelwerte beschreiben: $\overline{T_B}$ sei die *mittlere Zeit zwischen zwei Ausfällen*:

$$\overline{T_B} = \frac{1}{n} \sum_{\nu=1}^{n} T_{B\nu} \tag{3.1}$$

als Mittelwert der Zeitspanne zwischen einem Anfahren des Systems und dem jeweils unmittelbar folgenden Ausfall. $\overline{T_R}$ sei die *mittlere Reparaturzeit*.

$$\overline{T_R} = \frac{1}{n} \sum_{\nu=1}^{n} T_{R\nu} \tag{3.2}$$

als Mittelwert der Zeitspannen zwischen einem Systemausfall und der folgenden Wiederinbetriebnahme.

Da es sich bei den Angaben für $\overline{T_B}$ und $\overline{T_R}$ nur um Mittelwerte handeln kann, lassen sich daraus für den einzelnen Prozeßrechner nur beschränkte Aussagen ableiten. Wird für einen Typ eines Prozeßrechners z.B. ein bestimmter Wert für $\overline{T_B}$ angegeben, so bedeutet dies nicht, daß tatsächlich erste Ausfälle erst für $t \geq \overline{T_B}$ nach Inbetriebnahme zu erwarten sind. Man hat festgestellt, daß etwa nur 37% aller in Betrieb genommenen Prozeßrechner Ausfälle erst für $t \geq \overline{T_B}$ aufwiesen (das bedeutet eine *Überlebenswahrscheinlichkeit* von 37%).

Die Werte von $\overline{T_R}$ hängen wesentlich vom speziellen Aufbau des Prozeßrechners ab, insbesondere davon, ob ein modularer Aufbau des Prozeßrechners vorliegt, aber auch von der Lagerung von Austauschflachbaugruppen und Möglichkeiten einer schnellen Fehlerdiagnose (z.B. durch *Hardware-Prüfprogramme*).

Eine weitere Größe zur Angabe der Betriebssicherheit eines Prozeßrechners ist die *Verfügbarkeit V*, die wie folgt näherungsweise angegeben werden kann:

$$V \approx \frac{\sum\limits_{\nu=1}^{n} T_{B\nu}}{\sum\limits_{\nu=1}^{n} T_{B\nu} + \sum\limits_{\nu=1}^{n} T_{R\nu}}$$

$$\approx \frac{\overline{T_B}}{\overline{T_B} + \overline{T_R}} \tag{3.3}$$

Für sehr große Werte von n können die Grenzwerte definiert werden:

$$\lim_{n \to \infty} \overline{T_B} = \text{Mean-Time-Between-Failure (MTBF)}$$
$$\lim_{n \to \infty} \overline{T_R} = \text{Mean-Time-To-Repair (MTTR)} \tag{3.4}$$

Dann berechnet sich die *Verfügbarkeit* nach Gl. (3.3) als

$$V = \frac{\text{MTBF}}{\text{MTBF} + \text{MTTR}} \tag{3.5}$$

Neben der Kenngröße Verfügbarkeit eines Prozeßrechensystems soll als weitere Kenngröße die *Ausfallrate* definiert werden: Unter der Ausfallrate $\lambda(t)$ versteht man den negativen Wert der Ableitung der zu einem zugehörigen Zeitpunkt t differenzierbaren, logarithmischen Zuverlässigkeitsfunktion R(t) als

$$\lambda(t) = -\frac{d \ln R(t)}{dt} = -\frac{1}{R(t)} \cdot \frac{dR(t)}{dt} \tag{3.6}$$

Aus diesem Ansatz folgt die Lösungsfunktion für die Zuverlässigkeitsfunktion R(t) als

$$R(t) = e^{\int_0^t \lambda(\tau) \cdot d\tau} \tag{3.7}$$

Wird die Ausfallrate λ vereinfachend als konstant angenommen, ergibt sich für

$$R(t) = e^{-\lambda \cdot t} \tag{3.8}$$

In diesem Fall spricht man auch von der *mittleren Ausfallrate*. Sie gibt die im Mittel zu erwartenden Ausfälle je Zeiteinheit an. Dabei gilt der einfache Zusammenhang

$$\lambda = \frac{1}{\text{MTBF}} \tag{3.9}$$

Die vereinfachende Annahme, λ sei keine Funktion der Zeit und somit konstant, beschreibt das Ausfallverhalten technischer Systeme nur sehr unvollkommen. Vielmehr beobachtet man über die gesamte *Betriebsdauer* eines technischen Systems veränderliche und somit zeitabhängige Werte der Ausfallrate $\lambda(t)$. Dies soll an der sog. *Badewannenkurve* veranschaulicht werden (Abb. 3.11).

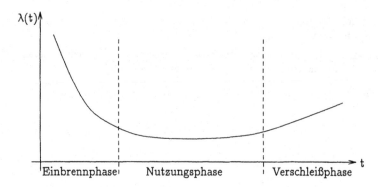

Abb. 3.11: Zeitlicher Verlauf der Ausfallrate $\lambda(t)$ über der Betriebsdauer eines technischen Systems („Badewannenkurve")

Einbrennphase. In der Einbrennphase ist die Ausfallrate zunächst relativ hoch, da bei den Bauelementen Frühausfälle auftreten. Erfahrungen mit technischen Systemen haben gezeigt, daß es nicht sinnvoll ist, bei einem Frühausfall die komplette Komponente zu tauschen, weil dadurch die Einbrennphase erneut beginnt und man wieder mit Frühausfällen zu rechnen hat. Es ist darum sinnvoller, Frühausfälle durch Reparatur zu beheben, um somit nach der Einbrennphase in die Nutzungsphase übergehen zu können.

Nutzungsphase. In der Nutzungsphase ist der Wert der Ausfallrate nahezu konstant und minimal („Boden" der Badewannenkurve).

Verschleißphase. In der Verschleißphase steigt der Wert der Ausfallrate alterungsbedingt wieder an, wenn die Lebensdauer der Bauelemente erreicht ist.

Die Wahrscheinlichkeit, daß in einem zusammengesetzten, digitale Daten verarbeitenden System ein Fehler/Ausfall auftritt, hängt von den Wahrscheinlichkeiten für das Auftreten von Fehlern und Ausfällen in den einzelnen Funktionseinheiten des Systems ab. Sind alle Wahrscheinlichkeiten p_ν von Fehlern/Ausfällen in allen Teilsystemen sehr viel kleiner als 1 und sind die Fehlerprozesse voneinander unabhängig, so gilt für die *Fehlerwahrscheinlichkeit* des Gesamtsystems

$$p_{ges} \approx \sum_{\nu=1}^{n} p_\nu \tag{3.10}$$

d.h., p_{ges} ist ungefähr gleich der Summe der Fehlerwahrscheinlichkeiten p_ν der Teilsysteme.

Für die Aufrechterhaltung einer gewissen minimalen Betriebsbereitschaft des Prozeßrechensystems müssen nicht alle Funktionseinheiten betriebsfähig sein (engl.: *degraded mode*). Zwar ist die Betriebsbereitschaft zentraler Funktionseinheiten für einen weiteren Betrieb notwendig, nicht jedoch die Betriebsbereitschaft mancher peripherer Geräte (insbesondere externer Datengeräte).

Die Betriebsbereitschaft von Prozeßrechnersystemen hängt nicht nur von der Zuverlässigkeit der gerätetechnischen Einrichtungen (*Prozeß-Hardware*), sondern auch wesentlich von der *Zuverlässigkeit* der Programme ab. Das gilt sowohl für die gesamte *Anwendersoftware* (engl.: *user-software*) als auch für die verwendeten Betriebssystemprogramme. Im folgenden werden Maßnahmen der *Hardware-* und *Software-Redundanz* betrachtet.

3.3.1 Hardware-Redundanz

Die Welt ist nicht aus Brei und Mus geschaffen,
deswegen haltet euch nicht wie die Schlaraffen;
Harte Bissen gibt es zu kauen:
wir müssen erwürgen sie oder verdauen.

Johann Wolfgang von Goethe, „Sprüche in Reimen"

Die Zuverlässigkeit von Prozeßrechenanlagen kann durch gerätetechnische Redundanz erhöht werden. Man unterscheidet *statische* und *dynamische Redundanz*.

Während bei *statischer Redundanz* n Rechner parallel betrieben werden und ein Entscheider darüber befindet, welche Kommandos an den Prozeß ausgegeben werden (*heiße Reserve*), wird bei dynamischer Redundanz nur ein Prozeßrechner mit dem technischen Prozeß verbunden, während die übrigen Systeme im *Stand-by-Betrieb* mitlaufen (*kalte Reserve*).

3.3.1.1 Dynamische Redundanz

Dynamische Redundanz liegt vor, wenn in einem Mehrrechnersystem mit n parallel betriebenen Rechnern einem Rechner die Aufgabe der Prozeßsteuerung übertragen wird (*führender Rechner*), während die übrigen (n – 1) Rechner im Stand-by-Betrieb mitlaufen (*mitwirkende Rechner*). Alle n Rechnerkanäle erhalten die gleichen Informationen über die Prozeßzustände, aber nur der führende Rechner ist ausgangsseitig mit dem Prozeß verbunden.

Abb. 3.12 zeigt für n = 2 ein *Doppelrechnersystem* mit einem *führenden* und einem *mitwirkenden* Prozeßrechner (Arbeitsrechner und Stand-by-Rechner). Die Ausgänge der Prozeßrechner sind einem Umschalter U zugeführt, der darüber entscheidet, welcher Prozeßrechner *führend* und welcher *mitwirkend* betrieben wird.

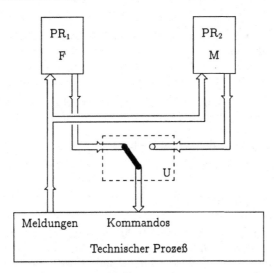

PR   Prozeßrechner
U   Umschalter
F   führender Prozeßrechner
M   mitwirkender Rechner (sog. backup unit)

Abb. 3.12. Doppelrechnersystem (dynamische Redundanz)

Eine Erkennung fehlerhafter Prozeßsteuerung durch den führenden Prozeßrechner und damit die Notwendigkeit, vom Arbeitsrechner auf den Stand-by-Rechner umzuschalten, kann durch folgende Maßnahmen bewirkt werden:

- *Fehler/Ausfallerkennung* durch ein *on-line mitlaufendes Prüfprogramm* im führenden Rechner (z.B. Hauptspeichertests, Tests der I/O-Peripherie)

- durch manuellen Eingriff des Bedieners z.B. über Terminal in der Betriebsleitzentrale. Im Fall erkannter fehlerhafter Prozeßsteuerung wird der Umschalter U (Abb. 3.12) entweder rechnergesteuert oder durch manuellen Eingriff betätigt. Bevor jedoch Kommandos an den technischen Prozeß vom bisher mitwirkenden Rechner (Stand-by-Rechner) ausgegeben werden können, muß eine besondere *Ablauforganisation des Umschaltens* (die sog. *Umschaltkoordination*) abgewickelt werden. Es soll angenommen werden, daß vor der Rechnerumschaltung der Prozeßrechner PR_1 führend und der Prozeßrechner PR_2 mitwirkend sei. Die *Umschaltkoordination* läuft nun in folgenden Schritten ab:

  - zur Zeit des Umschaltkommandos müssen auf dem führenden Rechner bearbeitete Programme beendet werden

  - eröffnete Dateien sind zu schließen

  - Anwendersoftware wird ggfs. auf den Externspeicher transferiert

  - Datenaustausch zwischen beiden Rechnern (sog. *Aktualisierung*) von PR_1 nach PR_2

  - Vergabe neuer Berechtigungen
    PR_1: PR-F nach PR-M
    PR_2: PR-M nach PR-F
    verbunden mit der Meldungsausgabe an das Bedienpersonal auf Konsole oder Kontroll- und Störungsdrucker

  - Uhrzeitsynchronisation

  - Ausgabe berechneter Kommandotelegramme von PR_2 an den technischen Prozeß

Damit ist die Umschaltkoordination abgeschlossen.

3.3.1.2   Statische Redundanz

Statische Redundanz liegt vor, wenn in einem Mehrrechnersystem bestehend aus n Prozeßrechnern *Parallelbetrieb* vorliegt und ein $(m\ von\ n)$-*Entscheider* (engl.: *voter*) bei m $\leq$ n gleichen Resultaten aufgrund einer Mehrheitsentscheidung veranlaßt, welche ausgangsseitigen Kommandos an den technischen Prozeß geleitet werden. Die Struktur eines $(m\ von\ n)$-*Systems* zeigt Abb. 3.13.

Bei gleichzeitiger, paralleler Ausführung einer Aufgabe in mehreren Funktionseinheiten muß eine zuverlässige Auswahleinrichtung $((m\ von\ n)$-*Voter*) darüber entscheiden, welche der parallel erarbeiteten Ergebnisse mehrheitlich an den technischen Prozeß als Kommandos gesandt werden. Die Anordnung nach Abb. 3.13 wird System mit *heißer Reserve* genannt.

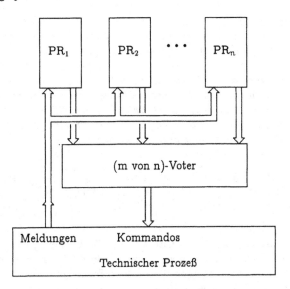

Abb. 3.13. (m von n)-Prozeßrechnersystem mit statischer Hardware-Redundanz

3.3.2 Software-Redundanz

Weich ist stärker als hart,
Wasser härter als Fels,
Liebe stärker als Gewalt.

Hermann Hesse, „Siddhartha"

Unter *Software-Redundanz* versteht man den mehrfachen Betrieb von Programmen (allgemein: n-fach, auch als *n-Version programming* bezeichnet), die von unabhängigen Programmierteams entwickelt wurden. Für Prozeßanwendungen ist bei n = 2 entweder der zeitlich parallele Lauf der beiden Programme auf einem Doppelrechnersystem oder ein zeitliches Nacheinander der beiden Programme auf einem Rechner möglich. Im zweiten Fall ist zu beachten, daß die *CPU-Belastung* stark zunimmt. Werden noch on-line Prüfprogramme oder Diagnoseprogramme zum Ablauf gebracht, wird in der Praxis schnell eine CPU-Auslastung von mehr als 90% erreicht.

Software-Redundanz wird auch als *Software-Diversität* bezeichnet. In der englischsprachigen Literatur findet man folgende Erläuterung für den Begriff der Diversität:

Diversity is to perform a required function by different means.

Bezüglich des Sprachgebrauchs sind weiter zu unterscheiden:

- *Diversität* als Verschiedenheit von Programmen/Problemlösungen

- *Diversifizierung* als Handlung mit dem Ziel, diversitäre Lösungen zu erreichen

3.3.2.1 Ziele der Diversität

Folgende drei Ziele der Diversität sind zu benennen:

- *Sicherung von Prozessen mit Sicherheitsverantwortung.*
  Um bei stets vorhandenen Softwarefehlern Gefährdungen im technischen Prozeß auszuschließen, werden diversitäre Programme entwickelt und installiert (n $\geq$ 2). Die Maßnahme
  der Diversifizierung soll die Sicherheit im technischen Prozeß erhöhen; dies ist jedoch mit
  einer Verringerung der Anlagenverfügbarkeit verbunden.

- *Verfügbarkeit.*
  Will man mit Hilfe diversitärer Programme die Anlagenverfügbarkeit erhöhen, benötigt
  man n $\geq$ 3 parallele Programme. Es ist dann eine Mehrheitsentscheidung durchzuführen
  unter der Annahme, daß nur eines der drei Programme mit seinen Resultaten von denen
  der beiden anderen Programme abweicht.

- *Fehlererkennung durch paralleles Austesten und Ergebnisvergleich.*
  Parallel betriebene Programme werden als weitgehend fehlerfrei angesehen, wenn beim
  Durchrechnen einer ausreichend großen Zahl von Testdaten keine Unstimmigkeiten zwi-
  schen den berechneten Resultaten auftreten.

  Die Fehlererkennung beruht auf dem *Ergebnisvergleich*. Das parallele Austesten kann dazu
  dienen, einen Abnahmetest durchzuführen (Abb. 3.14).

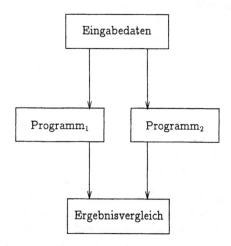

Abb. 3.14. Paralleler Betrieb diversitärer Programme

3.3.2.2 Grundlagen der Diversität

Diversität als Software-Redundanz beruht auf der Annahme, daß bei einem bestimmten Satz von
Eingabedaten nicht alle n Programme zugleich und in derselben Weise fehlerhaft reagieren.

Man unterscheidet folgende Formen der Diversität:

- *technologische Diversität*

- *physikalische Diversität*

- *unterschiedliche Problemlösungen*

Beispiel 3.1. Einige Beispiele für diversitäre Konzepte:

1. Temperaturmessung im Reaktor

    a) mit einem Berührungsthermometer

    b) mit einem Strahlungspyrometer

2. Nachrichtenübertragung

    a) mit elektrischen Signalen über Koaxialkabel

    b) über Lichtwellenleiter

3. Bremskurvenberechnung (Lösung einer Gleichung n-ten Grades mit konstanten Koeffizienten)

    a) Analytische Lösung $x_{1,2} = -\frac{p}{2} \pm \sqrt{\left(\frac{p}{2}\right)^2 - q}$

    b) Newtonsches Näherungsverfahren

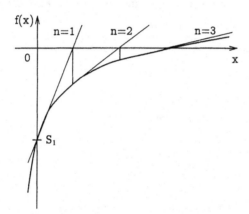

Abb. 3.15. Newtonsches Näherungsverfahren

Abbildung 3.15 zeigt, daß beim Einsatz des Newtonschen Näherungsverfahrens die Bearbeitungszeit im Rechner entscheidend von der zufälligen Wahl des ersten Schätzwertes beeinflußt wird.

Die Annahme, daß bei einem bestimmten Satz von Eingabedaten nicht alle Programme zugleich und in derselben Weise fehlerhaft reagieren, ist in neuerer Zeit kritisiert worden. Erklärungsversuche dafür, daß gleichartige Fehlerreaktionen der n Programme gar nicht so unwahrscheinlich sind, sind folgende Überlegungen:

- die Spezifikation enthielt Fehler, Inkonsistenzen oder war unvollständig (üblicherweise liegt nur *eine* Spezifikation vor).

- Programmierer haben in verschiedenen Teams gleichartige Fehlermechanismen in die Programme unbewußt eingebaut.

Speziell *Software-Diversität* liegt vor, wenn eine Verschiedenheit bezüglich

- Algorithmen

- Datenstrukturen

- Entwurfsverfahren

- Programmen

- Programmiersprachen

- eingesetzter Compiler

vorliegt. Software-Diversität kann als Maßnahme gegenüber

- Fehlern bei der Umsetzung von Anforderungen aus der Anforderungsspezifikation

- fehlerhafter Anwendung von Algorithmen

- Codierungsfehlern

angesehen werden, sie ist jedoch nicht zum Aufdecken von Fehlern in der *Anforderungsspezifikation* (engl.: *requirement specification*) geeignet. *Diversität* kann auf unterschiedliche Weise realisiert werden:

- *Diversität nicht zur Laufzeit*: zum Auffinden von Fehlern

- *Diversität zur Laufzeit*

  - *Soft diversity* (ohne besondere zeitliche Anforderungen)
  - *Hard diversity* (für Echtzeitanwendungen)

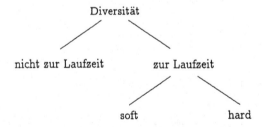

Abb. 3.16. Verschiedene Arten der Diversität

3.3.2.3 Entwicklung diversitärer Programme

Die Entwicklung diversitärer Programme kann wie folgt durchgeführt werden:

- Man kann so vorgehen, daß man unabhängigen Entwicklerteams die gleiche Aufgabe stellt. Es ist dann zu erwarten, daß diese Teams unterschiedliche Wege zur Entwicklung der Programme einschlagen, so daß die Ergebnisse (Programme) folglich zueinander diversitär sind. Dies gilt allerdings nur mit Einschränkung, wenn beide Teams von einer gemeinsamen Eingangsspezifikation ausgehen. Abbildung 3.17 zeigt die Gegebenheiten bei diversitärer Entwicklung von Programmen. Ausgehend von einer gemeinsamen Spezifikation erarbeiten zwei Entwicklerteams Programme, die jeweils von einer Prüfergruppe (Prüfer$_1$ und Prüfer$_2$) einem Qualitäts-Audit unterzogen werden. Die entstandenen Programme müssen abschließend hinsichtlich ihrer Resultate verglichen werden. Es ist jedoch von essentieller

Bedeutung, daß bei einkanaliger Spezifikation mit diesem Verfahren Fehler, Widersprüche oder Inkonsistenzen in dieser Spezifikation auch nicht aufgedeckt werden können.

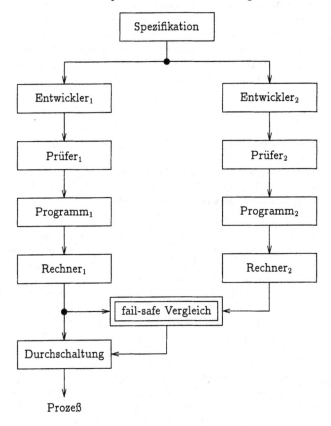

Abb. 3.17. Diversitäre Programmentwicklung

- Diversität kann aber auch so erreicht werden, daß verschiedene Strategien, Algorithmen und Softwarestrukturen angewandt werden.

3.3.2.4 Ausführung diversitärer Programme

Folgende Vorgehensweisen sind möglich:

- die diversitären Programme werden auf einem Rechner nacheinander ausgeführt und ein Voter bewertet die Übereinstimmung der Ergebnisse (z.B. bei der *n-version-programming method*). Bei Echtzeitsystemen mit hohen zeitlichen Anforderungen (z.B. bei der Programmierung von Abtastreglern) ist diese Vorgehensweise meist nicht möglich.

- beim Einsatz eines redundanten Mehrrechnersystems ist es sinnvoll, diversitäre Programme parallel auszuführen. Die erarbeiteten Resultate sind dann auf Übereinstimmung zu prüfen.

- bei zyklisch aufzurufenden Automatisierungsprogrammen wie z.B. dem Programm eines Regelalgorithmus läßt sich eine zyklische Abwechslung diversitärer Programme in gewissen Grenzen realisieren. Abwechselnd wird zu einem Abtastzeitpunkt immer nur eines der diversitären Programme abgearbeitet. Fehler in einem der Programme sollten sich dann nur geringfügig auswirken.

3.3.2.5   Bewertung

Die Versagenswahrscheinlichkeit p eines Programms sei die Wahrscheinlichkeit dafür, daß bei einem zufällig gewählten Eingabesatz $x \in X$ ein fehlerhaftes Ergebnis entsteht (diese Wahrscheinlichkeit ist zu unterscheiden von der Wahrscheinlichkeit für das Auftreten von Fehlern in einem Programm). Liegen nun zwei diversitäre Programme vor, so sollen ihre Versagenswahrscheinlichkeiten p_A und p_B betragen. Oft wird dann mit der Annahme bezüglich der Versagenswahrscheinlichkeit p_{DIV} des diversitären Programmsystems

$$p_{DIV} = p_A \cdot p_B \tag{3.11}$$

gearbeitet. Die vorgenommene Produktbildung gilt jedoch nur dann, wenn für die beiden Versagenswahrscheinlichkeiten *statistische Unabhängigkeit* gegeben ist. Diese ist jedoch meist nicht gegeben, da beide Programmierteams von einer gemeinsamen Eingangsspezifikation ausgehen, nur eine begrenzte Isolierung der Entwicklungs-Teams möglich ist und schließlich gleichartige Programmiertechniken der Teams vielfach angewandt werden. Daher muß abweichend von Gl. (3.11) der folgende Ansatz gemacht werden: sind näherungsweise $p_A = p_B = p_0$, so kann p_{DIV} nur als $p_{DIV} \gg p_0^2$ abgeschätzt werden.

Bislang wurden zahlreiche Versuche unternommen, den Nutzen der Diversität zu quantifizieren. So wurde in den USA ein Projekt PODS durchgeführt. Diese Abkürzung steht für *project on diverse software*. Dabei wurden drei diversitäre Programme vergleichend paarweise einander gegenübergestellt. Abbildung 3.18 zeigt als Übersicht die Ergebnisse des Versuchs der Gegenüberstellung diversitärer Programme an einem Beispiel. Nur in einem Fall (SW_2 gegenüber SW_3) konnten durch Vergleich zwei Fehler aufgedeckt werden. Die übrigen erkannten Fehler gingen vielmehr auf fehlerhafte oder unklare Spezifikation zurück, und zwei Fehler wurden durch den Versuch von Korrekturen in die betreffenden Programme sogar eingebaut.

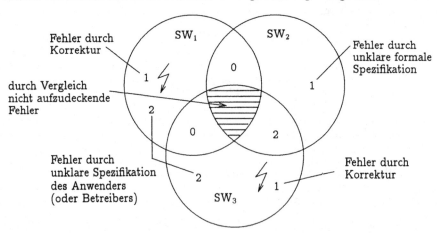

Abb. 3.18. PODS-Studie über den Nutzen der Diversität

Bei dem Entwurf diversitärer Softwaresysteme treten folgende Probleme auf:

- Nicht immer läßt sich ein hinreichend diversitäres Konzept finden.

- Bei dem Vergleich zu bewertender Resultate können nicht-planbare Wartezeitprobleme auftreten (z.B. bedingt durch unterschiedliche Reihungen in den diversitären Programmen).

- Durch Rundungsoperationen sowie Reihungseffekte können erarbeitete Resultate R_1 und R_2 differieren. Dadurch wird der Ergebnisvergleich erschwert, da für den Vergleich der Resultate R_1 und R_2 eine sog. *Toleranzfensterbearbeitung* (engl.: *tolerance zone management*) erforderlich ist. Abbildung 3.19a zeigt als Beispiel zwei Resultatsverläufe $R_1(x)$ und $R_2(x)$ über x mit leicht unterschiedlichem Verlauf, Abb. 3.19b den Verlauf der Abweichung $\Delta R(x) = R_2(x) - R_1(x)$. Solange $\Delta R(x)$ innerhalb eines vorgegebenen Toleranzfensters (engl.: *tolerance zone*) liegt, sollen die Resultate $R_1(x)$ und $R_2(x)$ als „gleich" bewertet werden und zu einer Fortsetzung der Prozeßsteuerung (1 $\hat{=}$ „GO") führen. Liegt $\Delta R(x)$ außerhalb des Toleranzfensters, werden die Resultate als „ungleich" bewertet und nicht mehr zur weiteren Prozeßsteuerung verwendet (0 $\hat{=}$ „NO-GO").

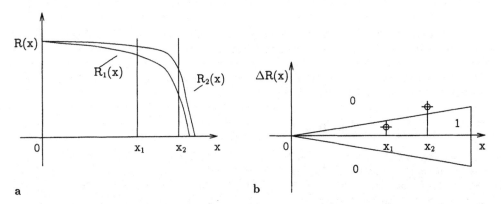

Abb. 3.19. Resultatsvergleich (a), Toleranzfenster-Verlauf (b)

Der *Toleranzfenster-Verlauf* nach Abb. 3.19b wurde als Beispiel dreiecksförmig ausgelegt, um eine Resultatsabweichung von $\pm p_0 \%$ vom Resultatswert zu beherrschen. Natürlich ist jeder andere Toleranzfensterverlauf zulässig, sofern er dem Prozeß gerecht wird. Auch eine Hinterlegung des Toleranzfenster-Verlaufs mit Stützstellen in Form eines 2-dimensionalen Arrays, zwischen denen interpoliert wird, ist zulässig.

- Durch die Wartezeit auf das zweite Resultat R_2 vergrößert sich die *Fehler-Offenbarungszeit* im gesamten System bezüglich des ersten, ggfs. falschen Resultates R_1.

- Es treten hohe Entwicklungskosten auf. Sie liegen bei mehr als dem doppelten Wert für die Entwicklung eines Programms, da zusätzliche Software für den komplexen Resultatsvergleich entwickelt werden muß (etwa die 2,5fachen Kosten bezogen auf die Entwicklungskosten einer einkanaligen Programmversion).

- Bis heute gibt es keine geschlossene Theorie über den *Nutzen der Diversität*.

Abschließend kann festgestellt werden, daß in vielen Bereichen der sicherheitsrelevanten Prozeßsteuerungen das Diversitätsprinzip angewandt wird, obgleich dieses Entwurfsprinzip auch nicht als „Allheilmittel" angesehen werden kann. Im Abschn. 3.3.3 werden nun weiterführend Prozeßsteuerungen mit Sicherheitsverantwortung betrachtet.

3.3.3   Sicherheitsrelevante Prozeßsteuerungen

*Was ist denn sicher? So sicher, daß man darauf leben
und sterben kann? So sicher, daß alles da hinein
verankert werden kann?*

*Das Leben lehrt uns, daß dieses Letzte nicht Menschen
auch nicht Wissenschaft oder Philosophie, oder Kunst:
auch nicht die Natur oder das Schicksal ... !*

Romano Guardini

Besondere Bedeutung in der Prozeßleittechnnik haben solche Systeme, denen *Sicherheitsverantwortung* zukommt. Dabei handelt es sich z.B. um hochenergetische Prozesse, wie sie z.B. in
Kraftwerken (ggfs. Kernkraftwerken), in der chemischen Verfahrenstechnik oder bei spurgeführten Verkehrssystemen ablaufen. Bei diesen Systemen geht es vorrangig darum, eine Gefährdung
für Menschen und Material auszuschließen.

3.3.3.1   Sicherheitstechnische Begriffe

Vielfach werden zwei Begriffe bei solchen Systemen benannt: *Sicherheit* (engl.: *safety*) und *Zuverlässigkeit* (engl.: *reliability*). Bislang sind zahlreiche Versuche unternommen worden, den
Begriff Sicherheit quantitativ zu definieren. Dies ist bisher nicht gelungen, obwohl es hierzu
bereits Ansätze gegeben hat. Diese haben jedoch bei den Systementwicklern keine Akzeptanz gefunden. Natürlich wäre es für viele sicherheitsrelevanten Anwendungen außerordentlich hilfreich,
wenn man quantitativ nachweisen könnte, daß ein technisches System einen Sicherheitsgrad von
mehr als 0,9 SI (fiktive Maßzahl für eine normierte Sicherheitskennzahl mit $0 \leq SI \leq 1$) aufweist, um damit die technische Betriebszulassung vornehmen zu können. Leider ist es bis heute
nicht gelungen, ein entsprechendes Verfahren zu entwickeln und zum Einsatz zu bringen. Anders
dagegen verhält es sich mit dem Begriff *Zuverlässigkeit*, für deren Quantifizierung eine Reihe
von Zuverlässigkeitskenngrößen nach DIN 40041 wie z.B. *Nennbeanspruchung* (engl.: *nominal
stress*), *mittlere Betriebsdauer zwischen zwei Ausfällen* (engl.: *mean-time-between-failure*),
diversitäre Redundanz (engl.: *diversity*) existieren.

Eine Möglichkeit, die beiden Begriffe gegeneinander abzugrenzen, kann durchaus darin bestehen, nach den rechtlichen Verpflichtungen zum Schadensersatz zu fragen. Man unterscheidet:

1. *Sicherheit* als diejenige Eigenschaft einer Betrachtungseinheit, in vorgegebenen Grenzen
   und vorgegebenen Zeiten keine Gefahren zu erzeugen oder zuzulassen, aus denen Schäden
   (mit Rechtsgutverletzungen) bei natürlichen und juristischen Personen entstehen können.

2. *Zuverlässigkeit* als diejenige Eigenschaft einer Betrachtungseinheit, in vorgegebenen Grenzen und vorgegebenen Zeiten keine Gefahren zu erzeugen oder zuzulassen, aus denen
   Schäden (auch ohne Rechtsgutverletzungen) entstehen können.

Dabei geht die juristische Definition des *Schadens* nicht nur von Personenschäden, sondern
von allen Rechtsgutverletzungen aus, für die eine irgendwie geartete Schadenersatzpflicht nach
den Grundsätzen der Gefährdungs- und Verschuldenshaftung besteht. Die Begriffe Sicherheit
und Zuverlässigkeit können durchaus weitgehend unabhängig voneinander benutzt werden: so
kann z.B. ein Verkehrssystem zwar unzuverlässig, aber durchaus sicher sein (wenn es häufig zu
Ausfällen kommt, jedoch dabei nie eine Gefahr eintritt). Umgekehrt kann ein Verkehrssystem
zwar recht zuverlässig sein, aber dabei wenig sicher (wenn es zu einem bestimmten Ausfall – z.B.
der Ausfall des Bremssystems – kommt, dann tritt eine unmittelbare Gefährdung ein). Nur in dem
irrealen Grenzfall, daß überhaupt kein Ausfall auftreten kann, wäre damit dieses Verkehrssystem
sowohl zuverlässig als auch sicher. Aber das ist mehr eine philosophische Betrachtung, die recht
wirklichkeitsfern ist.

Weitere sicherheitstechnische Begriffe in diesem Zusammenhang sind:

- Eine *Ereignisfolge bis zum Unfall* für einen technischen Prozeß läßt sich mit Hilfe eines *Petri-Netzes* darstellen.

Ein technischer Prozeß soll sich zu Beginn der Betrachtung in einem *intakten Zustand* befinden (SZ 0). Dann soll ein *Ausfall/Fehler* auftreten (SZ 1). Abhängig davon, ob es sich um einen *zulässigen* oder *unzulässigen Fehlzustand* handelt, wird entweder der Systemzustand SZ 2 oder SZ 4 eingenommen. Entweder kann in der Folgezeit das System in einen *sicheren Abschaltzustand* (SZ 3) übergeführt werden, oder es tritt ein *gefährlicher Systemzustand* auf (SZ 5), der zu einem *Unfall* führen kann (SZ 6). In Abb. 3.20 wird zwischen den Ereignissen im Steuerungssystem (E_s) und im Prozeß (E_p) unterschieden.

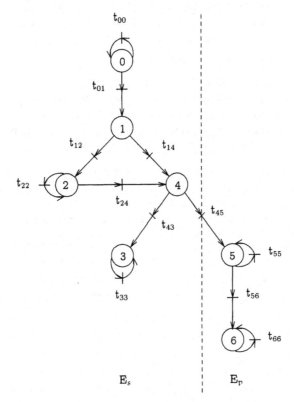

SZ 0	intakter Normalzustand (fehlerfreie Funktion des Steuerungssystems)
SZ 1	Auftreten von Fehlern (durch Bauelementausfälle und/oder Umweltbeeinflussung)
SZ 2	zulässiger Fehlzustand (System wird weiter betrieben)
SZ 3	sicherer Abschaltzustand
SZ 4	unzulässiger Fehlzustand (unzulässige Steuersignale werden abgegeben)
SZ 5	gefährlicher Systemzustand
SZ 6	Unfall
E_s	Ereignisse im Steuerungssystem
E_p	Ereignisse im Prozeß

Abb. 3.20. Ereignisfolge bis zum Unfall

- Ein *sicherer Systemzustand* ist der Zustand eines Systems, von dem keine Gefährdung ausgeht. Sichere Systemzustände sind bei spurgeführten Verkehrssystemen definitionsgemäß

der Haltzustand mit der Energie $W_{kin} = 0$, in der Reaktortechnik die zum Stillstand ge-
brachte Reaktion (engl.: *shut down*), wobei allerdings die Abfuhr der Nachwärme des
Reaktorkerns gewährleistet sein muß!

- Eine *Gefährdung* liegt vor, wenn ein Systemzustand mit den gegebenen Mitteln nicht
  mehr beherrschbar ist und zu Personenschäden unmittelbar oder mittelbar über einen
  Sachschaden führen kann.

- *Fail-safe* arbeitet ein technischer Prozeß, wenn technische Ausfälle innerhalb einer Betrachtungseinheit auftreten dürfen (engl.: *fail*), der Prozeß jedoch zur sicheren Seite hin
  reagiert (engl.: *safe*).

- *Verfügbarkeit* ist die Wahrscheinlichkeit, ein System zu einer bestimmten Zeit $t = t_0$ in
  einem funktionsfähigen Zustand anzutreffen (NTG-Empfehlung 3002).

3.3.3.2   Sicherheitstechnische Verfahren

Ruhestromprinzip. Grundlage des Ruhestromprinzips ist, den energiereicheren Systemzustand
stets dem gefährlichen Systemzustand zuzuordnen, so daß bei jedem möglichen Ausfall zwangsläufig der energieärmere (meist energielose) Systemzustand eingenommen wird, der dann seinerseits dem sicheren Betriebszustand zuzuordnen ist. Dieses Zuordnungsprinzip ist entscheidend für
die sichere Arbeitsweise der Prozeßsteuerung in Zusammenarbeit mit dem technischen Prozeß.

Beispiel 3.2. In der Eisenbahnsignaltechnik wird mit einem Signal dem Lokführer eine Fahrter-
laubnis dadurch erteilt, daß entsprechend Abb. 3.21 der Signalarm über einen Seilzug in einen
Zustand höherer potentieller Energie angehoben wird. Für den Fall, daß das Betätigungsseil z.B.
reißt, fällt der Signalarm aufgrund seines Gewichtes in den energieärmeren Lagezustand zurück,
wobei von der Wirkung der Schwerkraft als unverlierbare Eigenschaft ausgegangen wird (dies
gilt unter der Voraussetzung, daß das Gelenk hinreichend gewartet bzw. geschmiert ist).

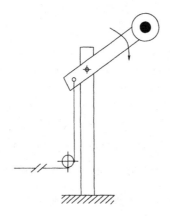

Abb. 3.21. Fahrtsignal (fail-safe)

Dynamisierung von Steuersignalen. Ein einkanaliges Sicherheitssystem soll die logische Verarbeitung digitaler Signale nach dem Fail-safe-Prinzip durchführen. Die Zuordnung der zweiwertigen Information wird dabei so vorgenommen, daß die Information log. 1 dem energiereichen
und log. 0 dem energiearmen Signal zugeordnet wird. Die semantische Zuordnung erfolgt dabei
so, daß log. 1 einem „GO"-Signal (auch ENABLE) und log. 0 einem „NO-GO"-Signal (auch DIS-
ABLE) entspricht. In diesem Sicherheitssystem darf kein falsches logisches 1-Signal auftreten.

Herkömmliche Schaltkreisfamilien erfüllen diese Bedingung nicht. Daher führt man ein dynamisches Schaltungsprinzip mit Wechselspannungssignalen ein, die in jeder Verarbeitungsstufe neu erzeugt werden (dieses Prinzip wurde in der LOGISAFE-Schaltkreisfamilie realisiert).

Abbildung 3.22 zeigt die Zuordnung der Signale. Man erkennt, daß die Information log. 1 eindeutig mit einem Wechselspannungssignal verknüpft ist, während log. 0 durch keine Wechselspannung repräsentiert wird.

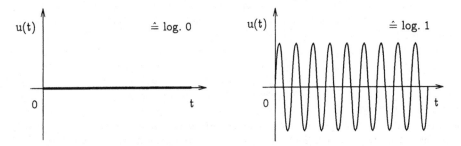

Abb. 3.22. Zuordnung der Signale

Beispiel 3.3. Aufgabe vieler mit Halbleitern aufgebauter Steuerungssysteme ist es, an der Prozeßperipherie ein Relais anzusteuern. Zur Ansteuerung dieses Relais ist eine gewisse elektrische Leistung erforderlich, die durch eine Transistor-Verstärkerschaltung bereitzustellen ist.

Abbildung 3.23 zeigt eine Funktionsschaltung mit einer Transistorstufe, die jedoch nicht ausfallsicher arbeitet. Im Fall eines Schlusses zwischen Kollektor und Emitter kommt es zu einer unerwünschten und möglicherweise gefährdenden Einschaltung des Relais.

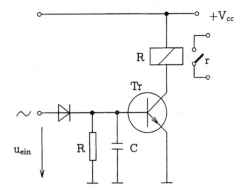

Abb. 3.23. Funktionsschaltung einer Transistor-Verstärkerstufe

Dagegen verhält sich die Schaltung nach Abb. 3.24 fail-safe. Ihre Wirkungsweise beruht darauf, daß das Wechselspannungssignal am Eingang den Transistor periodisch leitend und sperrend steuert, so daß im Kollektorzweig ein Wechselstrom fließt, der mit Hilfe eines Übertragers übertragen wird, auf der Sekundärseite in einen Gleichstrom umgewandelt wird und so das Relais einschaltet.

Im Fall eines Ausfalls einer Komponente dieser Schaltung wird auf die Sekundärseite keine Energie mehr übertragen und damit ein unbeabsichtigtes Anziehen des Relais sicher ausgeschlossen.

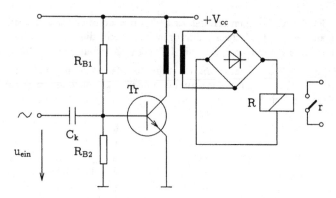

Abb. 3.24. Fail-safe-Schaltung

Bei vielen komplexen Applikationen stellt sich jedoch heraus, daß eine so klare Lösung für Fail-safe-Verhalten wie in diesem Fall nicht gefunden werden kann. Man zieht daher für solche Anwendungen einen anderen Ansatz vor, nämlich den, *Sicherheit per Verfahren* zu gewährleisten. Weiterführende Information hierzu findet sich im Abschn. 3.3.3.10. Hierbei greift man vor allem auf rechnergestützte Methoden zur Fehler- und Ausfallerkennung zurück.

Beispiel 3.4. Die grundsätzliche Aufgabe eines rechnergesteuerten Tests einer Eingangsbaugruppe soll darin bestehen, die Lage eines Kontaktes im Prozeßbereich über die Eingabebaugruppe zu erfassen (Abb. 3.25). Rechnergesteuert wird bei leuchtender LED_2 (engl.: *light-emitting-diode*) und damit offenbar geschlossenem Kontakt K über ein zugehöriges Select-Signal kurzzeitig das obere Output-Port aktiviert. LED_1 emittiert Licht und macht den Fototransistor leitend. Dadurch wird vorübergehend die untere LED_2 kurzgeschlossen und ist stromlos. Dieser veränderte Zustand muß über die Eingabebaugruppe erkannt werden. Andernfalls liegt ein Defekt im Fototransistor des unteren Optokopplers oder in der nachfolgenden Eingabebaugruppe vor.

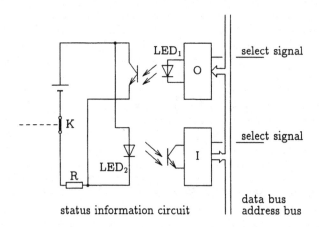

Abb. 3.25. Testverfahren zur on-line Funktionsprüfung eines Input-Ports

Optokoppler werden bevorzugt bei Prozeßrechnern aus Gründen der *Potentialtrennung* zwischen technischem Prozeß und Prozeßrechner eingesetzt. Diese Entkopplung bewirkt, daß sich Potentialschwankungen auf der Prozeßebene dem Prozeßrechner-Input-Port nicht mitteilen können.

Funktionswächter (watch-dog). Die Erkennung fehlerhafter Prozeßsteuerung kann durch sog. Funktionswächter erfolgen. Diese Funktionswächter enthalten Zeitglieder, die nach Ablauf eines vorgegebenen, meist recht klein gewählten Zeitintervalls neu rückgesetzt werden müssen, wenn verhindert werden soll, daß der betreffende Funktionswächter einen Alarm auslöst. Bei fehlerhaftem Funktionsablauf, z.B. bei einem gerätetechnischen Ausfall oder einer Programmverklemmung (engl.: *deadlock-situation*), kommt es nicht rechtzeitig zum erforderlichen Rücksetzen, so daß der vorgesehene Alarm ausgelöst wird. Derartige Funktionswächter sind bereits aus den Anfängen der Prozeßrechentechnik als *watch-dog-timer* bekannt, die Teilfunktionen des Prozeßrechensystems überwachen.

3.3.3.3 Technische Zulassung

Eine sicherheitsrelevante Prozeßsteuerung bedarf des Nachweises, daß von dieser Anlage bei allen möglichen Betriebszuständen keine Gefährdung von Personen und Sachen ausgeht. Erst dann kann eine technische Zulassung erteilt werden. Bei reinen Hardwaresteuerungen spricht man dann vom sog. *Sicherheitsnachweis*, heute bestehen komplexe Automatisierungssysteme aber überwiegend aus Hard- und Software, so daß auch ein entsprechender Nachweis für die Software zu führen ist. Bezüglich der Softwareprüfung spricht man dann eher vom *Funktionsnachweis*. Bei diesen Nachweisverfahren handelt es sich um *Verifikation* und *Validierung* (engl.: *V & V procedure*).

Die Grundlagen der technischen Zulassung sind:

- der *Fehlerausschluß* als Maßnahme der Beschränkung auf die logischen Operationen, die zur Lösung der gestellten Aufgabe ausreichen, sowie um gefährliche Konstruktionen auszuschließen (z.B. durch Beschränkung des Befehlsvorrates einer Programmiersprache);

- die *Fehlerabwehr* als Maßnahme der Beschränkung auf eine bestimmte Beschreibungsart der logischen Operationen, die dem Entstehen von Fehlern entgegenwirkt (z.B. die Vorschrift der Anwendung der strukturierten Programmierung nach Nassi und Shneiderman);

- die *Fehleroffenbarung* als Maßnahme zur Aufdeckung von Fehlern in den logischen Operationen (z.B. die Durchführung von Tests und Inspektionen).

Die Vorgangsweise bei einer technischen Zulassungsprüfung kann am einfachsten anhand Abb. 3.26 veranschaulicht werden. Im Zulassungsverfahren wirken insgesamt drei Instanzen mit:

1. die *Herstellerinstanz* (verantwortlich für Qualitätssicherung und sicherheitstechnisches Konzept)

2. die *Betreiberinstanz* (verantwortlich für die betriebliche Abnahmeprüfung)

3. die *Prüferinstanz* (verantwortlich für die aufsichtsbehördliche Prüfung)

Zwischen diesen Instanzen werden jeweils zweiseitig gerichtet umfangreiche Dokumente ausgetauscht wie z.B. Fehlermeldungen, die komplette Dokumentation, Abnahmeprotokolle, Prüfberichte. Entscheidend ist, daß alle drei Instanzen zum Zeitpunkt des Zulassungsverfahrens nach dem *state of the art* gehandelt haben. Wird hiernach gehandelt, so sind die beteiligten Instanzen frei vom Vorwurf der Fahrlässigkeit im Falle einer gerichtlichen Auseinandersetzung im Schadensfall. Wesentlich ist weiter, daß ein einmal abgeschlossenes Zulassungsverfahren nur für den untersuchten Funktionsumfang der Anlage gültig ist; im Fall von Modifikationen oder einer Erweiterung des Funktionsumfangs ist ein erneutes Zulassungsverfahren erforderlich.

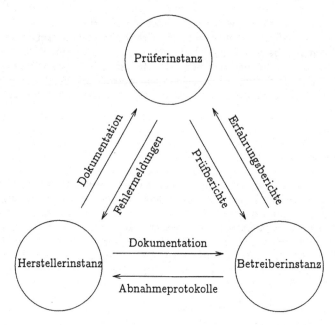

Abb. 3.26. Instanzen beim Zulassungsverfahren

3.3.3.4 Einkanaliges Steuerungssystem

Für sicherheitsrelevante Prozeßsteuerungen benötigt man im Normalfall ein sog. einkanaliges
Steuerungssystem, das jedoch Fail-safe-Verhalten aufweisen soll.

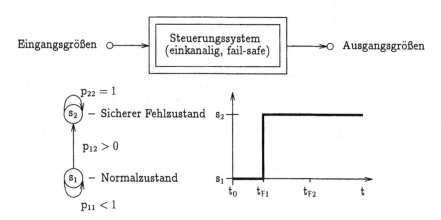

t_{F1}, t_{F2} Ausfallszeitpunkte

Abb. 3.27. Einkanaliges Fail-safe-System

Abbildung 3.27 stellt als Blockdiagramm ein einkanaliges Steuerungssystem dar (die dop-
pelte Umrandung weist auf das Fail-safe-Verhalten hin). Zusätzlich sind ein Markov-Diagramm
und das zeitliche Auftreten gefährlicher Ausfälle dargestellt. Das Markov-Diagramm besteht aus
einer endlichen Menge von Zuständen ($\{s_1, s_2\}$), die über einen Zustandsübergang verbunden

sind. Diesem und allen weiteren Zustandsübergängen sind *Übergangswahrscheinlichkeiten* zugeordnet. Zur Zeit t_0 befindet sich das Modell im Zustand s_1, zur Zeit t_{F1} tritt ein gefährlicher Ausfall auf, der den Zustandsübergang nach s_2 bewirkt. Ganz allgemein gilt für die Abarbeitung eines Markov-Diagramms, daß die Auswahl des Folgezustands von der jeweiligen Übergangswahrscheinlichkeit abhängt, die der Kante zugeordnet ist. Alle Übergangswahrscheinlichkeiten sind zeitlich konstant und unabhängig voneinander. Für die Kenntnis der zukünftigen Entwicklung ist somit nur die Kenntnis über den gegenwärtigen Zustand wichtig, nicht aber die Entwicklung, die zu diesem Zustand geführt hat.

Von wesentlicher Bedeutung ist, daß die Übergangswahrscheinlichkeit $p_{22} = 1$ für den sicheren Fehlzustand gefordert werden muß, um zu garantieren, daß das System im sicheren Abschaltzustand bleibt, auch wenn weitere Ausfälle (z.B. zur Zeit t_{F2}) auftreten. Nur durch eine entsprechende Reparatur kann das System aus dem sicheren Abschaltzustand wieder in den Normalzustand übergeführt werden.

Bei der technischen Realisierung von sicherheitsrelevanten Systemen komplexer Funktionalität erkennt man jedoch schnell, daß einkanalige Systeme als einfache Hardwarelösungen nicht mehr den heutigen Anforderungen entsprechen können. Daher geht man zu rechnergestützten Realisierungen über. Wegen der Komplexität dieser Systeme muß daher zu mehrkanaligen Gesamtsystemen übergegangen werden. Eine minimale Konfiguration stellt dabei das (2 von 2)-System dar.

3.3.3.5   (2 von 2)-System

Prozeßrechnersysteme mit Sicherheitsverantwortung sind sowohl gegenüber Hardware-Fehlern/Ausfällen als auch gegenüber Software-Fehlern zu schützen. Ein Schutz gegenüber Hardware-Ausfällen kann dadurch bewirkt werden, daß ein zweikanaliges Rechnersystem als (2 von 2)-System aufgebaut wird. Dazu werden zwei Prozeßrechner PR_1 und PR_2 parallel mit den gleichen Eingangsdaten betrieben. Ein *Vergleicher* nimmt den Vergleich der durch beide Rechner generierten Resultate (in der Regel sog. *Kommandotelegramme*) vor.

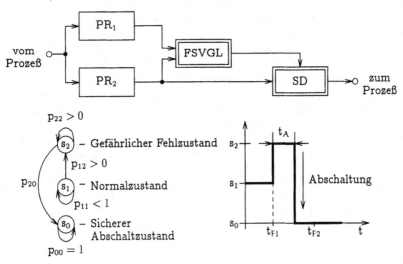

t_{F1}, t_{F2} Ausfallszeitpunkte
t_A Ausfallerkennungs- und Abschaltzeit

Abb. 3.28: Zweikanaliges Steuerungssystem mit Fail-safe-Vergleicher (FSVGL) und sicherer Durchschaltung (SD)

Bei Gleichheit der Resultate leitet der Vergleicher eines der beiden Kommandotelegramme an den technischen Prozeß zur Prozeßsteuerung weiter. Dies geschieht dadurch, daß der Vergleicher mit seinem Ausgangssignal eine Durchschaltung ansteuert, die die Verbindung zwischen einem der Prozeßrechner und dem technischen Prozeß herstellt. Abbildung 3.28 zeigt ein solches (2 von 2)-Rechnersystem als Blockschaltbild.

Bei Systemen mit Sicherheitsverantwortung muß gefordert werden, daß der Vergleicher selbst *fail-safe* arbeitet. Das bedeutet, daß im Fall eines gerätetechnischen Ausfalls der Vergleicher an seinem Ausgang in jedem Fall ein Signal erzeugt, das *Nicht-Übereinstimmung* signalisiert, so daß keine Prozeßsteuerung stattfindet. Der technische Prozeß wird im Fall der Nicht-Übereinstimmung nicht mehr mit Kommandotelegrammen versorgt. Ein watch-dog-timer spricht daraufhin an und führt den Prozeß in den sicheren Abschaltzustand über (engl.: *shut down*). Im Sprachgebrauch hat sich für Vergleicher, die nach diesem Prinzip operieren, der Begriff **Fail-safe-Vergleicher** (FSVGL) durchgesetzt.

In gleicher Weise ist von einer *sicheren Durchschaltung* (SD) zu fordern, daß sie ebenfalls *fail-safe* arbeitet. Das bedeutet, daß eine Sperrung dieser Gatterfunktion auch im Fall eines gerätetechnischen Ausfalls in der Durchschaltung konstruktionsbedingt sichergestellt sein muß.

Das System befindet sich zu Beginn mit einer Übergangswahrscheinlichkeit $p_{11} < 1$ im intakten Normalzustand. Beim Auftreten von Fehlern/Ausfällen muß unterschieden werden zwischen solchen, die zu einem *zulässigen Fehlzustand*, und solchen, die zu einem *unzulässigen Fehlzustand* führen. Bei Erreichen des unzulässigen Fehlzustandes ist das Gesamtsystem durch die Funktion des Vergleichers in den sicheren Abschaltzustand überzuführen. Dieser ist durch eine Übergangswahrscheinlichkeit $p_{00} = 1$ gekennzeichnet, d.h., daß das Gesamtsystem nach einem erkannten sicherheitsrelevanten Fehler/Ausfall von selbst den sicheren Abschaltzustand nicht mehr verlassen können darf. Nur durch den Eingriff von z.B. Wartungstechnikern ist nach einer eingehenden Diagnose des Systemausfalls ein Neustart nach einer Reparatur mit einer geeigneten Protokollierung möglich. Für die Dauer der Ausfallserkennungs- und Abschaltzeit t_A befindet sich das Gesamtsystem im gefährlichen Fehlzustand. Die Zeit t_A ist dabei so festzulegen, daß die Wahrscheinlichkeit für das Auftreten eines zweiten gefährlichen Fehlers innerhalb der Zeit t_A vernachlässigbar klein ist, so daß eine mögliche Kompensation des ersten Ausfalls ausgeschlossen werden kann. Auf der Seite des technischen Prozesses muß außerdem eine watch-dog Funktion implementiert werden, um zu überwachen, ob periodisch neue Kommandotelegramme generiert werden. Telegramme, die nur aus einer 0-Folge oder einer 1-Folge bestehen, sind definitionsgemäß auszuschließen, womit auf diese Weise Drahtbrüche, Unterbrechungen beherrscht werden können.

Das Doppelrechnersystem soll nur dann den Prozeß steuern, wenn von beiden Kanälen parallel die gleichen Daten erarbeitet werden. Mit dieser gerätetechnischen Konfiguration lassen sich Hardwareausfälle bzw. -störungen nur aufdecken, solange nicht sog. *common mode failures* (*Gleichtakt-Fehler/Ausfälle*) auftreten. Gerätetechnische Driften, gleichartige Bauelementausfälle sowie Hardware-Entwurfsfehler, die beiden Kanälen gemeinsam sind, werden von dieser Konfiguration *nicht* erkannt. In beiden Rechnerkanälen wird das gleiche Programm parallel bearbeitet. Somit können mit dieser Konfiguration Software-Fehler *nicht* erkannt werden. Die Überlebenswahrscheinlichkeit kann wie folgt vereinfachend angegeben werden: betragen die Überlebenswahrscheinlichkeiten der beiden Rechnerkanäle $R_1(t)$ und $R_2(t)$, und nimmt man dabei vereinfachend an, daß der Vergleicher und die Durchschaltung fehlerfrei arbeiten (d.h., $R_{FSVGL} = R_{SD} = 1$), so ergibt sich für

$$R(t) = R_1(t) \cdot R_2(t) \tag{3.12}$$

Handelt es sich um gleiche Rechner, so kann man weiter $R_1(t) = R_2(t) = R_0(t)$ annehmen. Dann ist die Überlebenswahrscheinlichkeit des (2 von 2)-Systems

$$R(t) = [R_0(t)]^2 \tag{3.13}$$

und damit deutlich geringer als die Überlebenswahrscheinlichkeit eines Einzelrechners. Diese Systemkonfiguration enthält zwar zwei Kanäle, jedoch weist sie keine Redundanz bezüglich einer erhöhten Anlagenverfügbarkeit auf. Will man die Verfügbarkeit eines (2 von 2)-Systems erhöhen, so kann man entsprechend Abb. 3.12 mit einem weiteren (2 von 2)-System zum *Hot-stand-by-Betrieb* übergehen.

3.3.3.6 Vergleicher und Antivalenzbaustein

In einem (2 von 2)-Rechnersystem ist ein Vergleicher (VGL) erforderlich, der über die Gleichheit oder Ungleichheit zu vergleichender Signale an seinen Eingängen entscheidet. Abbildung 3.29 zeigt das Blockschaltbild eines Vergleichers zusammen mit der zugehörigen Wahrheitstabelle.

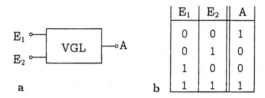

E_1	E_2	A
0	0	1
0	1	0
1	0	0
1	1	1

a   b

Abb. 3.29. Blockschaltbild eines Vergleichers (a), Wahrheitstabelle (b)

Für den Wertevorrat am Ausgang A soll vereinbart werden:

$$A = \left\{ \begin{array}{ll} 0 & \text{für Nicht-Übereinstimmung} \\ 1 & \text{für Übereinstimmung} \end{array} \right.$$

Nach der Methode der Minterme läßt sich aus der Wahrheitstabelle die logische Funktion des Vergleichers als *Äquivalenzfunktion* des Vergleichers ableiten:

$$A = E_1 \equiv E_2 = (\neg E_1 \wedge \neg E_2) \vee (E_1 \wedge E_2) \tag{3.14}$$

Die Schwierigkeit, einen solchen Vergleicher als Fail-safe-Vergleicher zu implementieren, ist in der erforderlichen Negation der Eingangsgrößen begründet. Befindet sich z.B. ein Signalpegel auf Niveau LOW (log. 0 bei positiver Logik) und muß dieser invertiert werden, so muß der Signalpegel auf HIGH angehoben werden. Dies ist in der Regel nicht ohne zusätzliche Stromversorgung möglich, wobei wiederum sicherzustellen ist, daß nicht durch einen technischen Ausfall im FSVGL am Ausgang permanent ein ENABLE-Signal als Folge eines Kurzschlusses ansteht. Anstelle einer Äquivalenzfunktion kann auch die *Antivalenzfunktion* realisiert werden. Abbildung 3.30 zeigt das Blockschaltbild eines Antivalenz-Verknüpfungs-Bausteins (AVB) mit der zugehörigen Wahrheitstabelle.

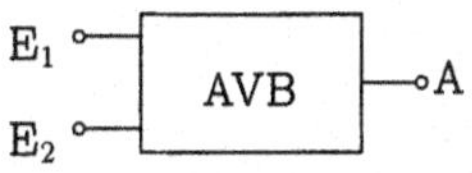

E_1	E_2	A
0	0	0
0	1	1
1	0	1
1	1	0

a   b

Abb. 3.30. Blockschaltbild eines AVBs (a), Wahrheitstabelle (b)

Entsprechend erhält man als *Antivalenzfunktion des Antivalenz-Verknüpfungsbausteins*:

$$A = E_1 \not\equiv E_2 = (\neg E_1 \wedge E_2) \vee (E_1 \wedge \neg E_2) \tag{3.15}$$

Auch hier ist wie bei Gl. (3.14) die technische Realisierung der Negation erforderlich.

Für Prozeßsteueranlagen mit Sicherheitsverantwortung ist eine antivalente Signaldarstellung vorteilhaft, um eine *Gleichtaktbeeinflussung* durch Spannungs-/Stromdriften auszuschließen. Werden die Signale (log. 0 und log. 1) z.B. durch elektrische Spannungen dargestellt, so läßt sich aus den Signalspannungen durch Differenzbildung eine sog. *Überwachungsspannung* $u_{\ddot{u}}(t)$ ableiten (Abb. 3.31).

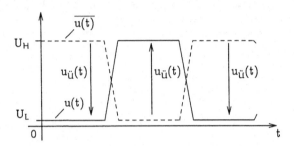

Abb. 3.31. Überwachungsspannung bei antivalenten Signalen

Geht in einem technischen Prozeß die Eigenschaft antivalenter Signale verloren, so wird die Überwachungsspannung $u_{\ddot{u}}(t) = 0$. Diese Eigenschaft kann dazu genutzt werden, einen geräte-technischen Ausfall einer Komponente zu erkennen. Bei der schaltungstechnischen Realisierung eines Vergleichers wird gemäß Gl. (3.15) die Negation der Eingangsgrößen E_1 und E_2 erforderlich. Eine Negation einer Eingangsgröße ist jedoch hardwaremäßig nicht ohne ein aktives Bauelement (Transistor als Inverter) und die Zufuhr von Sekundärenergie möglich. Daraus leiten sich Schwie-rigkeiten der Nachweisführung im Rahmen eines sog. *Sicherheitsnachweises* ab, daß eine falsche Invertierung mit Sicherheit ausgeschlossen werden kann.

Ziel der Entwicklung eines Antivalenzbausteins für antivalente Signale in einem (2 von 2)-Mikrorechnersystem ist, eine Schaltung für den AVB zu entwickeln, die ohne Zufuhr von Se-kundärenergie auskommt. Damit bleibt nur noch die Möglichkeit, die erforderliche Energie zum Betrieb der AVB direkt aus den zu bewertenden antivalenten Signalen zu beziehen. Damit ent-steht eine Anordnung nach Abb. 3.32.

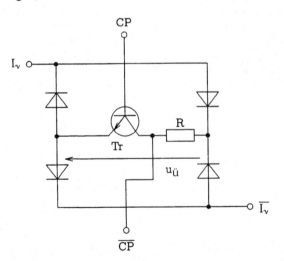

Abb. 3.32. AVB mit Diodenquartett zur Gleichrichtung der Überwachungsspannung $u_{\ddot{u}}$

Soll die Funktionsfähigkeit eines (2 von 2)-Systems durch Vergleicher oder Antivalenz-Verknüpfungs-Bausteine festgestellt werden, so tritt bei komplexen (2 von 2)-Systemen das Problem der zulässigen *Anordnungsentfernung* von Entscheidern auf. Abbildung 3.33 zeigt ein Blockschaltbild mit mehreren Votern V in einem (2 von 2)-System.

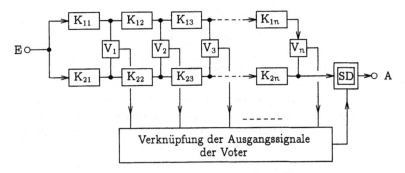

Abb. 3.33. Blockschaltbild eines (2 von 2)-Systems mit den Votern V_1 bis V_n

In einem komplexen (2 von 2)-System sind vielfach Voter einzusetzen, um auszuschließen, daß es innerhalb einer einzelnen Komponente K_{nm} zu einem Doppelfehler dergestalt kommt, daß die Fehlerprozesse F_1 und F_2 sich kompensieren (Abb. 3.34).

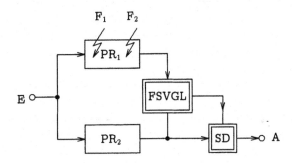

Abb. 3.34. Doppelfehler F_1 und F_2 (Möglichkeit der Kompensation)

Die Anordnungsentfernung ist nur so groß zu wählen, daß ein sich kompensierender Doppelfehler mit einer vorgegebenen Wahrscheinlichkeit ausgeschlossen werden kann.

3.3.3.7 Fail-safe-Vergleicher

> *Si parva licet componere magnis ...*
> *(Wenn man Kleines mit Großem vergleichen darf ...)*
>
> Vergil, „Georgica"

Für sicherheitsrelevanten Einsatz ist es erforderlich, daß ein Vergleicher Fail-safe-Verhalten aufweist gegenüber

- Bauelementausfällen,

- gerätetechnischen Driften und

- elektromagnetischer Störbeeinflussung.

Bei Nicht-Übereinstimmung der zu vergleichenden Signale ist eine sog. *Sichere Null* am Vergleicherausgang zu gewährleisten. Ein Fail-safe-Vergleicher muß aber auch am Ausgang A ein logisches 0-Signal erzeugen für den Fall, daß ein oder zwei offene Eingängen z.B. bei Leitungsunterbrechungen vorliegen (Abb. 3.35).

Abb. 3.35. Leitungsunterbrechung am Eingang

Ein weiterer Punkt mit sicherheitstechnischem Aspekt ist das *Zeitverhalten des Vergleichers*. Unter der *Vergleicherreaktionszeit* t_{VGL} versteht man die Zeit vom Auftreten der Ungleichheit der zu vergleichenden Signale bis zur ausgangsseitigen Erkennung (Abb. 3.36).

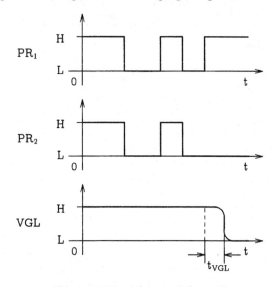

Abb. 3.36. Vergleicherreaktionszeit

In der Hardware-Schaltung nach Abb. 3.32 beeinflussen die Schaltzeiten der Dioden des Diodenquartetts durch ihr Schaltverhalten sowie die Schaltzeit des Transistors die Vergleicherreaktionszeit t_{VGL}. Setzt man schnelle Schaltdioden und Schalttransistoren ein, so läßt sich zwar die Vergleicherreaktionszeit t_{VGL} verringern, man stößt jedoch schnell an technologische Grenzen. Durch die Vergleicherreaktionszeit t_{VGL} wird mittelbar die Taktfrequenz des (2 von 2)-Mikrorechnersystems begrenzt, da gefordert werden muß, daß die Vergleicherreaktionszeit kleiner als die Dauer für die Erzeugung eines Kommandotelegramms ist. Wird ein Kommandotelegramm innerhalb einer Periodendauer T_{CP} des Taktsignals erzeugt, so gilt $t_{VGL} < T_{CP}$. Zur Erhöhung der Taktfrequenz ist daher entweder nach anderen Hardwareschaltungen oder nach weiteren Verfahren zur Durchführung des Vergleichs zu suchen. Software-Realisierungen von Vergleichern sind anzustreben, um von technologischen Randbedingungen der Bauelemente unabhängig zu werden.

Beträgt die Schaltzeit der sicheren Durchschaltung t_{SD}, so kann die Abschaltzeit t_A als Zeit zwischen dem Auftreten der Ungleichheit der zu vergleichenden Signale bis zur Überführung des zu steuernden Systems in den sicheren Abschaltzustand betrachtet werden. Dann ist

$$t_A = t_{VGL} + t_{SD} \tag{3.16}$$

Man kann zu einer Abschätzung für die Abschaltzeit kommen, indem man sie der mittleren Zeit bis zum Auftreten eines zweiten Fehlers gegenüberstellt.

Dabei soll unter der *mean-time-to-second-failure* (MTSF) die mittlere Zeit vom Auftreten eines 1. Fehlers/Ausfalls bis zum Auftreten eines 2. Fehlers/Ausfalls verstanden werden, der ggfs. die Ausfallwirkung des 1. Fehlers/Ausfalls kompensiert, so daß die zu vergleichenden Signale wieder identisch werden könnten (Abb. 3.37).

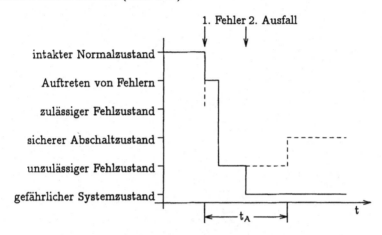

Abb. 3.37. Systemzustände nach Abb. 3.20 in Abhängigkeit von der Abschaltzeit

Die Abschätzung t_A < MTSF sollte demnach als Grundsatz gelten.

Vergleicher-Auswertung auf dem Bildschirm. Für die Implementierung von Fail-safe-Vergleichern gibt es bisher zahlreiche analoge und digitale Entwicklungen. Erwähnenswert ist jedoch eine Vergleicher-Auswertung auf dem Bildschirm in Form einer Prozeßvisualisierung, bei der der Anlagenbediener (engl.: *operator*) mit in die Entscheidungskette des Fail-safe-Vergleichs einbezogen wird. Im Fall der Nicht-Übereinstimmung zu vergleichender Informationen einer zweikanaligen Prozeßvisualisierung kommt es zu einem Blinken des betreffenden Prozeßelementsymbols beim Umschalten zwischen beiden Prozeßvisualisierungskanälen.

Um zu überwachen, daß ein Blinken eines Prozeßelementsymbols nur deshalb nicht sichtbar wird, weil die Umschaltung zwischen zwei Prozeßvisualisierungen „hängengeblieben" ist, wird der Bediener durch einen Umschaltkontrollmelder darüber informiert, ob noch laufend zwischen den beiden Prozeßvisualisierungen hin- und hergeschaltet wird. Das letzte Glied der Vergleicher-Auswertung ist somit das menschliche Auge des Bedieners. Der Bediener ist nur befugt, sicherheitskritische Schalthandlungen im Prozeß durchzuführen, sofern kein Prozeßelementsymbol in der zweikanaligen Prozeßvisualisierung blinkt. Darüber hinaus werden alle sicherheitsrelevanten Schalthandlungen des Bedieners auf einem Kontroll- und Störungsdrucker protokolliert (Abb. 3.38).

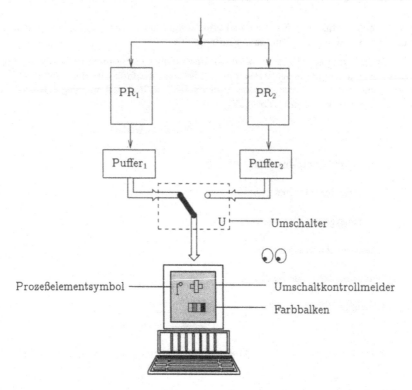

Abb. 3.38. Vergleicher-Auswertung auf dem Bildschirm

3.3.3.8   (2 von 2)-Mikrorechnersystem

Zwei Seelen und ein Gedanke,
zwei Herzen und ein Schlag.

Friedrich Hahn, „Der Sohn der Wildnis"

Abbildung 3.39 zeigt ein Blockschaltbild eines (2 von 2)-Mikrorechnersystems. Man erkennt zwei Mikroprozessoren mit der jeweiligen Zentraleinheit CPU, ROM-, RAM-Bausteine und Ein-/Ausgabeeinheiten.

Das Sicherungskonzept besteht darin, daß die Informationen in beiden Verarbeitungskanälen antivalent als I_v und $\overline{I_v}$ abgegriffen werden. Wie aus Abb. 3.32 ersichtlich, werden die Antivalenz-Verknüpfungs-Bausteine zur Überprüfung der Antivalenz der zu bewertenden Signale eingesetzt. Um einander kompensierende Doppelfehler innerhalb eines Rechnerkanals zu beherrschen, werden die AVBs mehrfach eingesetzt. Ihre Ein- und Ausgänge werden in Form einer *Sicherheitskette* zusammengeschaltet. Ein Rechteckimpulssignal, das von einem *sicheren Taktgenerator* (SI-TAG) erzeugt wird, gelangt nur dann durch die gesamte Voter-Kette, wenn alle zu bewertenden Signalpaare jeweils antivalente Informationen liefern. Dieses Rechtecksignal wird als Taktsignal auf beide CPUs verteilt. Ist an irgendeiner Stelle der Voter die Antivalenz nicht gegeben, wird das Rechtecksignal nicht durchgeschaltet, so daß beide Zentraleinheiten stehenbleiben. Dadurch wird gewährleistet, daß im Fall eines gerätetechnischen Ausfalls keine Kommandotelegramme an den technischen Prozeß ausgegeben werden. Der technische Prozeß ist daraufhin mit Hilfe eines Funktionswächters in den sicheren Abschaltzustand überzuführen.

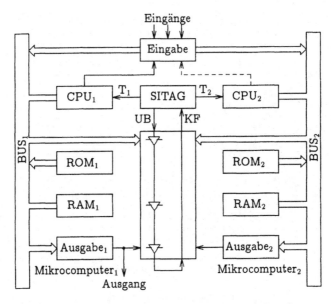

Abb. 3.39. Sicheres Mikrocomputersystem (SIMIS)

3.3.3.9 Leitstandswarten

In komplexen technischen Prozessen bedarf es einer leistungsfähigen Prozeßvisualisierung auf einer Leitstandswarte, damit das *Leitstandspersonal* (engl.: *operator*) eingreifen kann, um den technischen Prozeß zu regeln bzw. zu steuern. Dazu benötigt das Leitstandspersonal aktuelle Informationen über den gesamten Anlagenzustand, um gegebenenfalls rechtzeitig eingreifen zu können. Zu diesem Zweck werden heute sowohl herkömmliche Hardware-Anzeigeinstrumente oder registrierende Schreiber und Monitore zur Visualisierung eingesetzt. Die Abb. 3.40 und Abb. 3.41 zeigen eine typische Leitstandswarte aus dem Bereich der Kraftwerkstechnik.

Abb. 3.40. Leitstandswarte I

Abb. 3.41. Leitstandswarte II

In der Kraftwerksleittechnik wie auch in der chemischen Verfahrenstechnik muß der Anlagenzustand von Kesseln, Vorerhitzern, Turbinen, Speisewasserpumpen usw. zur Anzeige gebracht werden. Üblicherweise besteht ein fester/kausaler Zusammenhang zwischen den Prozeßeigenschaften und den daraus folgenden Produkteigenschaften. Eine verfahrenstechnische Überwachung ist somit unverzichtbar; leittechnisch muß ggfs. unter Echtzeitbedingungen in den laufenden Prozeß eingegriffen werden können.

In einer Leitstandswarte gibt es eine zweiseitig gerichtete Informationsverarbeitung: zum einen die *Melderichtung* mit den Zustandsdaten von Sensoren, zum anderen die *Kommandorichtung* mit den Kommandotelegrammen bzw. Stellgrößen für die Aktuatoren. Solche Prozeßvisualisierungen finden aber auch in der rechnergesteuerten Fertigung verbreitet Anwendung. Prozeßvisualisierung mit Rechnerunterstützung erlaubt die Präsentation eines Prozeßabbildes oder mathematisch betrachtet die eines Prozeßmodells. Dabei werden aus vielen Einzelsignalen Informationen verdichtet und an das Bedienpersonal weitergegeben. Auf diese Weise erhält man eine informationsorientierte Prozeßleittechnik. Der sich dabei entwickelnde Dialog führt zu Visualisierungssystemen, die auf graphischen Benutzeroberflächen basieren und folgende Funktionen einschließen:

- Interpretation von Bedienereingaben

- Ausführung der entsprechenden Aktionen (Kommandorichtung)

- Meldungen (ereignis- oder datenorientiert)

Bei der informationsorientierten Prozeßleittechnik gilt folgender Grundsatz hinsichtlich der Informationen, die darzustellen sind:

> *„So wenig wie möglich, aber soviel wie nötig, aber nur dann, wenn diese Informationen gebraucht werden, und dann möglichst in einer Form, die für das Bedienpersonal besonders klar und einsichtig ist!"*

Einige Aspekte bei der Gestaltung von Prozeßleitständen sollten Berücksichtigung finden:

Mensch-Maschine-Interface. Die Interaktionsmöglichkeiten des Bedieners müssen sinnvoll eingeschränkt werden: so sollte bei sicherheitsrelevanten Prozessen nicht einfach durch den Bediener eine Kühlmittelpumpe außer Betrieb genommen werden können und dadurch zugleich eine Gefährdung durch den technischen Prozeß verursacht werden. Das bedeutet aus informatischer Sicht, daß das *Mensch-Maschine-Interface* (MMI, engl.: *man-machine-interface*) nach Möglichkeit wissensbasiert zu entwickeln ist, wobei spezielles Wissen über das Prozeßverhalten in Abhängigkeit von den Eingaben des Bedieners in einer Wissensbasis implementiert sein muß. In den Anfängen einer solchen rechnergestützten Bedienerkontrolle führte man zunächst eine sog. *Frageschablonenbearbeitung* ein. Dabei handelte es sich um einen Dialog, den der Bediener zuvor abarbeiten/beantworten mußte, bevor er die Berechtigung zur Kommandoausgabe für eine sicherheitsrelevante Steuerungshandlung erhielt. Heute bietet sich für diesen Bereich eine Weiterentwicklung sicherheitsrelevanter Prozeßsteuerungen auf der Grundlage von wissensbasierten Systemen an.

Window-Technik. Bei Verwendung der *Window-Technik* dürfen Alarmfenster nicht von anderen Prozeßfenstern überdeckt werden.

Bedienpersonal. Bei der notwendigen Mensch-Prozeß-Kommunikation sind kognitive Fähigkeiten des Bedienpersonals zu berücksichtigen.

Farbbilddarstellung. Bei einer *Farbbilddarstellung* sind zunächst die bei einer Prozeßvisualisierung zu verwendenden Farben festzulegen. Dabei empfiehlt es sich, normalerweise nur wenige Grundfarben wegen der sicheren Unterscheidbarkeit durch das Leitstandspersonal zu verwenden (z.B. die vier Grundfarben *rot*, *gelb*, *grün* und *blau*) und diesen Farben eindeutige Meldezustände zuzuordnen. Beispielsweise könnte diese Zuordnung wie folgt vorgenommen werden:

- rot: Prozeßelement defekt/nicht verfügbar

- gelb: Prozeßelement in Vorbereitung zum Einsatz im technischen Prozeß

- grün: Prozeßelement funktionsfähig und verfügbar

- blau: Störbehebung (engl.: *maintenance*)

Natürlich sind auch andere Zuordnungen anlagenspezifisch definierbar. Wenn aber eine computergestützte Prozeßvisualisierung für sicherheitsrelevante Prozeßsteuerungen eingesetzt wird, ist darüber hinaus gegenüber dem Bediener ständig zu zeigen, daß die Farben für die Visualisierung der Zustände der Prozeßelemente auch wirklich unter Echtzeitbedingungen dargestellt werden können. Dies kann dadurch geschehen, daß die bei der Prozeßvisualisierung vereinbarten Farben wegen ihrer sicherheitsrelevanten Bedeutung basierend auf dem *Dynamisierungsprinzip* als Farbbalken mit periodisch veränderter Form präsentiert werden. Abbildung 3.42 zeigt als Beispiel die Prozeßvisualisierung für ein Kraftwerk.

Man erkennt verschiedene Prozeßelementsymbole, die zugeordneten Prozeßkomponenten entsprechen, sowie tabellarisch aufbereitete Zustandsdaten. Die Farbbilddarstellung wird ergänzt durch den Farbbalken mit periodisch sich ändernden Abmessungen. Bei sicherheitsrelevanten Prozeßvisualisierungen stützt man sich meist auf eine zweikanalige, rechnergestützte Visualisierung, wie sie bereits im Abschn. 3.3.3.7 beschrieben wurde. Dabei wird der Anlagenzustand einmal von einem Visualisierungsrechner bezogen und wiederum auf der Grundlage des Dynamisierungsprinzips darauffolgend periodisch der Meldezustand einem zweiten Visualisierungsrechner entnommen. Entsteht dennoch ein statisches Bild auf dem Farbmonitor ohne Blinkeffekte, so kann der Bediener davon ausgehen, daß er von beiden Visualisierungsrechnern mit gleichen Informationen versorgt wird. Vielleicht ist ein statisches Bild aber auch nur deshalb zustande gekommen, weil die Umschaltung zwischen beiden Visualisierungsrechnern „hängengeblieben" ist? Um sich von der periodischen Umschaltung zu überzeugen, wird dem Bediener ein Symbol als Farbbalken periodisch sich verändernder Lage angezeigt. Hierbei handelt es sich um den sog.

Umschaltkontrollmelder. Zusätzlich wird das Bild auf dem Monitor noch durch zwei quadratische Symbole ergänzt, die ebenfalls (mit einer anderen Frequenz) blinken und dem Bediener anzeigen, daß beide Visualisierungsrechner noch in Betrieb sind (engl.: *still-alive*).

Mit Hilfe der Window-Technik wird die Prozeßvisualisierung noch durch ein Eingabe- und ein Ausgabefenster ergänzt. Im Eingabefenster kann der oben beschriebene Dialog gegebenenfalls wissensbasiert abgewickelt werden, während im Ausgabefenster Protokollierungen von Steuerhandlungen, Quittungs- und Alarmmeldungen ausgegeben werden.

Echtzeitvisualisierung. Besondere Bedeutung kommt dabei der *Echtzeitvisualisierung* zu. Es nützt wenig oder ist sogar gefährlich, wenn zwar die Anzeigen richtig präsentiert werden, jedoch zu spät auf dem Monitor generiert werden. Daher sollten moderne Visualisierungssysteme so konzipiert werden, daß die zur Verfügung stehenden, offenen Systemdienste voll genutzt werden können, um die Funktionalität einer Prozeßvisualisierung sicherzustellen. Hierbei handelt es sich um Systemdienste zur Kommunikation mit Datenbanksystemen für die Meldungs- und Kommandoübertragung. Beispiele dafür sind der *Dynamic Data Exchange*, Abfragesprachen für Datenbanken wie z.B. SQL oder Pipelinemechanismen unter UNIX.

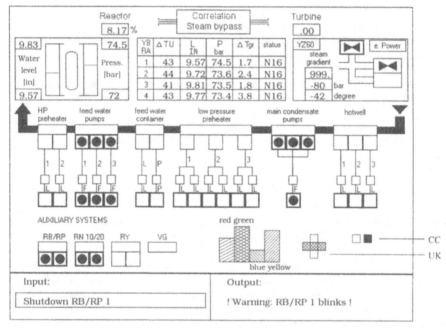

CC   Computer Control
UK   Umschaltkontrollmelder

Abb. 3.42. Prozeßvisualisierung für ein Kraftwerk

Signalvorverarbeitung und Mustererkennung. Erfahrungen mit bisher entwickelten Prozeßvisualisierungssystemen zeigen, daß bei komplexen technischen Prozessen eine solche Vielfalt von Signalen/Meßwerten auftritt, daß sie in dieser Gesamtheit in direkter Form vom Bediener nicht mehr vollständig erfaßt und interpretiert werden kann. Daher ist bei der Entwicklung von Prozeßvisualisierungssystemen auf eine angemessene *Informationsreduktion* besonderer Wert zu legen. Es müssen geeignete Verfahren zur *Signalvorverarbeitung* und ggfs. auch der *Mustererkennung* eingesetzt werden, um die Komplexität der Prozeßvisualisierung entsprechend reduzieren zu können. Hier leistet die Window-Technik einen **wertvollen** Beitrag.

Die Präsentation von Informationen muß so erfolgen, daß sie sich nach dem Personenkreis orientieren kann, der das Prozeßabbild betrachten will. So haben z.B. Verfahrensingenieure eine andere Sicht des Prozeßmodells, da sie an Prozeßanalyse und Optimierungen interessiert sind, während das Bedienpersonal weitgehend nur reine Prozeßbedienung nach festen Regeln durchführt.

Ob nun wie früher eine zentralisierte Prozeßleitung vorliegt oder wie heute überwiegend einer dezentralen Prozeßleitung der Vorzug gegeben wird, so müssen doch alle Informationen an einer Stelle zusammengeführt werden, um die Prozeßführung nach ganzheitlichen Gesichtspunkten optimieren zu können. Daher ist für eine rechnergestützte Prozeßvisualisierung eine hohe Verfügbarkeit von über 95% zu fordern, um dem Bedienpersonal jederzeit Überwachungs- und Eingriffsmöglichkeiten zu geben. Eine hohe Verfügbarkeit ist auch deshalb notwendig, um kontinuierlich eine Prozeßzustandsdokumentation betreiben zu können.

3.3.3.10   On-line Prüfprogramme

> *Drum prüfe, wer sich ewig bindet,*
> *ob sich das Herz zum Herzen findet.*
>
> Friedrich Schiller, „Das Lied von der Glocke"

In künftigen Prozeßrechnersystemen werden voraussichtlich *Verfahren* zur Gewährleistung der Sicherheit im technischen Prozeß bisherige Hardware-Schaltungen wie den Vergleicher nach und nach verdrängen, das bedeutet, man wird künftig vermehrt dazu übergehen, Sicherheit bei technischen Prozessen dadurch zu gewährleisten, daß man das Prinzip *Sicherheit per Verfahren* anwendet. Vor allem der Einsatz leistungsfähiger Prüfprogramme, die on-line betrieben werden, wird zunehmen. Im folgenden wird ein einfaches Prüfprogramm (Siemens on-line Prüfprogramm, SOPP) vorgestellt. Die Arbeitsweise besteht darin, daß interruptgesteuert die Bearbeitung der *Prozeßsoftware* (engl.: *user-software*) unterbrochen wird. Um das Anwenderprogramm weiter bearbeiten zu können, werden alle Registerinhalte mit dem Befehl PUSH in den Anwender-Stackbereich gerettet; es folgt dann die Bearbeitung des Prüfprogramms. Für eine gewisse Zeit läuft das Programm SOPP ab. Dann wird das Prüfprogramm unterbrochen, ebenfalls unter Rettung der Registerinhalte, allerdings nun in einen getrennten Stackbereich. Anschließend werden die Registerinhalte für das Anwenderprogramm aus dem Anwender-Stack wieder zurückgeladen (POP) und die Anwenderprogrammbearbeitung fortgesetzt, bis es zu einem erneuten Programmwechsel zwischen Anwender- und Prüfprogramm kommt (Abb. 3.43).

Insgesamt ist sicherzustellen, daß innerhalb einer vorgegebenen Zeitspanne t_0 ein erfolgreicher Prüfprogrammdurchlauf stattgefunden haben muß. Andernfalls wird der Rechner stillgesetzt.

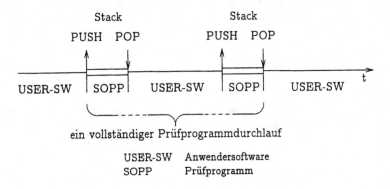

Abb. 3.43. Ablauforganisation von Anwendersoftware und on-line Prüfprogramm

Die Bearbeitungsdauer t_0 für einen vollständigen erfolgreichen Prüfprogrammdurchlauf ist in Abstimmung mit der jeweiligen *technischen Aufsichtsbehörde* festzulegen (z.B. empfahl das Bundesbahnzentralamt (BZA) für die Bearbeitungsdauer den Wert $t_0 = 30\,min$). Sie richtet sich einerseits nach üblichen Totzeiten in einem technischen Prozeß, andererseits darf der Prüfprogrammablauf die Bearbeitung der Anwendersoftware nicht so weit verdrängen, daß der Prozeßrechner dem Prozeßgeschehen nicht mehr folgen kann.

Das Prüfprogramm SOPP führt neben anderen Prüffunktionen z.B. die *Schreib-Lese-Prüfung* im RAM-Speicher durch, indem in jeder Speicherzelle jedes Bit eines Bytes wechselnd auf log. 1 und wieder auf log. 0 geschrieben und gelesen wird. Der prozeßbedingte Inhalt der RAM-Zelle wird vorübergehend in den Stackbereich gerettet (Abb. 3.44a).

Weiter führt das Prüfprogramm SOPP einen *Adressierbarkeits-Check* durch, indem eine Speicherzelle adressiert wird, der Speicherzelleninhalt gelesen, der invertierte Inhalt rückgeschrieben und nach dem Lesen der ursprüngliche Inhalt in die Speicherzelle wieder eingeschrieben wird. Dieser Prüfablauf wird für alle Speicherzellen sequentiell durchgeführt (Abb. 3.44b).

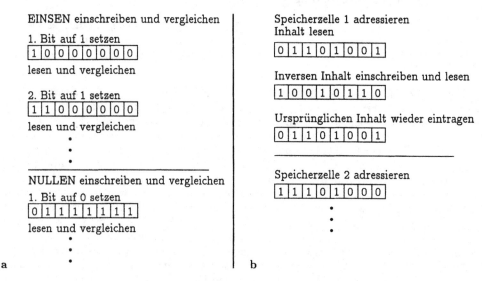

a   b

Abb. 3.44. Schreib-Lese-Prüfung des RAM-Speichers (a), Adressierbarkeitsprüfung (b)

Neben diesem Prüfprogramm zum on-line Testen des RAM-Speichers sind zahlreiche, weitere Prüfprogramme vorstellbar, so z.B. zur Erfassung der CPU-Belastung (als CPU_LOAD) oder als Sondenprogramm zur laufenden Bestimmung des Füllstandsgrades eines Pufferspeichers, über den mehrere Tasks miteinander kommunizieren.

On-line-Prüfprogramme können sehr komplex gestaltet werden. Je mehr Prüffunktionen realisiert sind, desto größer wird das Prüfprogramm. Die Folge ist, daß die CPU mehr Rechenzeit für die Bearbeitung des Prüfprogramms zur Verfügung stellen muß. Dadurch nimmt die *performance* bezüglich der Anwenderprogrammbearbeitung ab. Maximal 20% der CPU-Zeit sollten für on-line Prüfprogramme zur Verfügung gestellt werden, um den technischen Prozeß den zeitlichen Anforderungen entsprechend steuern zu können.

3.4 Konfiguration von Prozeßrechner-Hardware

Ein Kunstwerk, möcht ich sagen,
müßte gekocht werden am Feuer der Natur,
dann hingestellt in den Vorratsschrank der Erinnerungen,
dann dreimal aufgewärmt im goldenen Topfe der Phantasie,
dann serviert von wohlgeformten Händen,
und schließlich müßte es dankbar genossen werden
mit gutem Appetit!

Wilhelm Busch, „Eduards Traum"

Mögliche Konfigurationen bei Prozeßrechner-Hardware können sein

- Ein-Chip-Mikrorechner als Geräterechner,

- Zentrale Prozeßrechensysteme und

- Dezentrale Prozeßrechensysteme.

3.4.1 Ein-Chip-Mikrorechner

Ονχ αγαθον πολυχοιρανιη,
ει χοιρανο εστω,
Ει βασιλ εν.
(Ruchlos ist Macht in vielerlei Händen,
nur Einer sei Herrscher,
Einer der König.)

Homer, „Ilias"

In Abb. 3.45 ist die Konfiguration eines Ein-Chip-Mikrorechners als *Geräterechner* dargestellt. Der Rechner besitzt *on-chip* die notwendigen Peripheriefunktionen zur Automatisierung eines Gerätes (z.B. Waschmaschine, Videorecorder). Die Programme und Daten werden in einem Speicherbereich auf dem Chip abgelegt. Der Prozeßrechner benötigt für diese Anwendung keine weiteren Peripheriegeräte (Standard-Peripherie, Speicher-Peripherie, Kommunikationssystem). Der Benutzer kann meist nur über spezielle Taster und Schalter bestimmte Parameter für die Steuerung vorgeben.

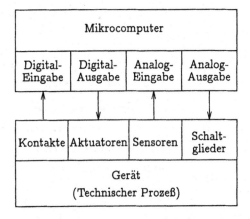

Abb. 3.45. Ein-Chip-Mikrorechner als Geräterechner

3.4.2   Zentrales Prozeßrechensystem

Lege nur immer, o Freund,
zum Kleinen ein Kleines zusammen;
setzt du beharrlich fort,
wird es rasch zum Großen erwachsen.

Hesiod

Für umfangreiche Aufgaben der Prozeßautomatisierung kann man zentrale Prozeßrechensysteme einsetzen. Für eine benutzerfreundliche Mensch-Prozeß-Kommunikation stehen verschiedene Standard- bzw. Prozeßbedien-Peripheriegeräte zur Verfügung. Die Prozeßsignal-Ein-/Ausgabe ist meist modular aufgebaut und erlaubt eine Erweiterung und Anpassung an verschiedene technische Prozesse. Die Peripheriegeräte sind an das Ein-/Ausgabewerk der Zentraleinheit angeschlossen (Parallel-E/A, Seriell-E/A) (Abb. 3.46).

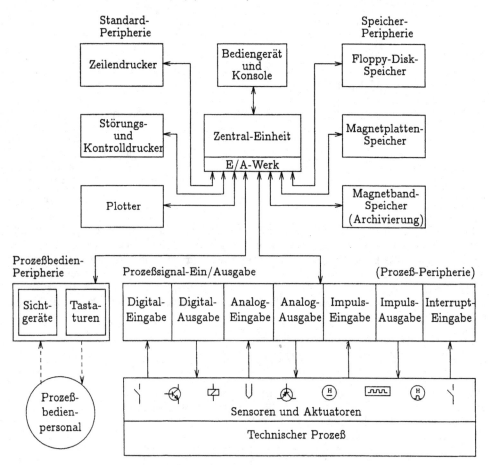

Abb. 3.46. Zentrales Prozeßrechensystem

3.4.3 Dezentrales Prozeßrechensystem

Was nicht zusammen kann bestehen,
tut am besten sich zu lösen.

Friedrich Schiller, „Die Jungfrau von Orleans"

Abbildung 3.47 zeigt die Konfiguration eines dezentralen (verteilten) Prozeßrechensystems mit einer eigenen Busstruktur. Die Steuerrechner 1 bis n sind über den Prozeßbus mit dem zentralen Prozeßrechner (*Leitrechner*) verbunden. Der Leitrechner führt dabei übergeordnete Automatisierungsfunktionen der *Prozeß-Optimierung, -überwachung, -auswertung* aus. Um diese Funktionen auszuführen, ist eine hohe Verarbeitungsleistung und ein entsprechend großer Speicherplatz notwendig. Daher wird meist ein Rechner mit größerer Rechenleistung und mit einer entsprechenden Speicher-Peripherie eingesetzt. Weiterhin verfügt der Leitrechner über eine Prozeßbedien-Peripherie zur zentralen Prozeßbedienung und -visualisierung durch den Benutzer.

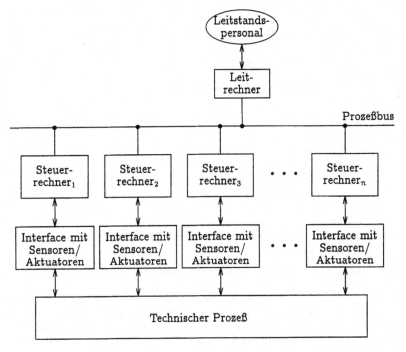

Abb. 3.47. Verteiltes Prozeßrechnersystem mit Busstruktur

3.5 Prozeßsignal-Verarbeitung

In zunehmenden Maße werden Maschinen
durch andere Maschinen gesteuert und
ersetzen damit die einfacheren Formen
menschlicher Intelligenz.

John Kenneth Galbraith, „Die moderne Industriegesellschaft"

Ein Prozeßrechner muß einerseits die Fähigkeiten aufweisen, Informationen über den Verlauf der physikalischen Prozeßgrößen (z.B. Temperaturen, Drücke, Geschwindigkeiten) zu erhalten, andererseits muß er in der Lage sein, entsprechende Stellglieder zu betätigen (wie z.B. das Öffnen oder Schließen eines Ventils), um so den Ablauf des technischen Prozesses zu beeinflussen. Man bezeichnet die Prozeßgrößenerfassung als *Prozeßsignal-Eingabe*, umgekehrt die Ansteuerung von Stellgliedern (Aktuatoren) als *Prozeßsignal-Ausgabe*.

Sowohl in der Eingabe- als auch in der Ausgaberichtung ist eine Anpassung und Umformung der Signale erforderlich, wie in Abb. 3.48 am Beispiel der Ein- und Ausgabe analoger Prozeßsignale gezeigt wird.

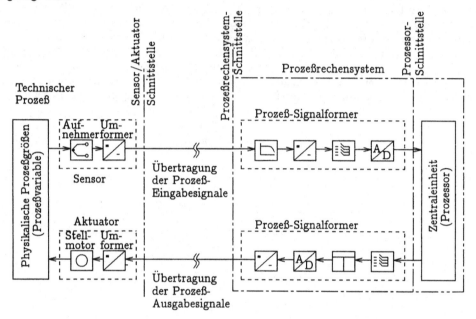

Abb. 3.48. Übertragung von Prozeßsignalen zwischen Prozessor und technischem Prozeß

In der Eingaberichtung sind in Abb. 3.48 folgende Einrichtungen dargestellt:

- eine *Meßwertaufnahme-Einrichtung* (Sensor), bestehend aus dem Meßfühler oder Meßaufnehmer zur Umsetzung der zu erfassenden physikalischen Größe in ein elektrisches oder optisches Signal, sowie ggfs. Geräte zur Verstärkung und Umformung in eine an das Prozeßrechensystem zu übertragende Signalform;

- die *Übertragungseinrichtung* (z.B. Kupfer- oder Glasfaser-Kabel) zur Weiterleitung der elektrischen bzw. optischen Prozeßsignale (wobei die Signale auf dem Übertragungsweg möglichst wenig verfälscht werden sollen);

- ein *Filter* zur Unterdrückung überlagerter Störsignale (z.B. *Tiefpaßschaltung*);

- eine *Potentialtrennung* mit Anpassung in bezug auf Amplitude und Impedanz an den Analog-/Digital-Umsetzer

- der *Multiplexer* zur zyklischen oder programmgesteuerten Durchschaltung einer Eingabeleitung zum Analog-/Digital-Umsetzer;

- der *Analog-/Digital-Umsetzer* (ADU) zur Umsetzung des anliegenden analogen Eingangssignals in eine digital codierte Form, wie sie für die anschließende Verarbeitung im Prozeßrechner benötigt wird (um ein korrektes digitales Äquivalent zur analogen Spannung zu erhalten, ist es notwendig, daß die Umsetzgeschwindigkeit des ADU groß genug gegenüber der Änderungsgeschwindigkeit des analogen Signals ist).

In der Ausgaberichtung sind in Abb. 3.48 folgende Einrichtungen dargestellt:

- ein *Demultiplexer*, um die vom Prozeßrechner kommenden Kommandotelegramme auf verschiedene Ausgabekanäle zu verteilen;

- *Zwischenspeicher* (Register), um die auszugebenden zeitdiskreten Werte jeweils bis zum nächsten auszugebenden Wert zu speichern;

- *Digital-/Analog-Umsetzer*, um die in digital codierter Form ausgegebenen zeitdiskreten Werte in analoge Signale umzusetzen;

- *Potentialtrennungs- und Leistungsverstärkungs-Stufen*, um ein für die Ansteuerung von Aktuatoren geeignetes Leistungssignal zu erzeugen;

- *Stellglieder* (Aktuatoren) zum Eingriff in den technischen Prozeß.

Nach Abb. 3.48 sind zwei Arten von Schnittstellen zwischen dem Prozeßrechner und dem technischen Prozeß zu unterscheiden:

- die prozeßnahe Schnittstelle zwischen Übertragungsleitung und Prozeßrechensystem

- Schnittstelle zwischen den für die Filterung, Potentialtrennung, Anpassung und Umsetzung der Prozeßsignale in eine rechnergerechte Form erforderlichen Einrichtungen (vielfach auch als *Prozeßsignalformer* bezeichnet) und der Prozeßrechner-Zentraleinheit.

Wie in Abb. 3.48 dargestellt, erfüllen die Sensoren bzw. Aktuatoren die Anpassungsaufgabe, physikalische Größen des technischen Prozesses in elektrische oder optische Signale umzuformen bzw. aus elektrischen oder optischen Signalen wieder Stellsignale für den technischen Prozeß zu erzeugen. An den Schnittstellen des Prozeßrechensystems ergeben sich folgende Aufgaben:

- Ein- bzw. Ausgabe digitaler Prozeßsignale

- Ein- und Ausgabe analoger Prozeßsignale

- Ein- und Ausgabe impulsförmiger Prozeßsignale.

3.5.1   Hardwaremäßige Implementierung

> *Denn was man messen kann,*
> *das existiert auch.*
>
> Max Planck, „Neue Bahnen der physikalischen Erkenntnis"

Die Automation technischer Prozesse setzt eine Instrumentierung mit Informationsschnittstellen vom und zum Prozeß voraus. Daraus ergeben sich folgende Voraussetzungen: zum einen sind die Prozeßzustände durch Messung der Eigenschaften des betreffenden Prozesses zu erfassen. Die so erhaltene Information ist für eine weitere Verarbeitung in digital elektronischer Form als binär codierte Signale aufzubereiten. Zum anderen müssen die von der Informationsverarbeitung berechneten Stellgrößen für den Prozeßeingriff aufbereitet werden. Damit ist eine *Signalaufbereitung* und ggfs. eine Leistungsverstärkung mit Energieumwandlung verbunden.

3.5.1.1 Sensorik (Zustandserfassung)

Zur Beschreibung eines Prozeßzustandes ist die Abb. des Wertes einer bestimmten physikalischen Größe für den Prozeßrechner in ein binär elektrisches Signal erforderlich. Dabei wird davon ausgegangen, daß diese physikalische Größe mit einem Sensor meßbar ist. Zunächst wird diese physikalische Größe in ein Signal auf zumeist niedrigem Energieniveau abgebildet. Dieses Signal wird dann in ein elektrisches Signal umgewandelt. Dabei handelt es sich in der Regel um ein wert- und zeitkontinuierliches (analoges) Signal, das anschließend in ein digital elektrisches Signal umgesetzt wird (Analog-Digital-Wandlung). In manchen Fällen kann ein solches digital elektrisches Signal unmittelbar gewonnen werden, z.B. bei elektrisch-optischen Codierscheiben oder bei elektronischen Zählern. Zunehmend werden heute schon direkt an den Sensoren sog. Front-End-Prozessoren eingesetzt, die „quasi intelligent" eine Meßwertvorverabeitung durchführen können (nicht nur die Analog-Digital-Wandlung, sondern auch zusätzlich z.B. ein Plausibilitätscheck, ob der gemessene Wert in einem betrieblich zulässigen Wertebereich liegt; andernfalls wird eine Fehlermeldung generiert). Beispiele für die Signalgewinnung im Bereich der Sensorik gibt die Tabelle 3.1.

Tabelle 3.1. Signalumwandlung bei der Prozeßzustandserfassung

Zustandsgröße	Meßwertgeber	Umsetzung in ein elektrisches Signal	Meßsignalverlauf
Temperatur	Widerstandsthermometer	direkt	kontinuierlich
	Thermoelement	kontinuierlich	direkt
	Strahlungspyrometer	kontinuierlich	direkt
Druck	Piezzoeffekt	direkt	kontinuierlich
	Federmeßwerke	indirekt	kontinuierlich
	Kapazitätsänderung	direkt	kontinuierlich
Durchfluß	Druckdifferenz an einer Rohrblende	indirekt	kontinuierlich
	Venturirohr	indirekt	kontinuierlich
	Induktion	direkt	kontinuierlich
Mengenstrom	Volumenzählung	indirekt	digital
	Geschwindigkeitsmessung	indirekt	kontinuierlich
Höhe/Füllstand	Potentiometer	direkt	kontinuierlich
	Codierstab	indirekt	digital
Masse	Waage mit Dehnungs-meßstreifen	direkt	kontinuierlich
	Kraftmeßdosen	direkt	kontinuierlich
Feuchte	elektrochemischer Effekt	direkt	kontinuierlich
Dehnung, Schwingung	Induktion	direkt	kontinuierlich
Kraft, Moment	Dehnungsmeßstreifen	direkt	kontinuierlich
Beschleunigung	Trägheitsplattform	indirekt	kontinuierlich
Geschwindigkeit	Tachogenerator	direkt	kontinuierlich
	Impulszählung	indirekt	digital
	Radar	indirekt	digital
Position	Codierstab/-scheibe	indirekt	digital
	Lichtschranke	direkt	binär-digital
	Druckkontakt	direkt	binär-digital
Zeit	elektrischer Zähler	direkt	digital
Lichtintensität	photovoltaischer Effekt	direkt	kontinuierlich

3.5.1.2 Aktuatorik (Prozeßbeeinflussung)

Nachdem das Prozeßrechnersystem eine angemessene Antwort für den technischen Prozeß auf den aktuellen Prozeßzustand berechnet hat, ist oftmals eine zwei- oder sogar dreistufige Signalumwandlung erforderlich. Zunächst werden vom Prozeßrechner digitale Signale auf niedrigem Energieniveau generiert. Anschließend ist eine Digital-Analog-Umwandlung erforderlich, da viele Stellglieder eine wert- und zeitkontinuierliche Steuergröße als Eingangsgröße benötigen. Um den technischen Prozeß energetisch oder stofflich beeinflussen zu können, bedarf es in der Regel einer nachfolgenden *Leistungsverstärkung*. Beispiele für die Signalumwandlung im Bereich der Aktuatorik gibt Tabelle 3.2.

Tabelle 3.2. Signalumwandlung bei der Prozeßzustandsbeeinflussung

Zustandsgröße	Stellglied	Leistungsumwandlung	Stellsignalverlauf
Hub, Durchfluß	Drosselklappe	elektromechanisch	kontinuierlich
Mengenstrom	Stellventil	Stellmotor	binär-digital
Druck	Sperrventil	Elektromagnet	binär-digital
Temperatur	Heizung	elektrothermisch	kontinuierlich
	Wärmetauscher	thermisch	digital
Spannung, Strom	Potentiometer	elektromechanisch	kontinuierlich
	Generator, Transformator	elektrisch-elektrisch	kontinuierlich
	Transistoren/Thyristoren	elektrisch-elektrisch	binär-digital
	Relais, Schütz	elektromechanisch	binär-digital
Drehzahl, Geschwindigkeit	elektrischer Antrieb	elektromechanisch	kontinuierlich
Kraft, Weg, Drehmoment, Position	Schrittmotor	elektromechanisch	digital

Besondere Bedeutung für Positionieraufgaben hat der Schrittschaltmotor bzw. *Schrittmotor* (engl.: *stepper motor*) erlangt, da er optimal mit einer inkrementalen Ansteuerung zusammenarbeitet. Trotz inkrementeller Ansteuerung sind hohe Auflösungen bei Positionierungen ggfs. auch mit hoher Stelleistung bei integralem Systemverhalten möglich. Abbildung 3.49 zeigt den Zusammenhang zwischen einer endlichen Impulsfolge und der Schrittschaltmotor-Winkelstellung.

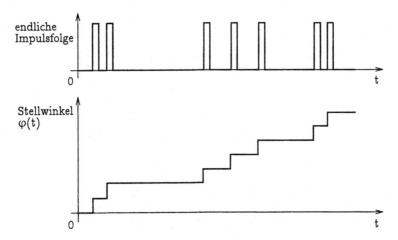

Abb. 3.49. Schrittschaltmotor-Winkelstellung in Abhängigkeit einer endlichen Impulsfolge

3.5.2   Digitaleingabe

Quis leget haec?
(Wer wird das Zeug lesen?)
Persius, „Saturnica"

Die *Digitaleingabe* dient zur Eingabe von

- einzelnen binären Prozeßsignalen, wie z.B. von Endschaltern, Grenzwertgebern

- Gruppen von binären Prozeßsignalen als wortweise Eingabe, wie z.B. die Eingabe der Stellung eines mehrstufigen Schalters oder die Lagemeldung mehrerer Weichen

Zum Einlesen einer Kontaktstellung ist ein Stromkreis erforderlich, der ggfs. durch eine Einrichtung zur Unterdrückung von *Kontaktprellungen* ergänzt werden muß. Für jede dieser Eingabearten unterscheidet man bezüglich der Signalparameter:

- *statische Digitaleingabe*
  Hierbei werden den zwei Zuständen des binären Signals die beiden Signalparameter H und L zugeordnet. Der eingelesene Signalparameter entspricht "statisch" dem Momentanwert des Eingabesignals

- *dynamische Digitaleingabe* (Impulseingabe)
  Hierbei dienen die Flanken des Signals als binäre Signalparameter. Beim Übergang von L auf H oder von H auf L wird ein zugeordnetes Flag gesetzt. Dieses kann dann vom Prozeßrechner abgefragt werden. Falls bei einem Übergang ein Unterbrechungssignal (Interrupt) ausgelöst wird, das die Eingabe der Binärsignale veranlaßt, spricht man von einer *spontanen Digitaleingabe*.

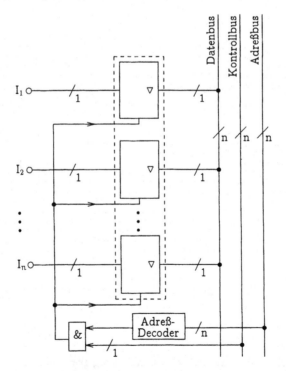

Abb. 3.50. Statische Digitaleingabe

In Abb. 3.50 ist der Aufbau einer statischen Digitaleingabe (*Input Port*) vereinfacht dargestellt. Jedem *Input Port* wird eine eindeutige Adresse zugeordnet. Veranlaßt der Prozessor eine
Digitaleingabe, so legt er zunächst die zugeordnete Adresse auf den Adreßbus und setzt danach
die zugehörigen Leitungen auf dem Kontrollbus. Das UND-Gatter verknüpft die Adreßinforma-
tion und die Kontrollinformation zu einem ENABLE-Signal für eine Gruppe von Tristategattern
(unter einem Tristategatter versteht man eine Gatterschaltung mit insgesamt drei Ausgangs-
zuständen: log. 0, log. 1 und hochohmige Abkopplung vom Bussystem). Das an den Eingängen
I_0 bis I_n anliegende Bitmuster wird daraufhin auf den Datenbus gelegt.

3.5.3   Digitalausgabe

> *Hüte dich vor kleinen Ausgaben;*
> *ein kleines Leck wird ein großes Schiff*
> *zum Sinken bringen*
>
> Sprichwort

Die *Digitalausgabe* dient zur Ausgabe von Binärsignalen; sie wird auch als *Output Port* bezeichnet. Führt der Prozessor eine *Output Port Operation* aus, so legt er zunächst ein Datenwort
auf den Datenbus, danach die Adresse auf den Adreßbus und die notwendigen Signale auf den
Kontrollbus.

Der in Abb. 3.51 dargestellte Adreß-Decoder vergleicht die auf dem Adreßbus anliegende
Adresse mit einer festgelegten Adresse und gibt im Fall der Übereinstimmung eine log. 1 aus.
Über den Kontrollbus wird die Ausgabe zeitlich synchronisiert. Die in den D-Latches gespeicherte
Information wird so auf dem Output Port ausgegeben.

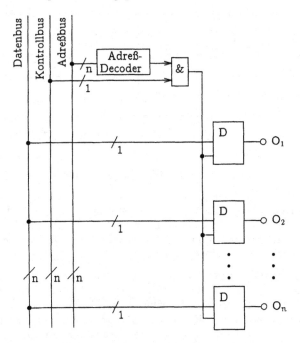

Abb. 3.51. Statische Digitalausgabe

3.5.4   Analogeingabe

Vom Schlechten kann man nie zu wenig,
und das Gute nie zu oft lesen.

Schopenhauer, „Parerga"

Die in einem technischen Prozeß eingesetzten Sensoren liefern analoge Prozeßsignale. Diese Werte werden üblicherweise in elektrische Signale (Spannungs-, Strom- oder Widerstandswerte) umgeformt. Mit Hilfe eines Adreß-Decoders und zugeordneten Analogschaltern (AS) gelangt ein ausgewähltes Prozeßsignal zu einem Analog-Digital-Umsetzer (ADU), der das wert- und zeitkontinuierliche (analoge) Prozeßsignal in einen wert- und zeitdiskreten (digitalen) Wert umsetzt (Abb. 3.52).

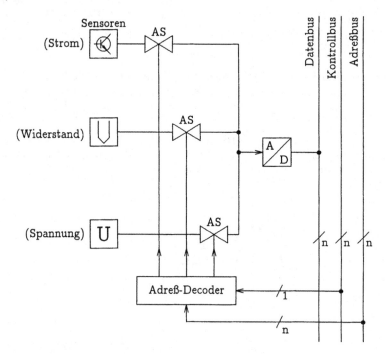

Abb. 3.52. Analogeingabe

Bei der Analog-Digital-Umsetzung werden zeitdiskrete analoge Werte quantisiert und durch dual codierte n-Bit-Worte dargestellt. Um ein analoges Signal mit der maximalen Amplitude U_{max} als n-Bit-Wort mit dualer Codierung darzustellen, muß der gesamte Wertebereich in Quantisierungsstufen von der Höhe $\frac{U_{max}}{2^n}$ unterteilt werden.

Die Analogeingabe ermöglicht die Übernahme von wert- und zeitkontinuierlichen Strom-, Widerstands- oder Spannungswerten. Dabei erfolgt die Anwahl einer speziellen Analogmeßstelle dadurch, daß deren Adresse vom Adreßbus abgegriffen wird und im Adreßdecoder decodiert wird. Der Zeitpunkt der Meßwertübernahme wird durch ein korrespondierendes Signal vom Kontrollbus bestimmt. Die Ausgänge des Adreßdecoders steuern Analogschalter an, die die Durchschaltung der analogen Meßgröße zum Analog-/Digital-Wandler (A/D-Wandler) bewirken. Der digitalisierte Wert wird als 0/1-Bitmuster auf den Datenbus gelegt.

3.5.5 Analogausgabe

Exitus acta probat.
(Der Ausgang rechtfertigt das Vollbrachte.
Oder:
Der Ausgang ist der Prüfstein der Taten.)

Ovid, „Heroiden"

Die Analogausgabe hat die Aufgabe, die vom Prozeßrechner kommenden wert- und zeitdiskreten Signale in wert- und zeitkontinuierliche Signale umzusetzen. Abbildung 3.53 stellt den prinzipiellen Aufbau der Analogausgabe dar. Nachdem der auszugebende Wert in digitaler Form von dem Durchschaltelement in einem Zwischenspeicher abgelegt wurde, wird er im Digital-/Analog-Umsetzer in den entsprechenden analogen Wert umgeformt. Der Zwischenspeicher ist notwendig, um die Information, die am Durchschaltelement anliegt, so lange zu speichern, bis ein neuer Wert eintrifft. Das analoge Signal wird meist noch einem Ausgabeverstärker zugeführt.

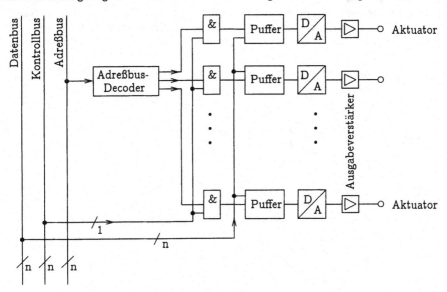

Abb. 3.53. Analogausgabe

Bei manchen Anwendungen werden analoge Stelleingriffe mit Hilfe von Schrittschaltmotoren ausgeführt, die über eine Digitalausgabe mit einer Folge von endlich vielen Einzelimpulsen angesteuert werden.

3.5.6 Uhrzeitführung in Prozeßrechnern

Gute Uhrwerke sind sie:
nun sorge man, sie richtig aufzuziehen!
Dann zeigen sie ohne Falsch die Stunde an
und machen einen bescheidenen Lärm dabei.

Friedrich Nietzsche, „Zarathustra"

Uhrzeitführung ist von besonderer Bedeutung bei Echtzeitsystemen. Für die Automatisierung technischer Prozesse ist nicht nur die *Richtigkeit* generierter Kommandotelegramme, sondern auch deren *Zeitigkeit* (engl.: *timeliness*) erforderlich. Werden z.B. Prozeßrechner zur Steuerung von Weichen in einem Rangierbahnhof eingesetzt, so müssen die Weichen nicht nur richtig gestellt werden, um einen Güterzug aus Wagen bzw. Wagengruppen in einem Richtungsgleis neu zusammenzustellen, sondern auch *zeitig* (d.h. zur richtigen Zeit). Andernfalls kann es bei unzeitiger Umsteuerung einer Weiche passieren, daß das vordere Drehgestell eines Waggons in ein Richtungsgleis fährt und das hintere Drehgestell in ein anderes. Wird also eine Weiche zwar in die richtige Richtung, aber zum falschen Zeitpunkt gestellt, dann ist das gesamte Ergebnis der automatisierten Steuerung *falsch*, obwohl die numerische Rechnung richtig war. Aus der *Zeitigkeit* der Prozeßsteuerung folgen zwei Arten von *Zeitbedingungen:*

- *Absolutbedingungen*
  Zu festgelegten Zeiten sollen Schalthandlungen ausgeführt werden (z.B. Abfahrtszeit eines Zuges um 13.15 Uhr bei einer rechnergesteuerten Zuglenkung).

- *Relativbedingungen*
  Zeitliche Bedingungen, die relativ zu stochastischen Ereignissen (engl.: *events*) festgelegt werden (z.B. bei einer Drucküberschreitung löst ein Grenzwertmelder einen Alarm aus, auf den nach einer festgelegten Zeit eine technische Schalthandlung auszuführen ist).

Abbildung 3.54 veranschaulicht solche Zeitbedingungen bei Echtzeitsystemen.

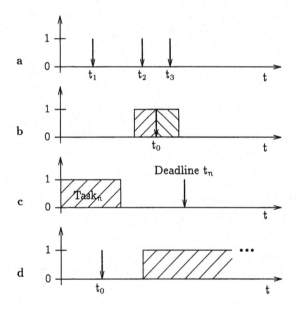

Abb. 3.54: Klassifizierung von Zeitbedingungen: Ereignisfolge (engl.: *event stream*) (a), Zeitfenster um t_0 (b), Task und zugehörige Deadline (c), Ereignis und Schalthandlung (d)

In der Regel reicht für Aufgaben der automatisierten Prozeßsteuerung die *interne Uhrzeitführung*, wie sie durch das Betriebssystem unterstützt wird, nicht aus. Wegen nicht genügender Langzeitstabilität der lokalen Oszillatoren, Zeitumstellungen (Winter/Sommerzeit) sowie für Aufgaben der Rechnersynchronisation in einem verteilten Echtzeitsystem benötigt man eine Uhrzeitführung entsprechend einer vorgegebenen zeitlichen Anforderungsspezifikation. Für die Repräsentation der aktuellen Uhrzeit gibt es heute bereits verschiedene Verfahren, die im folgenden betrachtet werden sollen.

3.5.6.1   Der Zeitzeichen- und Normalfrequenzsender DCF77

Er aber tut alles fein zu seiner Zeit

Prediger, 3,11

Die Verbreitung der amtlichen Uhrzeit und einer hochgenauen Referenzfrequenz in Westeuropa wird von der Physikalisch-Technischen Bundesanstalt (PTB) mit Sitz in Braunschweig wahrgenommen. Dort werden redundant drei Cäsium-Atomuhren so betrieben, daß in Abstimmung mit dem Pariser Büro zur Repräsentation der Weltzeit (BIH) ein Langwellensender in Mainflingen bei Frankfurt/Main ferngesteuert wird. Dieser Langwellensender mit der Senderkennung DCF77 wird auf der Frequenz f = 77.5 kHz betrieben und sendet folgende Informationen aus:

- eine Normalfrequenz von 77.5 kHz (die Trägerfrequenz mit einer relativen Frequenzabweichung von $\frac{df}{f} < 10^{-12}$)

- Signalisierung des Beginns einer neuen Sekunde durch die abfallende Flanke des Hüllkurvensignals des amplitudenmodulierten Trägersignals

- Signalisierung des Beginns einer neuen Minute durch Auslassung der 59. Trägerabsenkung

- Darstellung der amtlichen Zeit mit Minute/Stunde/Wochentag/Kalendertag/Kalendermonat und Jahr.

Abbildung 3.55a zeigt das amplitudenmodulierte Trägersignal in einer normierten Darstellung und Abb. 3.55b die Sekundenzeitmarken mit der Signalisierung des Beginns einer neuen Minute durch das Ausbleiben der 59. Trägerabsenkung.

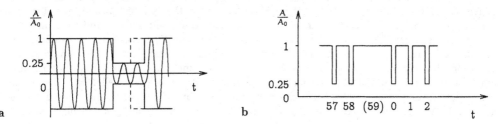

Abb. 3.55. Amplitudenmoduliertes Signal mit Hüllkurve

Das gesamte Signalformat der Uhrzeitübertragung in serieller Form ist in Abb. 3.56 dargestellt. Das empfangene Signal stellt eine Sinusschwingung konstanter Frequenz (77.5 kHz) dar (Abb. 3.55a). Man erkennt, daß zum Beginn einer neuen Sekunde die Amplitude relativ von 100% auf 25% abgesenkt wird (sog. Amplitudenmodulation). Die Amplitude des Trägersignals wird deshalb nicht vollständig abgesenkt, da es im Nutzerkreis außer Uhrzeitempfängern auch solche Nutzer gibt, die allein an einer hochgenauen Referenzfrequenz interessiert sind (z.B. zum Kalibrieren von hochgenauen Oszillatoren).

Die Dauer der Trägerabsenkung kann nun variiert werden: es kann zu einer „kurzen" Trägerabsenkung kommen ($\approx 0,1$ s) $\hat{=}$ log. 0, oder der Träger wird für die Dauer von 0,2 s abgesenkt $\hat{=}$ log. 1 (sog. Pulsdauermodulation). Auf diese Weise gelingt es, seriell ein Telegramm bestehend aus Nullen und Einsen im Broadcastverfahren an die Nutzer zu übertragen.

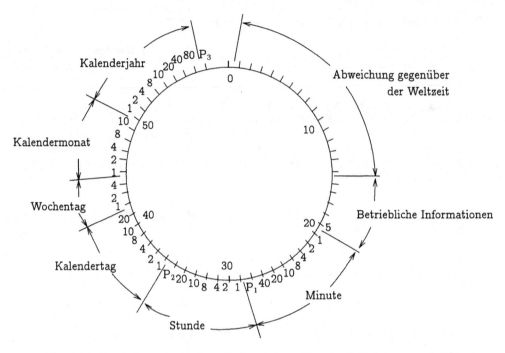

Abb. 3.56. Darstellung der binär codierten Information durch Pulsdauermodulation

Nach Beginn einer neuen Minute wird zunächst die Differenz der ausgestrahlten Zeitinformation gegenüber der Weltzeit UT1 übertragen. Die Zeit UT1 (in deutscher Schreibweise WZ) wird
vom *Internationalen Büro für die Zeit* (BIH) mit Sitz in Paris dargestellt. Der Beginn einer
neuen Sekunde wird durch die Trägerabsenkung signalisiert. Die Minutenangabe folgt dann ab
der 21. Sekunde als BCD-Code. Darauf folgt die serielle Darstellung der Stundeninformation.
Es schließen sich serielle Codierungen für den Kalendertag, den Wochentag, den Kalendermonat
und das Kalenderjahr an. Diese aktuelle Uhrzeitdarstellung (selbststellende Uhren sind dadurch
erst möglich!) erlaubt es daher auch, in Prozeßrechnern ohne manuellen Eingriff die aktuelle,
amtliche Zeit zu führen. Diese Tatsache ist vor allem bei Prozeßrechnern bedeutsam, bei denen
die Zeitumstellung zweimal jährlich zu berücksichtigen ist, von Winter- auf Sommerzeit und umgekehrt. Dies ist z.B. bei Rechnersteuerungen für Verkehrssysteme wichtig, wo fahrplangesteuert
nach Zeit und Zugnummern Fahrstraßen durch den Prozeßrechner automatisch eingestellt werden
sollen.

3.5.6.2 Das Global Positioning System

> *Ich trage, wo ich gehe*
> *stets eine Uhr bei mir;*
> *wieviel es geschlagen habe,*
> *genau seh ich's an ihr.*
>
> Gabriel Seidel, „Meine Uhr"

Bereits in den siebziger Jahren konzipierten die USA ein neues erdumspannendes Navigationsver-
fahren, das es ermöglicht, sowohl in einem schnell fliegenden Flugzeug als auch auf Schiffen und
in Fahrzeugen eine hochgenaue Standortbestimmung in drei Dimensionen zusammen mit einer
aktuellen, hochgenauen Uhrzeitinformation vorzunehmen. Bei dem Global Positioning System

(GPS) werden Satelliten eingesetzt, deren Bahn sehr genau vermessen werden kann. Diese Satelliten senden Positions- und Zeitsignale aus, mit denen Entfernungen zu einem Systemnutzer gemessen werden können. Für die globale Informationsversorgung sind 24 Satelliten in 20169 km hohen Umlaufbahnen mit einer Umlaufzeit von je 12 h in Betrieb. Je vier Satelliten sind in sechs Bahnebenen verteilt, deren Inklination (Bahnneigung) 55° beträgt. Weitere Satelliten sind als Reserve bei Ausfällen eingeplant. Alle Satelliten senden auf der gleichen Frequenz $f_1 = 1575$ MHz; sie werden durch einen aufmodulierten Zeitcode (C/A-Code) durch eine spezielle Bitfolge voneinander unterschieden. Mit Hilfe eines zusätzlichen Datenstroms von 50 Bit/s wird die Navigationsinformation über den Ort des Satelliten (Bahnelement) und dessen Systemzeit zusammen mit weiteren Hilfsdaten übertragen.

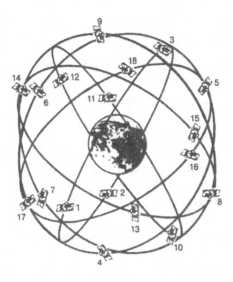

Abb. 3.57. Die GPS-Satelliten auf ihren Bahnen um die Erde

Das Bodenkontrollsystem hat die Aufgabe, jeden Satelliten täglich mit neuen gemessenen (korrigierten) Bahndaten und seiner Uhrzeitabweichung gegenüber der Weltzeit am Boden zu versorgen. Eine Bodenkontrollstation in Colorado Springs, USA, verarbeitet die von vier Monitorstationen (Hawaii, Ascension, Diego Gracia, Kavajalein) gemessenen Entfernungen zu den Satelliten mit Hilfe eines Bahnbestimmungsprogramms. Die daraus berechneten, für den nächsten Tag gültigen Bahnparameter werden zusammen mit der jeweiligen Uhrenabweichung gegenüber UTC über eine Funkverbindung im S-Band in den jeweiligen Speicher der Satelliten geladen, die diesen Speicherinhalt als Navigationsnachricht dem Nutzersignal aufmodulieren.

Die Datenübertragung zwischen einer zentralen Bodenstation, den Satelliten und den Nutzern (Ortungsempfängern) ist in Form von Datenrahmen zu je 1500 Bits organisiert und ist in fünf Unterrahmen zu je 300 Bits unterteilt. Jeder Unterrahmen besteht aus 10 Worten zu 30 Bits und beginnt mit einem Synchronisationswort (100001011 Präambel zur Wortsynchronisation). Das zweite Wort ist das sog. Hand-Over-Word (HOW), aus dem u.a. die Satellitenzeit (Bit 1 bis 17) und die Unterrahmennummer abgelesen werden kann. Der erste Unterrahmen enthält drei Parameter zur Korrektur der Satellitenzeit, der zweite und dritte Unterrahmen enthalten genaue Bahndaten des im Augenblick empfangenen GPS-Satelliten. Der vierte Unterrahmen enthält acht Parameter zur Berechnung der Ausbreitungsverzögerung in der Ionosphäre und Korrekturwerte für die Abweichung der GPS-Zeit (in der Zentrale) gegenüber der Weltzeit (UTC). Die Position des Satelliten zum Zeitpunkt der Aussendung einer Zeitmarke muß mit Hilfe einer Bahnberechnung aus den Navigationsdaten berechnet werden.

Weiterführende Literatur

Bishop, P.G.: *PODS – A Project on Diverse Software*. IEEE Transactions on Software Engineering (9), S. 929-9240, 1986

DIN 40041: *Zuverlässigkeit: Begriffe*.

Fricke, H.; Pierick, K.: *Verkehrssicherung*. Stuttgart: B.G. Teubner Verlag, 1990.

Grams, T.: *Diversitäre Programmierung: kein Allheilmittel*. Informationstechnik (28), S. 196-203, 1986.

Jentzsch, W.; Lotz, A.; Schiwek, L.-W.: *Das Sicherheitsbausteinsystem LOGISAFE*. Signal + Draht (70), S. 275 ff.

Lohmann, H.-J.: *Grundlegende Entwicklung eines monolithischen Schaltkreissystems zum Aufbau von Fail-safe-Schaltwerken*. Dissertation, TU Braunschweig, 1969.

Konakovsky, R.: *Sichere Prozeßdatenverarbeitung mit Mikrorechnern*. München: R. Oldenbourg Verlag, 1988.

Nassi, I.; Shneiderman, B.: *Flowchart Techniques for Structured Programming*. SIGPLAN (8), S. 12-26, 1973.

Nau, H.: *Zeitinformation aus dem Global Positioning System*. DLR-Forschungszentrum Oberpfaffenhofen, 1993.

Schänzer, G.: *Neue Systemkonzepte zur luftgestützten Gravimetrie*. Braunschweig: Technischer Bericht Institut für Flugführung, 1996.

Schildt, G.-H.: *Grundlagen für Vergleicher mit Sicherheitsverantwortung*. Siemens Forschungs- und Entwicklungsberichte, 1980.

Schmitt, K. H.: *Die Automatisierung von Chemieanlagen mit Mitteln der Systemtechnik: Analysen und Trends*. Chem.-Ing.-Techn., 53, 1982, S. 620 ff.

4 Kommunikation zwischen Prozeßrechnern und Peripheriegeräten

Erfolgreiche Kommunikation ist um so leichter,
je genauer die Partner sich selbst
und gegenseitig einschätzen.

Hennenhofer, „Knigge 2000"

Um die Kommunikation zwischen unterschiedlichen Automatisierungssystemen sowohl innerhalb (horizontal) als auch zwischen verschiedenen Ebenen (vertikal) zu ermöglichen, benötigt man leistungsfähige Verteilungsstrukturen unter Zuhilfenahme moderner Kommunikationstechnik. Auf diese Weise werden Aufgaben der Prozeßsteuerung auch noch auf niedrigen Abstraktionsstufen transparent. Im Bereich der Steuerungstechnik verlangen die Prinzipien der Parallelisierung bzw. der Verteilung von Rechenleistung in entsprechend organisierten Mehrrechnersystemen nach einer hierarchischen Strukturierung. Dabei hat sich herausgestellt, daß die Art der Kommunikation von der Implementierung gerätetechnischer Aspekte der Prozeßsteuerung abhängt.

4.1 Das Busprinzip

Protokolle nennt man eine Sammlung von Bemühungen,
welche darauf gerichtet sind,
einen oder mehrere Verträge,
die nicht eingehalten wurden,
in einen anderen Vertrag umzuändern,
welcher den Zweck hat, nicht ausgeführt zu werden.

Alexander v. Villers, „Briefe eines Unbekannten"

Das Prinzip des *Bussystems* besteht darin, daß in der Art einer *Steckdosentechnik* eine einheitliche Schnittstelle definiert wird, um die Kommunikation zwischen dem Prozeßrechner und den peripheren Geräten abzuwickeln. Dazu müssen Vereinbarungen bezüglich mechanischer und elektrischer Eigenschaften der Schnittstelle getroffen werden; weiter ist die logische Abwicklung des Informationsaustausches über die Schnittstelle hinweg festzustellen (*Übertragungsprotokoll*). Zur Gewährleistung der Einheitlichkeit müssen festgelegt werden:

- die *mechanischen* Eigenschaften der Schnittstelle (Arten von Steckkontakten, Abmessungen und Lage von Kabeln usw.),

- die *elektrischen* Kenngrößen (Art der elektrischen Signale, Spannungs- und Stromwerte, usw.), auch als *physikalische* Schnittstelle bezeichnet,

- die *logische* Beschreibung des Informationsaustausches an der Schnittstelle; die Summe aller Regeln für die Abwicklung des Informationsverkehrs heißt *Übertragungsprotokoll*.

Ein Bussystem kann z.B. als *Party-line-System* aufgebaut sein, bei dem an einem linienförmigen Bus sowohl Prozeßrechner PR_1 bis PR_n, Front-End-Prozessoren FEP_1 bis FEP_m sowie Aktuatoren A und Sensoren S angeschlossen sind (Abb. 4.1).

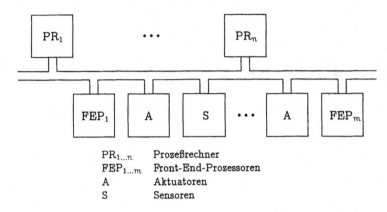

PR₁...ₙ　　　Prozeßrechner
FEP₁...ₘ　　Front-End-Prozessoren
A　　　　　Aktuatoren
S　　　　　Sensoren

Abb. 4.1. Bussystem als Party-line-System

4.1.1　Busstruktur

Ein weites Feld.

Redewendung nach Fontanes „Effi Briest"

Die Informationskapazität eines Bussystems ist beschränkt, da zu einem gewissen Zeitpunkt nur eine Nachricht von einem sendenden Objekt zu einem oder mehreren empfangenden Objekten übertragen werden kann. Die Steuerung des Kommunikationsablaufes auf dem Bus kann entweder von einer zentralen Busverwaltungsinstanz (engl.: *bus controller*) oder von den angeschlossenen Busteilnehmern von Fall zu Fall selbst ausgeübt werden (engl.: *flying master principle*). Somit entscheidet eine verwaltende Instanz über *Buszuteilung* und *Busrückgabe*.

Mit einem *Feldbus* läßt sich der Verwaltungsaufwand bei automatisierten Systemen erheblich senken. Feldbus-Systeme gehören zwar in das umfangreiche Gebiet der industriellen Vernetzung, haben aber eigene spezielle Aufgaben. Wide-Area Networks (WAN) wie etwa das Telefon, Telefax, Datex-P und andere Dienste dienen der Kommunikation sowohl zwischen Zweigstellen eines Unternehmens als auch zwischen verschiedenen Firmen. Local-Area Networks (LAN) hingegen ermöglichen den Datenaustausch innerhalb eines Betriebes (z.B. zwischen der Arbeitsvorbereitung und der Betriebsdatenerfassung oder zwischen einem elektronischen Zeiterfassungssystem und der Personalabteilung).

Feldbussysteme erfüllen spezielle Aufgaben: Sie helfen, den erheblichen Verdrahtungs- und Installationsaufwand moderner Maschinen und Anlagen zu senken. Die technische Bedeutung sowie das damit verbundene Rationalisierungspotential sollen anhand des folgenden Beispiels veranschaulicht werden.

Beispiel 4.1. Pneumatische Antriebselemente. In der Montagetechnik kommt pneumatischen Antriebselementen besondere Bedeutung zu. Dies liegt einerseits an der kostengünstigen, umweltfreundlichen Energiebereitstellung und ist andererseits in der technischen Zuverlässigkeit von pneumatischen Aktuatoren begründet. Pneumatikzylinder bestehen aus einem Kolben, einem Zylinderrohr und den erforderlichen Druckluftanschlüssen, die über mechanische oder elektromagnetische Ventile angesteuert werden. Neben den Zylindern können noch andere pneumatische Aktuatoren wie Greifelemente zum Manipulieren von kleinen/leichten Werkstücken, Druckluftmotoren für hohe Drehzahlen (jedoch stark lastabhängig) und Schwebetische zum Bewegen von schweren Werkstücken nach dem Luftkissenprinzip zum Einsatz kommen. Vielfach wird ein pneumatischer Aktuator mit Hilfe eines Mehrstellungsventils über eine speicherprogrammierbare Steuerung (SPS) angesteuert.

Um nun einen solchen pneumatisch arbeitenden Zylinder an eine SPS anzuschließen, sind etwa 20 elektrische Verbindungen herzustellen (z.B. 26 Verbindungspunkte bei einer SIMATIC S5-Steuerung); für den Anschluß des Pneumatikzylinders an das Mehrstellungsventil sind 5 pneumatische Anschlüsse erforderlich. In vielen Anwendungsfällen werden durchaus (z.B. an einem Druckwerk einer Zeitungs-Offset-Druckmaschine) mehr als 10 solche Zylinder räumlich eng beieinander liegend angesteuert. Würden die Zylinder und die zugehörigen Ventile einzeln verschlaucht und elektrisch verdrahtet, so wären neben den etwa 50 pneumatischen Anschlüssen über 200 elektrische Verbindungen (260) erforderlich. Hinzu kommt noch das vieladrige Steuerkabel vom Maschinenschaltschrank zur SPS im oft mehrere Meter entfernten zentralen Schaltschrank.

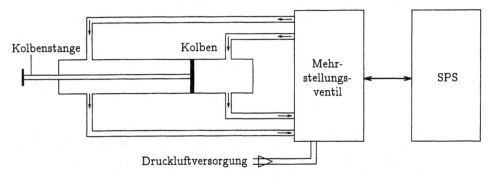

Abb. 4.2. Doppeltwirkender Pneumatikzylinder

Moderne Automatisierungstechnik ermöglicht die Zusammenfassung mehrerer Pneumatikzylinder zu einem Ventilblock, so daß Zu- und Abluft gemeinsam einmal angeschlossen werden können. Zusätzlich wird ein bitparalleles Bussystem (wie bei SPS üblich) in den Ventilblock integriert; die Magnete der Ventile werden elektrisch direkt auf den Bus gesteckt. Dadurch entfällt die Verdrahtung vom Schaltschrank zum Magnetventil.

Um den Verkabelungsaufwand weiter zu reduzieren, werden auf den Busleitungen Anschlüsse für Sensoren vorgesehen, die als Nährungsschalter die Endlagen des Kolbens im Pneumatikzylinder erfassen. Es entfällt somit eine aufwendige parallele Verkabelung vom Schaltschrank bis zur steuernden Maschine/Einrichtung.

Das hierbei erforderliche Bussystem wird allgemein als *Feldbus* bezeichnet. Ziel des Einsatzes von Feldbussystemen ist die Einsparung von Installationskosten und die Reduktion von Installationszeiten. Für die Auswahl eines der Anwendung bestmöglich entsprechenden Feldbussystems können folgende Kriterien gelten:

- Datenübertragungsrate

- Anzahl der Kommunikationspartner

- elektromagnetische Verträglichkeit

- Sicherheit gegenüber Leitungsbruch

- Einsatzfähigkeit unter extremen Umweltbedingungen

- Unterstützung eines offenen Systemkonzeptes

- weitgehende Herstellerunabhängigkeit und kostengünstige Investition

4.1.2 Alarmbehandlung

Goscinny und Uderzo, „Asterix Tour de France"

Abweichend gegenüber herkömmlichen Softwaresystemen muß bei Automatisierungssystemen die Möglichkeit gegeben sein, daß von den peripheren Geräten aus (Aktuatoren und Sensoren) *Alarme* z.B. bei vorgegebenen *Grenzwertüberschreitungen* an das Prozeßrechensystem übertragen werden können, d.h., es muß ein Weg existieren, damit Alarme von den Objekten zurück zum Steuerungssystem übertragen werden können. Eine erste Möglichkeit kann darin bestehen, eine den Teilnehmern entsprechende Anzahl von parallelen Alarmleitungen vorzusehen, wodurch eine individuelle Reaktion auf den jeweiligen Alarm ermöglicht wird. Eine andere Möglichkeit des Systementwurfs besteht darin, mit einer einzigen Alarmleitung auszukommen, wobei jeder Sender seine Kennung als Datum hinzufügt. Die Auswertung solcher Alarme muß dabei so erfolgen, daß gegebenenfalls eine prioritätsbezogene Auswertung der eintreffenden Alarme möglich wird.

Man kann jedoch auch so vorgehen, daß das der Buszentrale am nächsten gelegene Gerät bezüglich einer Alarmierung einem weiter entfernten Gerät gegenüber bevorrechtigt ist (engl.: *daisy chain*).

Beschränkt man sich auf eine gemeinsame Alarmleitung innerhalb des Bussystems, so wird nachfolgend eine zentrale, zyklisch gesteuerte Abfrage erforderlich, um festzustellen, welches Objekt am Bus einen Alarm ausgesandt hat. Diese Art der *Alarmauswertung* findet man beim IEC-Bus sowie beim PDV-Bus.

4.1.3 Übertragungstechnik

Oben wird immer geleitet,
aber unten wird meistens gelitten.

Martin Kessel

Das Übertragungsmedium, also z.B. eine verdrillte 2- oder 4-Drahtleitung, ein Koaxialkabel oder ein Lichtwellenleiter (LWL), bestimmt wesentlich die Bandbreite des Mediums, die Übertragungsrate in Bit/s = Bd und die Übertragungssicherheit.

Ein *verdrilltes Kupferkabel* (engl.: *twisted pair*) stellt eine sehr preiswerte Verkabelungsart bei geringem Material- und Installationsaufwand für die Datenübertragung dar. Allerdings sind bei solchen Übertragungsmedien die erzielbaren Datenübertragungsraten deutlich begrenzt, sie bewegen sich üblicherweise in der Größenordnung von ca. 100 KBd. Eine Abwehrmaßnahme gegenüber elektromagnetischer Störbeeinflussung besteht allein in der Verdrillung, wobei man davon ausgeht, daß sich einwirkende Störfelder durch die Verdrillung wieder aufheben. Die

Fehlerrate bei verdrillten Leitersystemen liegt aber deutlich höher als bei Koaxialleitern, die vollständig geschirmt sind; sie liegt ungefähr bei einer Bitfehlerrate von 10^{-3}. Ein *Koaxialkabel* bietet wegen der zylindrischen Abschirmung die Möglichkeit, bei hohen Datenübertragungsraten Informationen über das Bussystem zu übertragen. Ein Koaxialkabel verursacht wesentlich niedrigere Kosten als ein Lichtwellenleiter. Die Bitfehlerrate ist etwa um den Faktor 1000 geringer als bei verdrillten 2- oder 4-Drahtleitungen.

Der *Lichtwellenleiter* stellt das innovativste Datenübertragungsmedium dar. Die Übertragung von Informationen erfolgt im Lichtwellenleiter optisch. Das Übertragungsverfahren beruht auf dem Prinzip der Totalreflexion von Lichtwellen in einem Glasfaserkabel. Die Bitfehlerrate ist durchschnittlich um den Faktor 1000 geringer als in Koaxialkabeln. Lichtwellenleiter-Netze arbeiten mit hoher Störsicherheit und ermöglichen Datenübertragungsraten von bis zu 10 GBd. Die räumliche Ausdehnung ist praktisch unbegrenzt. Tabelle 4.1 gibt eine Übersicht über die verschiedenen Übertragungsmedien.

Tabelle 4.1. Übertragungsmedien im Vergleich

	Verdrillte Kabel	Koaxialkabel	Lichtwellenleiter
Topologie	Stern, Ring, Baum, Bus	Ring, Baum, Bus	Ring, Stern
Datensicherheit	gering	gut	sehr gut
Datenübertragungsrate	100 KBd	10 MBd	10 GBd
räumliche Ausdehnung mit Verstärker	25 km	(1–25) km	prakt. unbegrenzt
Kosten	gering	hoch	sehr hoch

Bei der *Basisbandübertragung* wird das zu übertragende Signal auf der gesamten Bandbreite des Übertragungsmediums gesendet. Jedem Teilnehmer wird im *Zeitmultiplexverfahren* ein gewisses Zeitintervall zugewiesen, in dem er seine Nachricht oder seine Nachrichtenpakete nacheinander über den Nachrichtenkanal an den entsprechenden Teilnehmer versenden darf. Dabei können analoge und digitale Signale übertragen werden. Diese Technologie ist relativ preisgünstig bei Installation und Wartung.

Bei der *Breitbandübertragung* wird der gesamte zur Verfügung stehende Frequenzbereich in eine entsprechende Anzahl von Unterkanälen im *Frequenzmultiplexverfahren* aufgeteilt. Dabei ist jeder dieser Unterkanäle in der Lage, unabhängig von anderen Unterkanälen Signale zu übertragen.

4.1.4 Zugriffsverfahren

> *Das Zugreifen ist doch der*
> *natürlichste Trieb beim Menschen.*
>
> Johann Wolfgang Goethe, „Die Leiden des jungen Werthers"

Abhängig von der Topologie des vernetzten Automatisierungssystems (*Stern-, Ring-, Bus- oder Baumstruktur*) sind entsprechende Zugriffsverfahren (engl.: *media access control*) erforderlich. Bei diesen Zugriffsverfahren unterscheidet man zwischen *statistischen* und *deterministischen* Verfahren. Bei statistischen Verfahren ist ein asynchroner, wahlfreier Zugang (engl.: *random access*) zum Übertragungsmedium möglich, bei deterministischen Verfahren wird der Zugang zum Übertragungsmedium nach eigenen Algorithmen geregelt.

4.1.4.1   Carrier Sense Multiple Access (CSMA)

Will eine Station in einem vernetzten System auf das Übertragungsmedium zugreifen, muß es am Übertragungskanal horchen, ob dieser frei ist. Ist dies der Fall, so kann die Station unmittelbar mit der Übertragung beginnen. Sendet bereits eine andere Station auf dem Nachrichtenkanal, so zieht sich die sendewillige Station für eine gewisse Zeit zurück, um dann einen erneuten Versuch zur Sendung zu unternehmen. Zur Abwicklung dieses Verfahrens wurden verschiedene Algorithmen implementiert.

Ist gerade eine Station im Besitz der Ressource *Übertragungskanal*, und es beginnt zu dieser Zeit eine andere Station mit einer Sendung auf dem Übertragungskanal, so entsteht eine *Kollision*. Beginnen Stationen stochastisch mit ihren Sendungen, so kann es durch die zufallsbedingte Verschiebung des jeweiligen Übertragungsbeginns zu einer mehr oder weniger kollisionsfreien Nutzung des Nachrichtenkanals kommen. Eine weitere Möglichkeit zur Koordinierung des Sendebetriebs besteht darin, daß ständig alle Stationen horchen, ob der Nachrichtenkanal frei ist; dann jedoch können mehrere Stationen bei zunächst freiem Nachrichtenkanal kollidieren.

4.1.4.2   CSMA with Collision Detection (CSMA/CD)

Das Zugriffsverfahren CSMA/CD wurde entwickelt, um den Nachteil des einfachen Verfahrens CSMA betreffend Kollisionen und damit zerstörter Nachrichten zu beseitigen und zu einer ungestörten Nachrichtenübertragung zu kommen. Dabei verfolgt eine sendewillige Station den Nachrichtenverkehr auf dem Übertragungskanal nach folgenden Regeln:

- Wird eine Kollision erkannt, so sendet die erkennende Station ein Störsignal aus, um alle übrigen Stationen von der erkannten Kollision zu unterrichten, und bricht darauf die eigene Sendung ab;

- nach der Aussendung dieses Störsignals pausiert die betreffende Station eine zufällige Zeitspanne, um daraufhin die Sendung zu wiederholen.

4.1.4.3   Token-Passing-Verfahren

Beim *Token-Passing-Verfahren* wird die Kommunikation zwischen mehreren Stationen an einem Nachrichtenkanal dadurch geregelt, daß ein sog. *Token* von einer Station an eine andere im Netzwerk übergeben wird. Jeweils die Station, die im Besitz des Tokens ist, hat die Erlaubnis, eine Nachricht auf den Nachrichtenkanal zu senden. Der Versender einer Nachricht kann somit sicher sein, daß seine Sendung störungsfrei (weil kollisionsfrei) beim Empfänger ankommt. Dieser Token wird im Netzwerk durch ein spezielles Bitmuster realisiert, den sog. *Frei-Token*. Eine sendewillige Station nimmt den Frei-Token vom Nachrichtenkanal auf, wandelt ihn durch Veränderung des Bitmusters in einen *Besetzt-Token* um und schickt die Nachricht. Diese Nachricht kommt beim Empfänger an, der eine Quittung zurück an den Absender schickt. Dabei gibt der Empfänger den Token im Netzwerk wieder frei, indem er das Bitmuster zurückwandelt vom Besetzt- zum Frei-Token. Eine andere Station kann sich nun des Frei-Tokens bedienen, um ihrerseits eine Nachricht über das Netzwerk zu versenden.

Dieses Token-Passing-Verfahren erlaubt damit allen Stationen gleichberechtigt die Nutzung der Ressource *Datenübertragungsmedium*, allerdings steigt mit steigender Stationsanzahl auch die Umlaufzeit im Netzwerk, bis alle Stationen einmal eine Nachricht versenden können. Allerdings ist dieses Verfahren relativ komplex, da eine Reihe von Maßnahmen z.B. für die Überwachung der Tokenweitergabe oder der Reinitialisierung nach Tokenverlust erforderlich sind.

4.1.4.4 Slot-Ring-Verfahren

Der Nachrichtenkanal ist für alle Teilnehmer (Stationen) als *Zeitmultiplexsystem* organisiert. Dabei wird die Zeitachse in sog. *Slots* (Zeitschlitze) gleicher Länge eingeteilt. Zum Beginn eines jeden Zeitschlitzes zeigt ein Token an, ob der Slot frei ist. Ist der Slot frei, kann ein Teilnehmer eine Nachricht begrenzter Länge in den Slot legen und damit auf dem Nachrichtenkanal versenden. Damit können alle Teilnehmer quasi parallel Nachrichten auf dem Nachrichtenkanal versenden, nachteilig ist nur, daß größere Datenpakete damit zwangsläufig gestückelt werden müssen und andererseits bei niedrigem Kommunikationsbedarf das gesamte Kommunikationssystem nicht optimal ausgelastet ist. Darüber hinaus ist die Anzahl der Teilnehmer festgelegt, eine Erhöhung der Stationsanzahl bedingt entweder eine Verkleinerung der Slots bei gleicher *Periodendauer* oder bei gleichbleibender Slot-Größe eine Vergrößerung der Periodendauer. Dafür arbeitet das Slot-Ring-Verfahren definitionsgemäß kollisionsfrei.

4.1.4.5 Deterministic Ethernet

Besonders für Automatisierungssysteme, die elektromagnetischer Störbeeinflussung unterliegen, ist es von besonderer Bedeutung, den Kommunikationsablauf auf einem Token-Passing LAN *vorhersagbar* zu machen. Das Verfahren *Deterministic Ethernet* wurde federführend vom Forschungszentrum INRIA, Frankreich, entwickelt. Es beruht darauf, daß auftretende Kollisionen mit Hilfe eines *Entscheidungsbaumes* so gelöst werden, daß die Auflösung von Konflikten innerhalb vorgegebener Zeiten garantiert werden kann. Das *Deterministic Ethernet Protokoll* stellt eine Modifikation des IEEE-Standards 802.3 als IEEE 802.3 D dar. Der angehängte Buchstabe D weist auf den deterministischen Kommunikationsablauf hin.

Die Eigenschaft des Determinismus bedeutet bei der digitalen Kommunikation in vernetzten Systemen die Garantie, daß alle Nachrichten, die in eine Kollision verwickelt sind, in vordefinierter, endlicher Zeit beim Empfänger eintreffen. Das 802.3 D Protokoll

- ist voll kompatibel zum IEEE-Standard 802.3,

- ist unabhängig vom benutzten Datenübertragungsmedium,

- garantiert Grenzwerte für Verzögerungen bei der Auflösung von Kollisionen,

- entspricht den Eigenschaften des IEEE-Standards 802.3 hinsichtlich Flexibilität und Robustheit,

- bewirkt effiziente Konfliktauflösung bei unterschiedlichen Mischungsgraden von *periodischen* und *nichtperiodischen* Datenpaketen.

Das *Deterministic Ethernet Protokoll* benutzt einen *Suchbaum*, um Kollisionen innerhalb endlicher, vorgegebener Zeit aufzulösen. Dieser Typ von Algorithmus ist optimal, wenn man nichts über das Datenverkehraufkommen weiß bzw. nicht weiß, wieviele der zu versendenden Datenpakete in Kollisionen verwickelt sein werden.

4.1.5 Standards bei Kommunikationssystemen

Man kann sich auch an offenen Türen den Kopf einrennen.

Erich Kästner, „Kurz und bündig"

Basis der Standardisierung digitaler Kommunikationssysteme ist das OSI-Referenzmodell. Dieses Modell gliedert den Kommunikationsablauf in insgesamt sieben Schichten (sog. *layers*). Zu jeder

Schicht gehört eine genaue Beschreibung ihrer Funktionalität sowie der Schnittstellen zu den benachbarten Layern, diese Beschreibung wird als *Kommunikationsprotokoll* bezeichnet. In den letzten Jahren wurden verstärkt Bemühungen unternommen, die einzelnen Schichten zu standardisieren. Ein besonders bekannter Standard wurde von der Arbeitsgruppe 802 des Institute of Electrical and Electronic Engineers (IEEE) formuliert, der auch von der ISO sowie DIN übernommen wurde. So beschreibt z.B. der Standard 802.3 das Ethernet-Protokoll (IEEE 802.3) für einen Nachrichtenkanal als Koaxialkabel oder auch als verdrillte Kupferleitung für ein Bussystem mit CSMA/CD. Weiter beschreibt der Standard IEEE 802.4 den Kommunikationsablauf für Koaxial- oder Glasfaserkabel als Token-Bus, IEEE 802.5 regelt den Kommunikationsablauf für Koaxial- oder Glasfaserkabel in ringförmiger Topologie. Tabelle 4.2 gibt einen Überblick über Standards in digitalen Kommunikationssystemen.

Tabelle 4.2. Standards für digitale Kommunikationssysteme

OSI	Funktion des Layers	IEEE ISO/DIN	ANSI	MAP	MINI-MAP	TOP	TCP/IP	MAN
7	Anwendung	ISO 8571 ISO 8649 ISO 8650	-	MMS IS 9506 ISO ACSE	MMS	ISO FT VT MH DI ISO ACSE	TFTP FTP TELNET SMIP	-
6	Darstellung	ISO 8822 ISO 8823	-	ISO Presentation	-	ISO Presentation		-
5	Kommunikationssteuerung	ISO 8326 ISO 8327	-	ISO Presentation	-	ISO Session		-
4	Transport	ISO 8072 ISO 8073 ISO 8602	-	ISO Transport 8073	-	ISO Transport 8073	TCP	-
3	Vermittlung	ISO 8348 ISO 8202	ANSI X3T9.5	ISO Internet 8473	-	ISO Internet 8473	IP	IEEE 802.6 MAN
2	Verbindung und Sicherung	ISO 8802	FDDI	ISO Link IEEE 802.2	-	ISO Link IEEE 802.2	ISO Link IEEE 802.2	
1	Bit-Übertragung	ISO 8802	Token Ring	ISO IEEE 802.4/7	-	ISO IEEE 802.3	ISO IEEE 802.3	

IEEE	Institute of Electrical and Electronic Engineers
ISO	International Standardization Organization
DIN	Deutsches Institut für Normung
ANSI	American National Standards Institute
MAP	Manufacturing Automation Protocol
MINI-MAP	reduziertes MAP aus Laufzeit- und Verarbeitungsgründen
TOP	Technical and Office Protocol
TCP/IP	Transmission Control Protocol/Internet Protocol
MAN	Metropolitan Area Network

Für Automatisierungssysteme ist das von General Motors seit 1980 entwickelte, herstellerunabhängige *Manufacturing Automation Protocol* (MAP) von besonderer Bedeutung. Für dieses Protokoll liefern inzwischen zahlreiche Unternehmen kompatible Systeme. Das MAP-Protokoll unterstützt einen Token-Bus mit Breitbandübertragung.

4.2   Bussysteme

> *Weiber fragen so viel nach Sentenzen,*
> *weil sie kein System haben.*
>
> Jean Paul

Bei Automatisierungssystemen und besonders auf dem Gebiet der Fertigungsautomation trifft man auf hierarchisch organisierte Bussysteme. Für die verschiedenen Ebenen einer Busstruktur werden verschiedene Protokolle eingesetzt.

Abbildung 4.3 zeigt eine solche hierarchische Busstruktur, die sich an den verschiedenen Leitebenen orientiert.

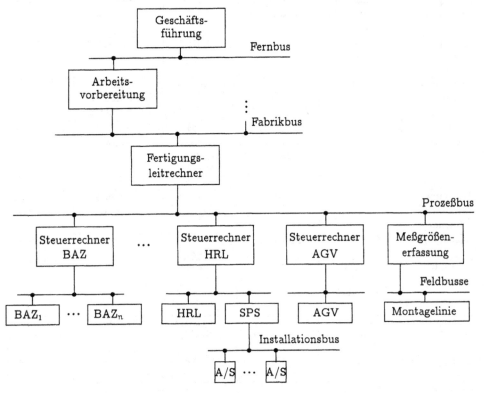

BAZ$_{1...n}$	Bearbeitungszentren (bohren, drehen, fräsen)
HRL	Hochregallager
AGV	Automatic Guided Vehicle (autom. Flurförderfahrzeug)
A/S	Aktuatoren und Sensoren
SPS	Speicherprogrammierbare Steuerung

Abb. 4.3. Hierarchisches Bussystem zur Fertigungsautomation

Bei Automatisierungssystemen trifft man verschiedene Arten von Bussystemen an. Diese sind: Fernbus (z.B. ISDN = Integrated Service Digital Network), Fabrikbus, Prozeßbus, Feldbus/Meßgeräte-, Laborbus und Installationsbus.

Tabelle 4.3 gibt eine Übersicht über verschiedene Bussysteme, bewertet nach Kriterien wie Einsatzgebiet, räumliche Ausdehnung, Übertragungsmedium, Datenübertragungsrate.

Tabelle 4.3. Übersicht über Bussysteme

Busname	PDV-Bus	PROFIBUS	FIELDBUS	INTERBUS S	SERCOS
Standards Normen	DIN 19241	IEC 955 DIN 19245 (Schicht 1,2,7)	ISODIS 8802 (Schicht 1,2,7)	DIN 19258 (Schicht 1,2,7)	-
Einsatzgebiet	Leitebene Feldebene	Leitebene Feldebene	Feldebene	Feldebene CNC-Maschinen	Feldebene Werkzeugm.
Räumliche Ausdehnung	3000 m	200–800 m	1500 m	400–1200 m	20–40 m
Übertragungs-medium	2-Drahtleitung 4-Drahtleitung Koaxialkabel	RS 485 Twisted Pair	Twisted Pair	RS 485 Twisted Pair	Lichtwellen-leiter
Übertragungs-rate	50 Bd bis 1 MBd	500 KBd	38.4 KBd	300 KBd	2 MBd
Teilnehmer-zahl	256	32	30	256 I/O-Module an 64 Knoten	8
Update	10 ms, 27 ms	(10–20) ms	10 ms	(1.2–1.7) ms	(0.25–5.20) ms
Zugriff	zentral	zentral dezentral (Token)	zentral dezentral (Token)	zentral	zentral

Busname	CAN	ABUS	IEC-Bus	DIN-Meßbus	VME-Bus
Standards Normen	ISO 11898	-	IEEE 0488	DIN 66348 Schicht 1,2	IEEE 1014
Einsatzgebiet	Feldebene	Feldebene	Feldebene (Labor)	Feldebene (Labor)	Feldebene
Räumliche Ausdehnung	40 m bei 1 MBd 400 m bei 100 KBd	30 m	ca. 20 m	ca. 500 m	ca. 1200 m
Übertragungs-medium	keine Festlegung	keine Festlegung	geschirmte Busleitungen	4-Drahtleitung RS 485 (Vollduplex)	geschirmte Busleitungen
Übertragungs-rate	1 MBd	500 KBd	1 MBd	1 MBd	(20–30) MBd
Teilnehmer-zahl	32 je RS 485 Segment	32	15	31 Slaves + 1 Master	250
Update	(6.4-10.8) ms	(4.8–6.8) ms	-	ca. 200 ms	-
Zugriff	zentral dezentral	zentral dezentral	zentral	zentral	nicht gemultiplext synchron

4.2.1 IEC-Bus

Für einfache Meßaufgaben ist von namhaften Geräteherstellern ein universell einsetzbarer Meß-gerätebus entsprechend dem IEEE-Standard 0488 entwickelt worden. Ein automatisches Meß-system besteht im einfachsten Fall aus einem *Sender* (z.B. ein Digitalvoltmeter) und einem *Empfänger* (z.B. ein Drucker). Der Druckbefehl wird nach der IEC-Bus-Norm durch das Signal

DAV = log. 1 (DAV = data valid) eingeleitet und durch das Signal DAC = log. 1 (DAC = data accepted) quittiert. Die Abkürzung IEC bedeutet International Electrotechnical Commission. Entsprechend Abb. 4.4 können an den IEC-Bus verschiedene Geräte angeschlossen werden: Man unterscheidet Geräte,

- die nur *Sprecherfunktion* haben (sie nehmen Signale von Sensoren auf und geben Meldungen über eine Prozeßzustandsgröße auf den Bus aus),

- die nur *Hörerfunktion* haben (sie übernehmen Telegramme vom Bus und leiten sie weiter an die Aktuatoren zur Beeinflussung einer Prozeßzustandsgröße),

- die sowohl *Hörer-* als auch *Sprecherfunktion* haben (z.B. ein Front-End-Prozessor),

- die sowohl *Hörer-* und *Sprecherfunktion* als auch *Steuerfunktion* für die Abwicklung der Kommunikation auf dem Bus haben (engl. *controller*).

Die Busleitungen sind in drei Gruppen einzuteilen:

- Daten-/Adreßbus (8 Bit breit)

- Übergabesteuerbus (3 Bit breit) mit Signalen DAV, NRFD und NDAC

- Schnittstellenbus (5 Bit breit) mit den Signalen ATN, IFC, SQR, REN und EOI

Die 8 Leitungen des Daten-/Adreßbusses werden im Zeitmultiplexverfahren nacheinander mit Geräteadressen und Nutzdaten belegt. Der logische Zustand der ATN-Leitung entscheidet, ob die auf dem Daten-/Adreßbus übertragene Nachricht eine Geräteadresse oder Nutzdaten sind:

$$\text{ATN} = \begin{cases} \text{L (low):} & \text{Übertragung von Geräteadressen} \\ \text{H (high):} & \text{Datenübertragung angewählter Geräte} \end{cases}$$

Mit den Signalen auf dem Übergabesteuerbus wird ein Drei-Draht-Quittierungsverfahren (engl.: *handshake*) abgewickelt. Dabei bedeuten die Signale

DAV *data valid*: angelieferte Daten sind gültig.

RFD *ready for data*: Empfänger ist empfangsbereit.

DAC *data accepted*: Empfänger hat Daten empfangen und kann keine weiteren Daten aufnehmen.

In Abb. 4.4 sind statt der Signale RFD und DAC die negierten Signale aus gerätetechnischen Gründen als NRFD und NDAC eingetragen. Der Schnittstellenbus umfaßt 5 Leitungen mit den Signalen:

ATN *attention*: Steuersignal für den Daten-/Adreßbus

IFC *interface clear*: das vom Steuergerät gesendete Signal bringt alle angeschlossenen Geräte in Grundstellung (z.B. nach Netzeinschaltung)

SRQ *service request*: Bedienungsanforderung eines angeschlossenen Gerätes an das Steuergerät

REN *remote only*: mit dieser Variable sperrt das Steuergerät die Bedienung der angeschlossenen Geräte von deren Frontplatte aus; es ist nur Fernbedienung über den IEC-Bus möglich

EOI *end or identify*: Ende einer Blockübertragung

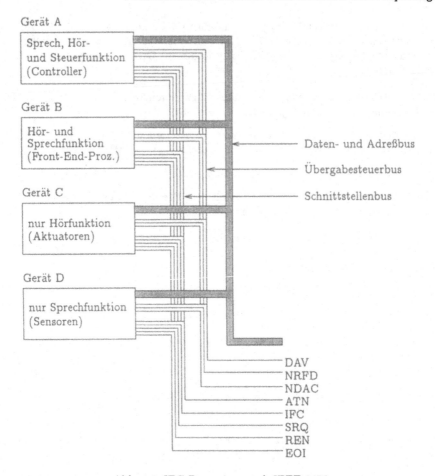

Abb. 4.4. IEC-Bussystem nach IEEE 0488

Handshake-Verfahren. Die Signale des Übergabesteuerbusses DAV, NRFD und NDAC wickeln den Kommunikationsablauf zwischen einem sendenden und einem empfangenden Gerät ab. Diese Abwicklung stellt die Synchronisation zweier paralleler Prozesse dar.

Die Eigenschaften des IEC-Busses lassen sich wie folgt zusammenfassen:

- Verwendung des ISO-7-Bit-Codes für die Adressen,

- die Datenworte dürfen beliebig codiert sein,

- zu irgendeiner Zeit darf immer nur ein Gerät senden,

- es darf immer nur ein Gerät senden, es können mehrere Geräte empfangen,

- Übertragungsgeschwindigkeit (250.000 ... 500.000) Byte/s,

- Übertragungslänge $\leq$ 20 m (nur für Laboraufbau geeignet),

- Treiber- und Empfängerschaltungen arbeiten mit TTL-Pegeln.

4.2.2 VME-Bus

Die Entwicklung des VME-Bus reicht in die 80er Jahre zurück. Ab 1979 war der Motorola-Prozessor 68000 in den USA neu auf den Markt gekommen. Er war damals der schnellste und leistungsfähigste Mikroprozessor mit 10^6 Befehlen/Sekunde und einem Adreßbereich für den Speicher von 16 MByte. Die damals verfügbaren Bussysteme zum Aufbau eines Multi-Mikroprozessor-Systems waren entweder wegen ihrer zu geringen Adreßbreite oder einer zu geringen Datenübertragungsrate für den damals neuen Mikroprozessor 68000 nicht geeignet. Eines der vorhandenen Bussysteme wäre damit zum *Flaschenhals* eines Multi-Mikroprozessor-Systems geworden. Daher waren die Entwickler des 68000-Prozessors gezwungen, ein neues flexibles und schnelles Bussystem entwerfen. Natürlich orientierte man sich dabei an den Erfordernissen des 68000-Prozessors. Es entstand 1981 eine erste Version als sog. VME-Bus, wobei die Abkürzung VME für v*ersatile* m*odule* e*urope* steht (engl.: *versatile* = vielfältig). Der VME-Bus fand am Markt eine solche Verbreitung, daß dieses Bussystem schließlich 1984 durch IEEE und IEC standardisiert wurde (IEEE 1014).

Der VME-Bus weist folgende Leistungsmerkmale auf:

- nicht gemultiplexter, asynchroner Datentransfer

- theoretische maximale Datenübertragungsrate von 57 MByte/s (die realen Werte für die Datenübertragung liegen zwischen 20 ... 30 MBytes/s wegen der erforderlichen Bustreiber)

- mehrprozessorfähig

- sieben priorisierte Interruptebenen

- vier priorisierte Busanforderungsebenen

- Unterstützung sehr schneller Fehlererkennungen

- vier GByte Adreßbereich

- maximal 250 Teilnehmer

- $l_{max} = 1200$ m (gilt nicht für den VSB- und VMS-Bus)

Das VME-Bussystem hat folgende Struktur:

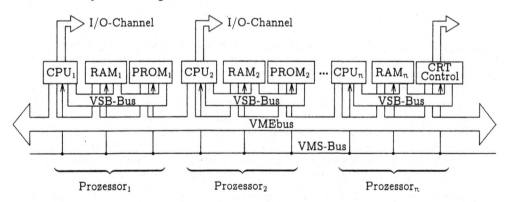

Abb. 4.5. Struktur des VME-Bussystems

Um den VME-Bus vor Überlastungen zu schützen, wurden zwei zusätzliche Subbussysteme eingeführt:

- schneller, paralleler **VME-Sub-Bus (VSB)** für die Kommunikation innerhalb eines Mikroprozessors, ohne dafür den *globalen* VME-Bus in Anspruch nehmen zu müssen (ein solches Subbussystem benötigt man, wenn man auf einer Master-Platine nicht alle erforderlichen Komponenten unterbringen kann).

- Serieller Zweidrahtbus (VMS-Bus); er dient zum Datenaustausch mit 3.2 MBit/s zwischen einzelnen Baugruppen auf Entfernungen bis zu 10 m.

Wesentlich hat zur Verbreitung des VME-Busses beigetragen, daß für dessen Nutzung keine Lizenzgebühren zu entrichten waren. Beim VME-Bussystem unterscheidet man drei Komponenten bezüglich der Kommunikation und Ablaufsteuerung auf dem Bussystem:

1. Master (M)

2. Slave (S)

3. Controller (C) (sog. *Bus-Controller*)

Abbildung 4.6 zeigt als Beispiel eine mögliche Anordnung von Komponenten am Bussystem.

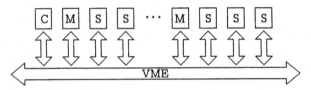

Abb. 4.6. Anordnung der Komponenten: Controller (C), Master (M) und Slave (S)

Hinsichtlich der Kommunikation ist festgelegt, daß ein Master den Zugriff auf den VME-Bus anfordern kann und dabei die Richtung des Datenflusses (von M → S oder von S → M) festlegt. Master-Komponenten können z.B. sein:

- CPU-Karten

- DMA-Controller

- „intelligente" Peripherieboards

Eine Slave-Komponente wird vom Master angesprochen und wird nur aufgrund einer Anforderung durch einen Master aktiv. Allerdings besteht eine Ausnahme: Eine Slave-Komponente kann von selbst aktiv werden, wenn eine entsprechende Interruptanforderung auftritt. Würde die Aktivität eines Slaves nicht innerhalb einer vorgegebenen Zeit quittiert oder sogar niemals beendet, so könnte auch der zugehörige Master den begonnenen Bus-Zyklus beenden, das Gesamtsystem würde sich „aufhängen". Im 68000-Mikroprozessor wurde daher eine *watch-dog function* in Form eines *bus timers* realisiert. Nach Ablauf einer vorgegebenen Zeit und Ausbleiben der Fertigmeldung eines Slaves wird dann ein *Busfehlersignal* aktiviert. Sind mehrere Master an einem VME-Bus angeschlossen, so wird eine *Schiedsrichter-Instanz* (engl.: *arbiter*) erforderlich, die über die Buszuteilung entscheidet. Diese ist auf dem Controller untergebracht.

Betrachtet man den VME-Bus selbst (abgesehen von seinen Subbussystemen), so stellt er eine logische Zusammenfassung von vier Einzelbussystemen dar:

- Daten-Transfer-Bus (DTB)

- Interrupt-Bus (IB)

- Arbitration-Bus (AB)

- Utility-Bus (UT)

Der *Daten-Transfer-Bus* hat eine theoretische maximale Datenübertragungsrate von 57 MByte/s; die Treiberstufen, die auf dem VME-Bus Datensignale senden, bewirken jedoch Verzögerungen, so daß sich praktische Werte der Datenübertragungsrate zwischen (24 ... 30) MByte/s ergeben. Der Daten-Transfer-Bus selbst kann in Adressierleitungen, Datenleitungen und Steuerleitungen unterteilt werden.

Mit Hilfe des *Interrupt-Bus-Systems* kann in Echtzeitsystemen auf asynchron auftretende Ereignisse (engl.: *events*) schnell reagiert werden. Hierbei handelt es sich um einen speziellen Subbus, den sog. *prioritätsgesteuerten Interrupt-Bus*. Auftretenden Interrupts können insgesamt sieben Prioritätsstufen zugeordnet werden, wobei *sieben* die höchste Priorität ist. Die Interrupt-Behandlung wird durch folgende Anweisungen unterstützt:

- Interrupt-Request (IRQ 1 ... 7)

- Interrupt-Acknowledge (IACK)

- Interrupt-Service (ISR)

Der *Arbitration-Bus* unterstützt die Buszuteilung gegenüber den VME-Bus anfordernden Master-Komponenten. Die Leistungsfähigkeit eines Busses wird zwar von der Taktrate bestimmt, mit der Daten auf dem Bussystem übertragen werden können, darüber hinaus ist aber die sich ergebende Datendurchsatzrate für die Leistungsfähigkeit eines Bussystems entscheidend. Existieren nämlich mehrere Master-Komponenten, von denen aber nur eine den Bus beanspruchen kann, wird eine gesonderte Buszuteilung erforderlich (engl.: *bus arbitration*). Fordert ein Master den Bus an, so tritt er zunächst einmal an den nur einmal im System vorhandenen *Arbiter* heran. Dieser muß über die Buszuteilung entscheiden. Dazu stehen vier verschiedene Prioritätsebenen (0 bis 3) zur Verfügung. Der Anwender des VME-Bussystems kann unter den folgenden Buszuteilungsmethoden auswählen.

- Priority (PRI); die anfordernden Master werden den Prioritätsebenen 0 bis 3 zugeordnet (Ebene 3 = höchste Priorität). Bei mehreren Mastern in der gleichen Prioritätsebene wird eine Entscheidung über die Reihung der Anforderungen in der gleichen Ebene durch geographische Priorisierung getroffen (d.h., hardwaremäßig abhängig vom Steckplatz des VME-Bussystems, an dem sich die Master-Komponenten befinden; engl.: *daisy chain*).

- Round-Robin-Scheduling (RRS); jedem Master wird für eine bestimmte Zeitscheibe (engl.: *time slice*) der VME-Bus zugeteilt. Nach Ablauf der Zeitscheibe wird der Bus einem anderen Master zugeteilt.

- Ereignisbezogene Reihung der Anforderungen; diese Methode erlaubt einem Server, über den Ausgang einer Entscheidung zu bestimmen, sofern er eine Mehrheit hierfür erkennt.

Hat ein Master seine Kommunikation über das Bussystem abgewickelt, so gibt es zwei unterschiedliche Möglichkeiten, das Bussystem wieder freizugeben:

RWD *release when done*: der Master behält den Bus so lange zugeordnet, bis die Kommunikation abgeschlossen ist; dann wird der Bus an die Verwaltung (Controller) zurückgegeben.

ROR *release on request*: ein Master behält das Bussystem so lange für sich zugeteilt, bis durch einen anderen Master eine Bus-System-Anforderung getätigt wird.

Der *Utility-Bus* umfaßt eine Reihe von Hilfsfunktionen. Auf einer Leitung des Busses findet man Signale zur Systeminitialisierung, auf einer anderen Leitung das 16 MHz-Taktsignal (genannt SYSCLK, *system clock*). Eine weitere Leitung des Utility-Bus-Systems enthält das Taktsignal für den seriellen VMS-Subbus. Weitere zwei Leitungen führen das ACFAIL-Signal (engl.: *alternate current failure*) bei Netzausfall, der durch einen *power monitor* detektiert wird, und das SYSRESET-Signal für ein geordnetes Abschalten des VME-Bus-Systems.

4.2.3 ASi-Bus

Will man „nur" binäre Elemente digital und kostengünstig vernetzen, so bietet sich hierfür das *Aktuator-Sensor-Interface* (ASi) an. Die Entwicklung des ASi-Bussystems wurde von namhaften Steuerungsherstellern in Zusammenarbeit mit Hochschulen betrieben und verspricht zu einem internationalen Standard zu werden, da die beteiligten Unternehmen insgesamt marktführend auf dem Weltmarkt für Steuerungstechnik sind. Der Systementwurf ist jedoch offen konzipiert worden, so daß jedes Unternehmen selbst ASi-Produkte herstellen und anwenden kann. Das entscheidende Bauelement, der ASi-Chip, ist am Markt frei verfügbar.

4.2.3.1 ASi-Konzept

Zwischen der Sensor-/Aktuatorebene und der untersten Steuerungsebene der speicherprogrammierbaren Steuerung besteht in den meisten technischen Anlagen heute noch eine aufwendige Parallelverdrahtung als Sternstruktur (Abb. 4.7).

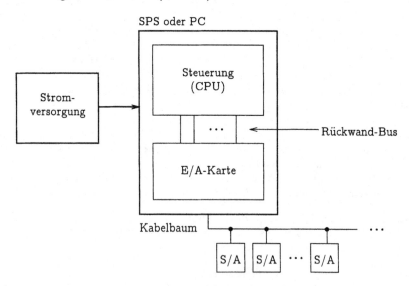

Abb. 4.7. Automatisierung mit Kabelbaum

Diese Verdrahtung wurde bisher in der Prozeßebene in Form eines *Kabelbaums* realisiert. Ziel der ASi-Entwicklung war es, aufwendige Kabelbäume durch ein kabelsparendes Sammelleitungssystem bei gleichzeitiger Funktionserweiterung zu ersetzen, zumal der Einsatz von Mikrorechnern als Front-End-Prozessoren in Sensoren/Aktuatoren zu einer quasi intelligenten Peripherie geführt hat. Das ASi-System ist somit nichts anderes als ein Interface zwischen Sensoren/Aktuatoren und einer Rechnersteuerung (z.B. einer SPS). ASi ist damit kein weiterer Feldbus, sondern muß unterhalb der Feldbusebene eingeordnet werden. Kernstück des ASi-Systems ist ein Slave-Chip, mit dem die Sensoren und Aktuatoren an eine ASi-Sammelleitung angekoppelt werden. Auf der Sammelleitung, die gleichzeitig der Informationsübertragung sowie der Stromversorgung aller Knoten dient, herrscht zyklischer Telegrammverkehr. Abbildung 4.8 zeigt eine ASi-Busstruktur.

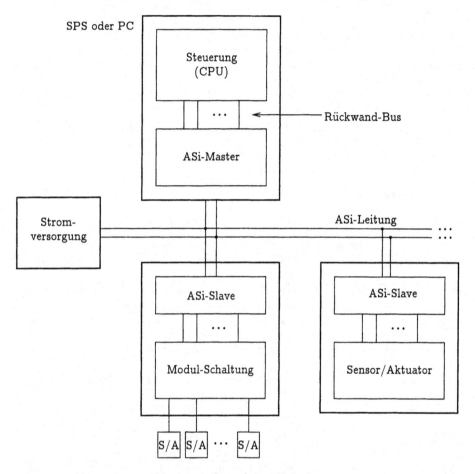

Abb. 4.8. Aufbau eines ASi-Systems

Ein ASi-System besteht aus folgenden Komponenten:

- *ASi-Leitung* als ungeschirmte Zweidrahtleitung zur gleichzeitigen Übertragung von Signalen und Versorgungsenergie für Sensoren/Aktuatoren

- *ASi-Master*, der den Datenverkehr auf der ASi-Leitung selbständig organisiert, als Koppeleinheit zu einem übergeordneten Feldbussystem

- *ASi-Slave* als Koppeleinheit zu Sensoren/Aktuatoren an die ASi-Leitung mit Hilfe eines ASi-Slave-Chips

- *Stromversorgung* als Netzgerät zur Einspeisung in die ASi-Leitung

- weitere ASi-Komponenten wie Repeater zur Leitungsverlängerung, Adressier- und Servicegeräte

An einer Prozeßrechnersteuerung, die als Industrie-PC, oder aber als SPS ausgeführt sein kann, wird über eine Schnittstelle ein ASi-Master angeschlossen, der mit einer Zweidrahtleitung als sog. ASi-Leitung verbunden ist. Diese Zweidrahtleitung ist wechselstrommäßig von der Stromversorgung entkoppelt, so daß alle Knoten eines ASi-Systems mit Strom versorgt werden. An die ASi-Leitung können nun Knoten angeschlossen werden, die jeweils einen ASi-Slave-Chip enthalten; entweder ist der ASi-Slave-Chip mit einem Modul verbunden, an dem wiederum Sensoren und Aktuatoren angeschlossen sind, oder aber ein ASi-Slave-Chip ist direkt mit einem Sensor/Aktuator zusammengeschaltet. Die erste Variante dient dazu, universell ein ASi-Slave-Chip mittels eines Moduls mit beliebigen Sensoren/Aktuatoren zusammenschalten zu können, so daß der Anwender nicht auf ASi-kompatible Sensoren/Aktuatoren warten muß, während die zweite Variante für spezielle ASi-Sensoren oder ASi-Aktuatoren geeignet ist.

Für den Anwender ist von besonderem Interesse, daß er weder am Master noch am Slave irgendwelche Programmierarbeiten durchzuführen hat; er kann das ASi-System weiterhin wie einen Kabelbaum mit erweitertem Funktionsumfang behandeln.

4.2.3.2   ASi-Systemdaten

Tabelle 4.4 gibt eine Übersicht über die Systemeigenschaften des ASi-Bussystems.

Tabelle 4.4. Eigenschaften des ASi-Bussystems

Netzstruktur	Linien- und Baumstruktur wie bei der Elektroinstallation eines Kabelbaumes
Übertragungsmedium	ungeschirmte Zweidrahtleitung gleichzeitig für Datenübertragung und Stromversorgung
Leitungslänge	maximal 100 m; der Einsatz von Repeatern ist möglich
Zahl der Slaves	maximal 31 Slaves pro Strang
Anzahl anschließbarer Sensoren und Aktuatoren	maximal 124 Teilnehmer je ASi-Strang
Adressierung	Jeder Teilnehmer erhält eine feste Adresse über Master oder Adressiergerät
Nachrichten	Der Master sendet eine Adresse aus und erhält daraufhin die Antwort des Slaves (Single-Master-Betrieb)
Datenübertragung	4 Bits pro Aufruf eines Slaves
Zykluszeit bei 31 Slaves	5 ms (nimmt mit der Slaveanzahl ab)
Fehlersicherung	Identifikation und Wiederholung gestörter Telegramme
Dienste des Masters	Der Master führt eine zyklische Abfrage aller Teilnehmer nach dem Polling-Verfahren durch und bewirkt die zyklische Datenweiterleitung an den oder vom Host (SPS oder PC)

Die Eigenschaften des ASi-Bussystems können wie folgt beschrieben werden.

- Der ASi-Bus bietet alle Funktionen, um in einer Anlage dezentral verteilte Sensoren und Aktuatoren mit einer Steuerung zu verbinden.

- Master und Slaves arbeiten selbständig miteinander zusammen, so daß sich das System an seinen Schnittstellen wie ein herkömmlicher Kabelbaum verhält.

- Jeder Netzstrang enthält einen Master, der alle Teilnehmer an der Peripherie zyklisch mit ihrer Adresse aufruft und mit ihnen kurze, standardisierte Telegramme austauscht. Innerhalb jedes Zyklus von etwa 5 ms Dauer wird mit jedem Slave ein Datentelegramm ausgetauscht.

- Ein Strang in einem ASi-Bussystem ist auf maximal 31 Slaves begrenzt. Die Telegramm-
  adresse ist 5 Bits lang, so daß insgesamt 32 Slaves angesprochen werden könnten. Man
  begrenzt aber die Anzahl der Slaves je Strang auf 31, wobei die Adresse 0 für die Son-
  derfunktion der automatischen Adreßvergabe benutzt wird. An diese 31 Slaves mit je 4
  Datenbits können somit maximal 124 binär arbeitende Sensoren angeschlossen werden.

- Die ASi-Telegramme sind kurz und haben eine feste Länge. Im zyklisch ablaufenden Da-
  tenaufruf werden 4 nutzbare Datenbits vom Master zu jedem Slave gesandt, der darauf mit
  4 Datenbits antwortet.

4.2.3.3 ASi-Systembeschreibung

Modulationsverfahren. Bei der Auswahl eines geeigneten Modulationsverfahrens mußte darauf
geachtet werden, daß das zu übertragende Nachrichtensignal gleichstromfrei sein soll, da die Komponenten des ASi-Bussystems über die gleiche Zweidrahtleitung zugleich mit elektrischer Energie
zu versorgen sind. Daher wählte man die alternierende Pulsmodulation (APM). Dabei wird eine Sendebitfolge zunächst in eine Bitfolge umcodiert, die bei jeder Änderung der Sendesignals
eine Phasenumtastung vornimmt. Daraus wird ein Sendestromverlauf erzeugt, der durch die im
System vorhandene Leitungsinduktivität durch Differentiation den Signalspannungsverlauf auf
der ASi-Leitung erzeugt. Auf diese Weise wird die Bittaktsynchronisation zwischen Master und
Slaves unterstützt.

Zugriffsverfahren. Beim Entwurf des ASi-Bussystems mußte ein Buszugriffsverfahren gewählt
werden, das die Topologie eines Kabelbaumes möglichst perfekt nachbildet und dabei auch noch
definierte Antwortzeiten garantiert. Hierbei wurde ein Master-Slave-Zugriff mit zyklischem Pollingverfahren gewählt. Bei Echtzeitsystemanwendungen empfiehlt sich ein Pollingverfahren, um
sicherzustellen, daß auch mit jedem Kommunikationspartner unter vorgegebenen Antwortzeitan-
forderungen eine erfolgreiche Kommunikation abgewickelt werden kann. Dabei sendet der Master
ein Telegramm, das eine Slaveadresse enthält, und der mit dieser Adresse angesprochene Slave
meldet sich innerhalb der vorgesehenen Zeit.

ASi-Nachrichten. Eine ASi-Nachricht besteht aus einem Masteraufruf, einer Masterpause, einer
Slaveantwort und einer Slavepause. Alle Masteraufrufe sind genau 14 Bitzeiträume lang, alle
Slaveantworten haben eine Länge von 7 Bitzeiträumen, wobei ein Bitzeitraum einheitlich einer
Dauer von 6 µs entspricht. Die Masterpause ist mindestens 3 und maximal 10 Bitzeiträume
lang. Ist der Slave synchronisiert, kann er bereits nach 3 Bitzeiträumen mit dem Senden der
Slaveantwort beginnen. Ist er nicht synchronisiert, benötigt er 2 Bitzeiträume länger, da er die
Masterpause während dieser Zeit auf weitere Informationen hin überwacht, bevor er den Aufruf
als gültig akzeptiert. Wenn der Master jedoch nach 10 Bitzeiträumen noch kein Startbit der
Slaveantwort empfangen hat, kann er davon ausgehen, daß keine Antwort mehr eintrifft, und er
kann mit dem nächsten Aufruf beginnen.

Übertragungssicherheit. Zunächst kann man einmal vermuten, daß eine Zweidrahtleitung in
einer rauhen industriellen Umgebung nicht die erforderliche Datenübertragungssicherheit bieten
würde. Allerdings wurde das ASi-Übertragungsverfahren effizient gegenüber elektromagnetischen
Störungen gesichert. So wird jede Nachricht, die zwischen Master und Slaves bzw. in umgekehrter
Richtung ausgetauscht wird, beim jeweiligen Empfänger auf die empfangene Signalamplitude und
gegebenenfalls enthaltene Störimpulse untersucht. Das angewandte Verfahren ist so effizient,
daß bis zu 3 Fehler in einer Nachricht sicher erkannt werden. Fehlerhafte Nachrichten werden
automatisch wiederholt, ohne daß sich die vereinbarte Zykluszeit wesentlich verlängert.

4.2.4 PROFIBUS

Die Vielfalt von Herstellernetzen und deren eingeschränkte Möglichkeit zur Ankopplung beliebiger Feldgeräte wie z.B. Sensoren, Aktuatoren, speicherprogrammierbare Steuerungen und Leitstationen führte zu internationalen Standardisierungsbestrebungen. Derzeit bestehen bereits nationale Standards für Prozeß- und Feldbusse: PROFIBUS (engl.: *process field* bus), FIP (engl.: *factory instrumentation protocol*), ISA (engl.: *instrument society of America*) und andere.

Die weiteste Verbreitung dieser drei „Quasi"-Standards erfuhr der PROFIBUS-Standard. 1988 wurde hierzu eine Vornorm verabschiedet als PROFIBUS DIN V 19245 Teil 1, der zweite Teil der Vornorm wurde Mitte 1990 beschlossen. Der PROFIBUS-Standard lehnt sich an das ISO/OSI-Referenzmodell an (Abb. 4.9).

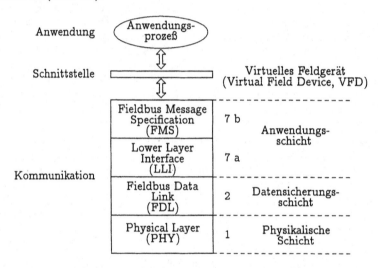

Abb. 4.9. Kommunikationsmodell PROFIBUS

Das Kommunikationsmodell PROFIBUS stellt ein modernes Kommunikationsverfahren dar; das bedeutet, es ist nicht das Ziel des Kommunikationsverfahrens, folgende Meßwerterfassung durchzuführen:

„Lesen des Inhalts eines bestimmten Feldes mit der Adresse x auf Station y über den Bus",

sondern vielmehr

„Lesen des Druckwertes von Kessel-#2".

Dabei wird auf das Prinzip der *Objektorientierung* zurückgegriffen. Objektorientierung in diesem Zusammenhang bedeutet eine der Sprache und dem Verhalten des Anwenders angepaßte Schnittstelle zum Kommunikationsverfahren PROFIBUS.

Das Kommunikationsmodell PROFIBUS wurde in Anlehnung an das ISO/OSI-Modell entworfen; und zwar so, daß die beiden untersten Schichten für die physikalische Übertragung auf Bitebene und die Datensicherung einbezogen wurden, dann aber eine anwendungsorientierte, direkte Verbindung zur Anwendungsebene realisiert wurde.

Ein am gemeinsamen Bus von allen beteiligten Stationen zur Verfügung gestelltes (öffentliches) Objektverzeichnis ist die Basis für eine offene Kommunikation zwischen Geräten der unterschiedlichsten Anbieter. Das Kommunikationsmodell PROFIBUS erreicht dies durch die Einführung eines *virtuellen Feldgerätes* (Virtual Field Device, VFD). Entsprechend Abb. 4.9 wird die Wirkung des PROFIBUS-Dienstes auf die Kommunikationsobjekte eines Anwendungsprozesses in der Spezifikation des PROFIBUS-Kommunikationsmodelles ausschließlich für das *virtuelle Feldgerät* beschrieben. Die „Abbildung" des virtuellen Feldgerätes auf das reale Feldgerät und umgekehrt ist nicht Bestandteil der PROFIBUS-Norm und muß im Einzelfall anwendungsorientiert implementiert werden.

4.3 Speicherprogrammierbare Steuerungen

> *Wer viel studiert,*
> *wird ein Phantast.*
>
> Sebastian Brant

4.3.1 Begriffsdefinition

> *Denn eben wo Begriffe fehlen,*
> *da stellt ein Wort zur rechten Zeit sich ein.*
>
> Johann Wolfgang von Goethe, „Faust I"

Unter einem speicherprogrammierbaren Steuerungsgerät wird ein elektrisches Betriebsmittel verstanden, das mit einer anwenderorientierten Programmiersprache programmierbar ist, dessen Programm in einem Programmspeicher *freiprogrammierbar* oder *austauschbar* abgelegt werden kann und das überwiegend für Steuerungsaufgaben eingesetzt wird. Nach DIN 61131 wird die speicherprogrammierbare Steuerung (SPS) wie folgt definiert:

> *Ein digital arbeitendes elektronisches System für den Einsatz in industriellen Umgebungen mit einem programmierbaren Speicher zur internen Speicherung der anwenderorientierten Steuerungsanweisungen zur Implementierung spezifischer Funktionen wie z.B. Verknüpfungssteuerung, Ablaufsteuerung, Zeit-, Zählfunktion und arithmetische Funktionen, um durch digitale oder analoge Eingangs- und Ausgangssignale verschiedene Arten von Maschinen oder Prozessen zu steuern. Die SPS und die zugehörigen Peripheriegeräte (das SPS-System) sind so konzipiert, daß sie sich leicht in ein industrielles Steuerungssystem integrieren und in allen ihren beabsichtigten Funktionen einfach einsetzen lassen.*

Speicherprogrammierbare Steuerungen sind elektronische Steuerungen mit einer internen Verdrahtung, die unabhängig von der Hardware im technischen Prozeß ist. Die SPS wird durch ein Programm (Software) an die zu steuernde Maschine oder Anlage angepaßt. Eine SPS wird also erst durch das Programm und die Beschaltung mit Ein- und Ausgabegeräten zur spezifischen Steuerung. Je nach Art der verwendeten Speicherbausteine unterscheidet man SPS in freiprogrammierbare oder austauschprogrammierbare Steuerungen. Bei den freiprogrammierbaren Steuerungen ist der Programmspeicher ein Schreib- und Lese-Speicher (RAM), dessen Inhalt durch Verändern oder Hinzufügen von Programmanweisungen ohne mechanische Eingriffe änderbar ist. Bei Verwendung von nur Lese-Speichern (ROM) sind Programmänderungen nur durch Herausnehmen und Austauschen von Speicherbausteinen möglich. Heute werden in SPS überwiegend EPROM-Bausteine verwendet.

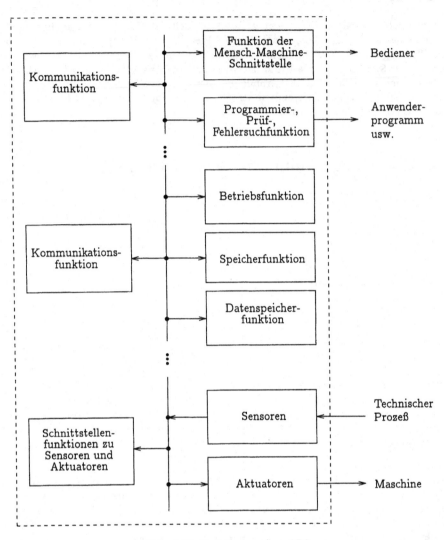

Abb. 4.10. Funktionen einer SPS

4.3.2   Aufbau

Man betrachtet die Teile nur,
um über das Ganze zu urteilen,
man untersuchte alle Ursachen,
um alle Wirkungen zu erkennen.

Montesquieu, „Geist der Gesetze"

Steuerungshardware. Der Verarbeitungsteil der SPS enthält die Zentraleinheit (CPU), einen Speicher für Betriebssystemprogramme und einen Anwenderprogrammspeicher. Das Betriebssystem wird bereits beim Hersteller der SPS installiert. Den Inhalt des Programmspeichers bestimmt der Anwender selbst mit Hilfe eines zugehörigen Programmiergerätes. Der mechanische Aufbau der SPS ist von der Steuerungsfunktion unabhängig. Abbildung 4.11 zeigt eine Übersicht über die Hardware einer SPS in einer technischen Prozeßumgebung.

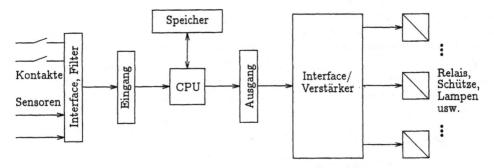

Abb. 4.11. SPS-Hardware

Eingabeteil. Im Eingabeteil einer SPS werden die Signale der Geber (Sensoren, Grenzwertmelder usw.) in eine kompatible Form für die SPS umgewandelt:

- der Spannungspegel der Steuerspannung (z.B. 24 V oder 220 V) wird an die Systemspannung der SPS (5 V) angepaßt;

- die Signale werden entstört (z.B. mit Filtern, um Störspannungsspitzen herauszufiltern, allerdings wird dadurch auch eine Signalverzögerung um einige Millisekunden verursacht);

- die Signale von Kontakten (z.B. Relais- oder Schützkontakte) werden entprellt;

- die Eingangssignale werden, um eine elektrische Zerstörung der SPS zu vermeiden, galvanisch von der internen Schaltung der SPS getrennt (z.B. durch Transformatoren oder besser noch durch Optokoppler), ein üblicher Wert der Spannungsfestigkeit bei der galvanischen Trennung in industriellen Steuerungsanlagen beträgt 2 kV.

Ausgabeteil. Der Ausgabeteil einer SPS setzt die Signale/Kommandos, die vom Verarbeitungsteil berechnet wurden, in eine für die Peripherie nutzbare und verständliche Form um. So müssen Stellkommandos an die Aktuatoren im technischen Prozeß z.B. elektrisch verstärkt werden. Bei Analogausgängen werden die berechneten digitalen Steuerinformationen zunächst mit Hilfe eines Digital-/Analog-Wandlers in ein für den Aktuator verständliches Steuersignal umgewandelt. Ebenso wie beim Eingabeteil ist auch beim Ausgabeteil eine galvanische Trennung zum technischen Prozeß hin erforderlich, die z.B. mit Optokopplern realisiert werden kann.

Verarbeitungsteil. Im Verarbeitungsteil der SPS ist die eigentliche Rechenleistung implementiert. Der Verarbeitungsteil fragt nacheinander die Signalzustände aller Eingänge ab, verarbeitet die Werte entsprechend dem gespeicherten Programm und gibt das Rechenergebnis an einen vorbestimmten Ausgang weiter.

Programmspeicher. Im Programmspeicher sind alle anwenderorientierten Anweisungen für den Verarbeitungsteil hinterlegt (sog. Anwenderspeicher). Jedem einzelnen Speicherplatz ist eine Teilaufgabe zugeordnet. Das Programm besteht aus einer Reihe von Steueranweisungen, die von der Zentraleinheit (CPU) sequentiell abgearbeitet werden.

Systemspeicher. Der Systemspeicher enthält alle erforderlichen Betriebssystemroutinen. Diese werden bereits beim Hersteller der SPS auf dieser installiert. Die erforderlichen Routinen gewährleisten folgende Funktionalität:

- Überwachung und Abwicklung des Dialogs zwischen Programmierer und SPS (z.B. Aufmerksammachen auf Bedienungsfehler)

- Übersetzerprogramm (engl.: *compiler*), das die Programmiersprache in eine für die SPS verarbeitbare Form übersetzt.

Datenspeicher. Während der Programmbearbeitung fallen Zwischenergebnisse (z.B. Merker) an, die vorübergehend im Datenspeicher abgelegt werden können, damit sie zu einem späteren Zeitpunkt vom Anwenderprogramm weiterverarbeitet werden können.

Bussystem. In der kurzen Zeit vom Abfragen der Eingänge bis zum Ansteuern der Ausgänge wird innerhalb der SPS eine große Menge von Daten zwischen den Funktionsblöcken transportiert. Dies geschieht über einen Datenbus. Zum Bussystem gehören allgemein folgende Komponenten:

- Datenbus für die Ein- und Ausgabedaten

- Adreßbus für die Adressierung

- Stromversorgung über eigene Busleitungen

4.3.3 Charakteristische Zeiten

> *Was ihr den Geist der Zeiten heißt,*
> *das ist im Grund der Herren eigner Geist,*
> *in dem die Zeiten sich bespiegeln.*
>
> Johann Wolfgang von Goethe, „Faust I"

Signalverzögerungszeit. Die Signalverzögerungszeit bei der Eingabe t_E ist definiert als die Zeit, die für die Signalübertragung über die Eingangsbausteine einer SPS benötigt wird. Die Signalverzögerungszeit für die Ausgabe t_A ist definiert als die Zeit, die ein Signal bzw. Kommando benötigt, um die SPS-Ausgabeteile zu durchlaufen.

Interne Bearbeitungszeit. Die interne Bearbeitungszeit t_I ist die Zeit zwischen Beginn und Ende der Bearbeitung einer einzelnen Steueranweisung. Für jede SPS-Anweisung ist diese Zeit meßbar und abhängig von der Komplexität der Anweisung.

Zykluszeit. Die Zykluszeit t_Z ist die Gesamtbearbeitungszeit der bearbeiteten Anweisungen im Programmspeicher einer SPS.

Reaktionszeit. Die Zeit zwischen Signalisierung eines Sensors (z.B. Überschreiten eines voreingestellten Grenzwertes signalisiert durch einen Grenzwertmelder) und Aktivierung eines zugeordneten Aktuators ist größer als die Zykluszeit. Das liegt einerseits an der Signalverzögerung am Eingang sowie an der Signalverzögerung am Ausgang, aber auch an der momentanen Position des Adreßzählers bei der Abarbeitung des Programmes. Die gesamte Reaktionszeit der SPS ist zu jedem Zeitpunkt unterschiedlich, abhängig davon, wann eine Meldung von einem Sensor eintrifft und an welcher Stelle sich gerade das Anwenderprogramm, das ja zyklisch abgearbeitet wird, befindet. Daher kann für die Reaktionszeit t_R der SPS nur eine obere Schranke (engl.: *worst case value*) wie folgt angegeben werden:

$$t_{R,max} = 2 \cdot t_Z + t_E + t_A \tag{4.1}$$

Die SPS arbeitet das Anwenderprogramm zyklisch ab. Nachdem die letzte Anweisung ausgeführt ist, fängt die Steuerung von neuem mit demselben Programm von vorn an. Ein Programm von 1K Anweisungen (= 1.024) wird von einer SPS des derzeitigen Standards innerhalb von wenigen Millisekunden abgearbeitet. Es gibt einfache Befehle, die der Mikroprozessor relativ schnell abarbeiten kann, aber auch kompliziertere Befehle, für die der Mikroprozessor eine größere Bearbeitungszeit benötigt. In den Handbüchern der jeweiligen SPS sind die genauen Abarbeitungszeiten für jeden Befehlstyp aufgelistet, so daß bei zeitkritischen Anwendungen die genaue Zykluszeit vorausberechnet und nach Gl. (4.1) der Maximalwert der Reaktionszeit abgeschätzt werden kann.

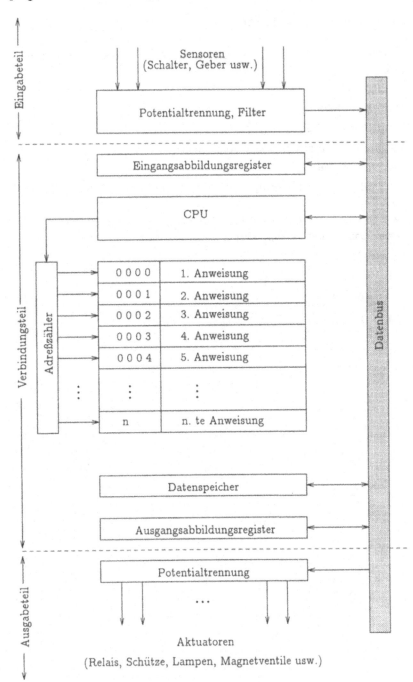

Abb. 4.12. Arbeitsweise einer SPS

Weiterführende Literatur

Bender, K. (Hrsg.): *PROFIBUS: Der Feldbus für die Automation.* München: Carl Hanser Verlag, 1992.

DIN 19241: *PDV-Bus.*

DIN 19245: *PROFIBUS.*

DIN 19258: *INTERBUS-S.*

DIN 61131: *Speicherprogrammierbare Steuerungen.*

DIN 66348: *DIN-Meßbus.*

Huemer, R.; Eder, F.: *Speicherprogrammierbare Steuerungen.* Wien: Facultas Universitäts-Verlag, 1995.

Kriesel, W.; Madelung, O.W. (Hrsg.): *ASi: Das Aktuator-Sensor-interface für die Automation.* München: Carl Hanser Verlag, 1994.

IEEE 0488: *IEC-Bus.*

IEEE 1014: *VME-Bus.*

ISO 11898: *CAN-Bus.*

5 Computer Integrated Manufacturing

Die lobenswerte Eigenschaft des freien Marktes
besteht darin, daß sich Angebot und Nachfrage bei
einem bestimmten Preis ausgleichen.

John Kenneth Galbraith, „Die moderne Industriegesellschaft"

Seit den fünfziger Jahren hat eine Entwicklung im Bereich der Fertigung technischer Produkte eingesetzt, die durch ständige *Rationalisierung* gekennzeichnet ist. Dabei war jeder Schritt zur Rationalisierung gleichbedeutend mit einem kostenmäßigen Marktvorteil im Wettbewerb in der freien Marktwirtschaft. Automatisierte Fertigungsanlagen wurden ständig weiterentwickelt; die auszuwählenden Verfahren der Automation hängen jedoch von der Marktstrategie der Hersteller ab. Während früher der Hersteller durch sein Produktionsprogramm den Markt geprägt hat (*Anbietermarkt*), stehen heute die Wünsche möglicher Käufer im Marktgeschehen im Vordergrund (*Käufermarkt*). Somit bestimmt der Kunde das Produkt bezüglich einer Produktspezifikation oder die Produktvariante; der Hersteller wird durch den Markt gezwungen, auf diese Wünsche einzugehen. Um weiterhin wettbewerbsfähig zu bleiben, muß der Hersteller folgende strategische Maßnahmen in seinem Unternehmen ergreifen:

- Qualitätsverbesserung der Produkte

- Erhöhung der Variantenvielfalt

- Verkürzung der Lieferzeiten

- Verbesserung der Termintreue

Diese z.T. einander widersprechenden Zielvorgaben müssen durch neuartige Konzepte zugleich realisiert werden. An dieser Stelle hat die Rechnertechnik auf breiter Front Eingang in die Automatisierung moderner Fertigungseinrichtungen gefunden wie z.B. bei:

- leistungsfähigen Rechnern zur Produktionssteuerung

- automatisierten Fertigungssystemen

- numerisch gesteuerten Fertigungsmaschinen

- Industrierobotern

Diese rechnergesteuerten Systeme ermöglichen eine Produktivitätssteigerung, und dies auch bei der Herstellung kleiner *Losgrößen* für einen Käufermarkt.

Bislang konzentrierten sich Automatisierungsvorhaben nur auf einzelne Teilbereiche. Aus der Sicht der gesamten Entwicklung und Fertigung eines Produktes stellten die entstandenen automatisierten Systeme nur eigenständige Fertigungsinseln dar, es handelte sich um *Insellösungen*. Hieraus entstand die Vorstellung, durch den Einsatz von Informationstechnologie eine *integrierte Verfahrenslandschaft* zu entwickeln, die die Produktion bei Variantenvielfalt, kleinen Losgrößen, Qualitätssicherung und Verringerung der Durchlaufzeiten gestaltet. Man erkannte, daß effektives Automatisieren nur durch die Koordination der drei Funktionen *Bearbeitung*, *Materialfluß* und *Informationsfluß* möglich wird. Voraussetzung dafür ist der durchgängige Informationsfluß auf der Grundlage eines bereichsübergreifenden Informationssystems. Ebenso wie Material- und

Energiefluß in der Entwicklung und Produktion logistisch behandelt werden, ist heute erkannt worden, daß auch der Informationsfluß als logistische Aufgabe zu behandeln ist. Dabei ist die *Logistik* von Information durch folgende Anforderungen gekennzeichnet:

> *„Die Richtigkeit der Information, in bedarfsgerechter Quantität und Qualität, zum richtigen Zeitpunkt, am richtigen Ort!"*

Die Lösung dieser informationslogistischen Aufgabe führte zur CIM-Philosophie. Dabei steht die Abkürzung CIM für Computer Integrated Manufacturing. Bis heute sind zahlreiche Definitionen der CIM-Philosophie bekannt geworden. Eine mögliche Definition lautet:

> *„Computer Integrated Manufacturing (CIM) ist der koordinierte Einsatz von Computertechnologien zur flexiblen Automation des gesamten Produktionssystems eines Unternehmens. Ein CIM-System liegt dann vor, wenn das Produkt vom Marketing bis hin zur Auslieferung alle Phasen computerunterstützt durchläuft. Voraussetzung hierfür ist die Existenz verteilter Datenbanksysteme für Marketing, Vertrieb, Entwicklung, Logistik, Fertigung und Verwaltung."*

Eine weitere Definition wurde durch *A. W. Scheer* gegeben, der neben der Datenintegration in einem Unternehmen auch die Integration von *Vorgangsketten* als ein wesentliches Merkmal des CIM-Gedankens sieht. *Scheer* geht dabei so vor, daß *betriebswirtschaftliche* und *entwicklungs- und fertigungstechnische Verfahrensketten* in Form eines *Y-Modells* zusammengeführt werden (Abb. 5.1). Die dazu erforderliche Datenintegration soll durch ein globales Datenbanksystem erreicht werden.

Es muß zum Y-Modell jedoch kritisch angemerkt werden, daß es konzeptuell zwei wesentliche Nachteile enthält: Zum einen ist eine allumfassende Datenintegration mit Hilfe *einer* globalen Datenbank unrealistisch wegen der Vielzahl verteilter, verschiedener Datenbanksysteme in den verschiedenen CAx-Komponenten.

In der Praxis hat sich auch gezeigt, daß aus Konkurrenzgründen die Hersteller verschiedener CAx-Komponenten nur bedingt bereit sind, ihre Datenstrukturen und Schnittstellen zwecks Datenintegration offenzulegen. Wenn aber eine CIM-Verfahrenslandschaft mit verteilten Datenbanksystemen aufgebaut werden muß, ist ein übergeordnetes Datenbank-Managementsystem vorzusehen, um die Datenverwaltung in allen betroffenen Datenbanken so vorzunehmen, daß Inkonsistenzen und Redundanzen in diesen verteilten Datenbanken vermieden werden können.

Zum anderen muß kritisch angemerkt werden, daß das *Y-Modell* nach *Scheer* die Qualitätssicherung in Form einer CAQ-Komponente (Computer Aided Quality Assurance) erst am Ende der fertigungstechnischen Verfahrenskette vorsieht.

Vielmehr haben technische und betriebliche Erfahrungen inzwischen gezeigt, daß Qualitätssicherung eindeutig an den entwicklungs-/fertigungstechnischen Prozeß (quasi entwicklungs- und fertigungsbegleitend) geknüpft ist und nicht nur einmal am Schluß der Fertigung vorzusehen ist.

Inzwischen sind zahlreiche Versuche unternommen worden, eine CIM-Verfahrenslandschaft zu definieren; keine dieser Definitionen hat sich voll durchsetzen können. Es wird daher auf die Darstellung weiterer CIM-Definitionen verzichtet.

In der Darstellung nach Abb. 5.1 sind neben den einander zugeordneten *Verfahrensketten* auch die zugehörigen *CAx-Komponenten* benannt. Es hat sich herausgestellt, daß die Anzahl/Vielfalt rechnerunterstützter Verfahren (computer aided ... , daher CAx) nicht grundsätzlich begrenzt ist.

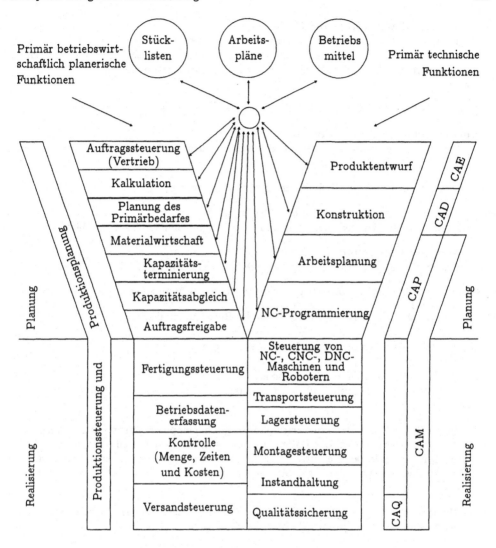

Abb. 5.1. Integrierte Datenbank in CIM nach *Scheer* (Y-Modell)

Erste Ansätze zur Einführung der CIM-Philosophie in eine Unternehmensstruktur gehen auf *Harrington* mit dem 1973 erschienenen Buch *Computer Integrated Manufacturing* zurück. Seither sind zahlreiche Versuche unternommen worden, in den verschiedensten Unternehmen eine integrierte Verfahrenslandschaft auf der Grundlage der CIM-Philosophie einzuführen. Dabei hat sich die Anzahl sinnvoller CAx-Komponenten ständig vergrößert. Im folgenden wird eine Übersicht über übliche CAx-Komponenten mit den zugehörigen Definitionen gegeben.

Computer Aided Design (CAD):
   computergestütztes Entwerfen und Konstruieren (z.B. im Bereich der Mechanik Systeme für 2-D- und 3-D-Applikationen)

Computer Aided Engineering (CAE):
   computerunterstützte Ingenieurverfahren (z.B. CAE-M für Mechanik- und CAE-E für Elektronikanwendungen)

Computer Aided Manufacturing (CAM):

  computergestützte Fertigung (z.B. im Bereich CAM werden die Geometriedaten übernommen und auf NC-, CNC- und DNC-Maschinen zum Ablauf gebracht). Zu CAM gehören die Arbeitsvorbereitung, automatische Fertigung und Montageeinrichtung und Prozeßsteuerung.

Computer Aided Planning (CAP): rechnergestützte Fertigungsplanung

Computer Aided Quality Control (CAQ):

  rechnergestützte Qualitätsprüfung und -kontrolle (auch die Bezeichnung Computer Aided Quality Assurance ist üblich)

Computer Aided Testing (CAT): rechnergestützte Testverfahren

Produktionplanung und -Steuerung (PPS):

  organisatorische Planung, Steuerung und Überwachung von Produktionsabläufen

Computer Aided Recycling (CAR):

  rechnergestützes Konstruieren recyclinggerechter technischer Produkte

Computer Aided Instruction (CAI): rechnergestütztes Schulungssystem

Computer Aided Office (CAO): Funktionen der Bürokommunikation

Kurz erklärt werden sollen die verwendeten Abkürzungen:

- NC steht für **Numerical Control**, also numerisch (d.h. durch Ziffernfolgen) gesteuerte Fertigungssysteme (z.B. Dreh- und Fräsmaschinen).

- CNC bedeutet **Computer Numerical Control**, d.h. computergestützte numerische Werkzeugmaschinensteuerung. Die Daten für die numerisch gesteuerten Werkzeugmaschinen werden in einem Rechner ermittelt und auf Datenträger (Diskette oder Magnetband) zur Weiterverarbeitung durch die NC-Maschine abgespeichert.

- DNC letztlich bedeutet **Direct Numerical Control**. Diese numerisch gesteuerten Werkzeugmaschinen haben direkten Rechneranschluß.

Diese Auflistung von CIM-Komponenten muß nicht vollständig sein. Bislang hat es zahlreiche Versuche gegeben, eine vollständige/umfassende CIM-Landschaft aufzubauen. Es hat sich jedoch gezeigt, daß es für die Einführung der CIM-Philosophie in einem Unternehmen kein einheitliches Rezept gibt. Viele Unternehmen stehen derzeit unter hohem Rationalisierungsdruck und sind daher um die Einführung von CIM bemüht. Um diese Unternehmen angemessen bei der Einführung der CIM-Philosophie zu unterstützen, sind bislang zahlreiche CIM-Zentren weltweit entstanden, die sich mit Aufgaben des Technologietransfers in diese Unternehmen hinein befassen.

Noch während nach allgemein gültigen CIM-Strukturen gesucht wird (es hat sich zwischenzeitlich nach einer ersten Euphorie eine gewisse Ernüchterung bei den Unternehmen eingestellt, was die Kosten-Nutzen-Relation betrifft), hat sich konkurrierend zur CIM-Philosophie eine neue Strategie zur Automatisierung und Kostenreduktion entwickelt, die mit dem Begriff *Lean Production* bezeichnet wird. Anders als beim CIM-Konzept werden hier allein aus Kostengründen Fertigungseinrichtungen nur soweit automatisiert, wie es nach dem derzeitigen Stand der Technik aus Kostengründen verantwortbar ist. Beide Philosophien sind in gewisser Weise einander z.T. entgegengesetzt, sollen jedoch dazu beitragen, dieselben strategischen Ziele eines Unternehmens erfüllen zu helfen. Ob sich eine dieser Philosophien direkt am Markt durchsetzen wird, oder ob es künftig vielleicht eher gewisse Mischformen dieser Konzepte geben wird, ist bis heute noch nicht abschließend geklärt. Trotz verstärkter Bemühungen hinsichtlich des Lean-Production-Konzeptes wird aber an der Einführung effizienter CIM-Konzepte weitergearbeitet.

Abbildung 5.2 zeigt anschaulich die Einführung einer CIM-Verfahrenslandschaft in einem Unternehmen mit den Ebenen Konstruktion/Entwicklung, Arbeitsplanung und -vorbereitung sowie Fertigung. Ein bislang nicht zufriedenstellend gelöstes Problem bei der Einführung von CIM besteht darin, daß für verschiedene CAx-Aufgabenstellungen z.T. komplexe Softwaresysteme von Systemhäusern angeboten werden, die jedoch nicht durchgängig mit den verschiedensten CAx-Komponenten verträglich sind. Oftmals findet man eingeschränkte Verfahrensketten vor, die z.B. im Bereich Mechanik/Maschinenbau den Entwurf (CAD), die Fertigungsvorbereitung (CAM) und ggfs. noch die Produktionsplanung und -steuerung (PPS) unterstützen. Um aber z.B. Elektronikentwicklung als Anteil komplexer Mechaniksysteme zu entwickeln, stehen oftmals noch keine kompatiblen Softwaretools zur Verfügung, um hier übergangslos und übergreifend arbeiten zu können.

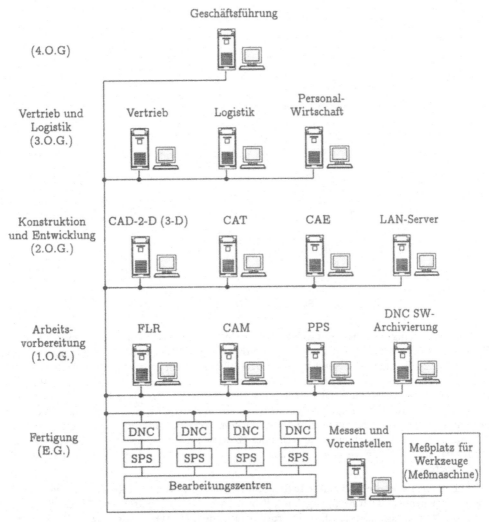

Abb. 5.2. CIM-basierte Unternehmensstruktur mit vernetztem Rechnersystem

Eine andere Sicht der CIM-Verfahrenslandschaft zeigt Abb. 5.3. Diese Darstellung ist *PPS-orientiert*, d.h., im Zentrum der gesamten Verfahrenslandschaft steht das Produktionsplanungs- und -steuerungs-System, das mit allen übrigen CAx-Komponenten kommuniziert.

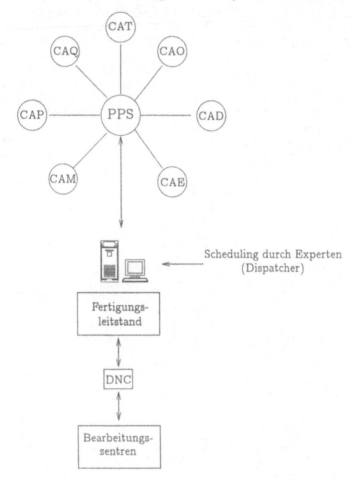

Abb. 5.3. PPS-orientierte CIM-Verfahrenslandschaft

Die Verbindung zwischen Entwicklung/Konstruktion und Fertigungsvorbereitung mit der Fertigung selbst wird durch die sog. *Leitstandssoftware* (FLR) auf dem Fertigungsleitstand hergestellt. Im Fertigungsleitstand wird das Schedulingproblem zwischen den eintreffenden Bestellungen/Fertigungsaufträgen bei einem Unternehmen und den zur Verfügung stehenden Fertigungsressourcen (CNC- und DNC-Maschinen, Bearbeitungszentren) nach Möglichkeit on-line gelöst. Bisher werden die Einplanungen noch von einem Scheduling-Experten (Dispatcher) vorgenommen. Es sind jedoch bereits erste Entwicklungsschritte unternommen worden, um den Scheduling-Experten durch ein entsprechendes Expertensystem zu ersetzen (der Entwicklungsansatz basiert auf einem Verbund zwischen einem *fallbasierten* und einem *regelbasierten Expertensystem*).

Abbildung 5.4 zeigt eine detaillierte Struktur in einer CIM-Verfahrenslandschaft zwischen der PPS-Komponente und der Fertigung. Diese Fabrikstruktur enthält verschiedene Rechnernetze als vernetzte Verfahrenslandschaft. Dabei werden verschiedene Bustypen eingesetzt (z.B. Fabrikbus, Feldbus, Installationsbus).

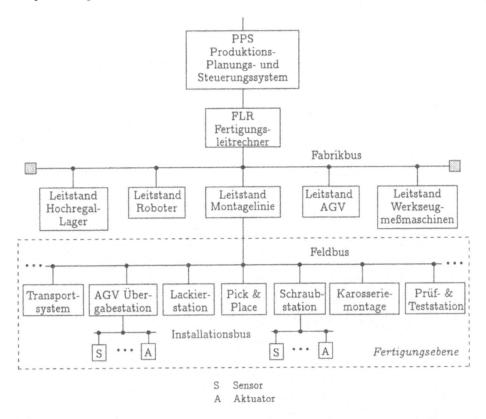

S Sensor
A Aktuator

Abb. 5.4. Verbindung zwischen PPS-System und Fertigung/Montagelinie

Abbildung 5.5 zeigt an einem Beispiel den detaillierten Aufbau einer Montagelinie. Sie besteht z.B. aus zwei Montagekreisläufen 1 und 2 mit den angegebenen Umlaufrichtungen von Paletten. Die zusammenzufügenden Einzelteile werden durch ein automatisch fahrendes Flurfahrzeug (AGV, automatic guided vehicle) an der Station 1.0 dem Montagekreislauf 1 übergeben. Nach Abschluß der Montagevorgänge im Kreislauf 1 wird das bis dahin montierte Produkt in einer Übergabestation an den Montagekreislauf 2 übergeben. Nach Abschluß aller Montagevorgänge im Kreislauf 2 gelangt das Produkt zur automatisierten Test- und Prüfstation, wo rechnergesteuert ein Abschlußtest durchgeführt wird. Die kreisförmige Struktur der Montagelinie bietet den Vorteil einer möglichen Pufferung von Paletten, um die Montagekomponenten zeitlich bestmöglich einzusetzen (Pipelining). Für die dargestellte Montagelinie werden als Beispiel die einzelnen Stationen aufgelistet. Einzelne, besonders bedeutende CAx-Komponenten werden im folgenden detailliert beschrieben.

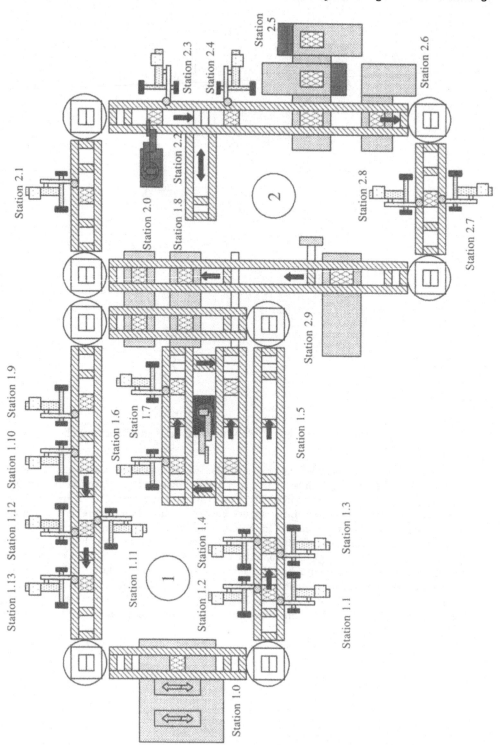

Abb. 5.5. Montagelinie (bestehend aus zwei Montagekreisläufen)

Legende zu Abb. 5.5

Kreislauf 1:

Station 1.0	Übergabe vom Automatic Guided Vehicle (AGV) zur Montagelinie
Station 1.1	Positionieren der Abdeckplatte auf Achsen
Station 1.2	Verschrauben der Karosserie
Station 1.3	Verschweißen der Karosserie
Station 1.4	Lackieren der Karosserie
Station 1.5	Trocknen der Karosserie
Station 1.6	Vormontage Getriebe
Station 1.7	Montage Getriebe
Station 1.8	Pick and Place: Übergabe zu Kreislauf 2
Station 1.9	Verschrauben der Radaufhängungen
Station 1.10	Einpressen der Kegelrollenlager in die Radnaben
Station 1.11	Positionieren und Verschrauben der Vorderradfelgen
Station 1.12	Positionieren und Verschrauben der Hinterradfelgen
Station 1.13	Aufziehen und Auswuchten der Reifen

Kreislauf 2:

Station 2.0	Pick and Place: Übergabe vom Kreislauf 1
Station 2.1	Motoreinbau
Station 2.2	Akkueinbau
Station 2.3	Fenstereinbau
Station 2.4	Einbau der Elektronik-Einheit
Station 2.5	Test- und Prüfstation
Station 2.6	Ausschleusstation für defekte Fahrzeuge
Station 2.7	Montage der Innenausstattung
Station 2.8	Montage der Fahrzeugantenne
Station 2.9	Ausschleusstation für fertige Fahrzeuge

5.1 Computer Aided Design (CAD)

Samiel, hilf!

Karl Maria v. Weber, „Der Freischütz"

Ursprünglich umfaßte die CAD-Funktion lediglich das rechnerunterstützte Zeichnen (Computer Aided Drafting). Heute werden sämtliche Funktionen und Aufgaben des rechnerunterstützten Entwurfs und der Konstruktion sowie die Analyse und Simulation des Entwurfs unter dem Begriff CAD verstanden. Die Definition des Ausschusses für Wirtschaftliche Fertigung (AWF) legt den CAD-Begriff wie folgt fest:

> *„CAD ist ein Sammelbegriff für alle Aktivitäten, bei denen die EDV direkt oder indirekt im Rahmen von Entwicklungs- und Konstruktionstätigkeiten eingesetzt wird."*

Dies bezieht sich auf die graphisch-interaktive Erzeugung und Manipulation einer digitalen Objektdarstellung, z.B. durch die zweidimensionale Zeichnungserstellung oder durch die dreidimensionale Modellbildung. Die meisten heutigen Produkte bestehen sowohl aus mechanischen, elektronischen und Softwarekomponenten. Während für Softwareentwicklungen CASE-Systeme (Computer Aided Software Engineering) eingesetzt werden, unterscheidet man die *Mechanik* und die *Elektronik* als Teilgebiete von CAD.

5.1.1   CAD-Mechanik

Anch'io soni pittore!
(Auch ich bin ein Maler!)
Corregio

Ein Konstruktionsprozeß setzt sich aus folgenden Phasen zusammen:

- Zeichnen
- Berechnen
- Bewerten

- Ändern
- Dokumentieren
- Listen generieren

Die in der Konstruktion und Entwicklung relevanten Informationen können wie folgt unterschieden werden:

- Geometrieinformationen

    - Bearbeitungsgeometrie
    - Rohteilgeometrie
    - Montagegeometrie

    - Prüfgeometrie
    - Werkzeuggeometrie

- Technologie-Informationen

    - Toleranzangaben
    - Oberflächenangaben
    - Werkstoffdaten

- Strukturinformationen

    - Teilenummer
    - Name
    - Entwicklerinformationen
    - Freigabevermerke

    - Sperrvermerke
    - Änderungsinformationen
    - Kostenanlagen
    - Lieferinformationen

- Angaben zur Qualitätssicherung

Bei CAD-Mechanik unterscheidet man zwei verschiedene Konstruktionsweisen: Die zweidimensionale Konstruktion (z.B. für Blechverarbeitung) und die dreidimensionale Konstruktion. Dabei verwendet die dreidimensionale Konstruktion verschiedene geometrische Verfahren zur Darstellung und Verarbeitung der Konstruktionsobjekte:

- Kantenmodell (engl.: *wire frame model*, Drahtmodell)

- Flächenmodell (engl.: *surface model*)

    - Standardflächen (Ebene, Zylinder, Kegel, Kugel, Thorus usw.)
    - Rotationsflächen
    - Translationsflächen
    - Allgemeine Flächen (Regelflächen, Maschenflächen)

    – Approximierende bzw. interpolierende Freiraumflächen

• Volumenmodell (engl.: *solids model*)

    – Begrenzungsflächenmodell (engl.: *boundary representation model*, B-REP-Modell)

    – Vollkörpermodell (engl.: *constructive solid geometry model*, CSG-Modell)

Beim dreidimensionalen Konstruktionsprozeß mit einem CAD-System entsteht im Rechner ein *räumliches Modell* des Konstruktionsobjektes, das ähnliche Eigenschaften besitzt wie ein plastisches Modell aus Ton, Kunststoff oder Holz. Es kann durch geeignete Funktionen von verschiedenen Seiten betrachtet werden, mit weiteren Objekten aus einer Bauteilbibliothek zusammengebaut oder zur Bewegungsanalyse im Raum bewegt und neu plaziert werden.

5.1.1.1 3-D-Koordinaten

Sowohl bei der Entstehung als auch bei der Weiterverarbeitung eines Modells werden Beschreibungstechniken eingesetzt, die auf dreidimensionalen Koordinatenangaben basieren. Dabei kommen verschiedene Koordinatensysteme sowie die Beschreibung von Volumen-, Flächen- und Kurvenelementen mittels dreidimensionaler Vektoren zur Anwendung. Jedes geometrische Element eines dreidimensionalen Modells ist durch die Verknüpfung einer bestimmten Anzahl von Punkten beschreibbar. Jeder dieser Punkte wiederum ist im Raum eindeutig durch seine Koordinaten bestimmt. Für die Darstellung im Raum benötigt man ein Koordinatensystem mit drei Achsen (x, y, z). Diese drei Achsen gehen vom Koordinatenursprung aus (*kartesisches Koordinatensystem*). Die positiven Achsrichtungen ergeben sich aus der sog. *Rechte-Hand-Regel*, wobei der Daumen die x-Achse bezeichnet, der Zeigefinger die y-Achse und der Mittelfinger die z-Achse. Je zwei Achsen des Koordinatensystems bilden eine *Koordinatenebene*. Es gibt daher drei Koordinatenebenen (xy, yz, zx).

5.1.1.2 Modelle

Zur Beschreibung dreidimensionaler Objekte durch ein Modell gibt es in der analytischen Geometrie eine große Zahl verschiedener Grundelemente, aus denen sich das Modell zusammensetzt. Sie lassen sich unterteilen in:

• Linien- und Kurvenelemente

• Flächenelemente

• Volumenelemente

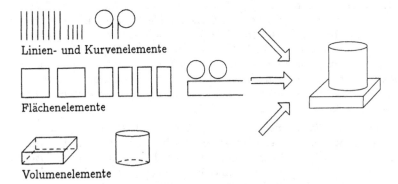

Abb. 5.6. Dreidimensionale graphische Elemente

Je nach den zur Modellbildung in CAD-Systemen eingesetzten Elementarten entstehen Modelle
mit unterschiedlichen Eigenschaften:

- Kantenmodell

- Flächenmodell

- Volumenmodell

Bei allen Modellarten wird die genaue Gestalt des beschriebenen Objekts durch Punktkoor-
dinaten bestimmt. Diese Punkte werden beim Abspeichern in einer Datenbasis abgelegt. Je nach
Modellart wird als zusätzliche Information festgehalten, durch welche Kanten-, Flächen- oder
Volumenelemente die Koordinatenpunkte miteinander verbunden sind und welche Abhängigkeit
zwischen diesen Elementen bestehen (sog. Nachbarschaftsbeziehungen).

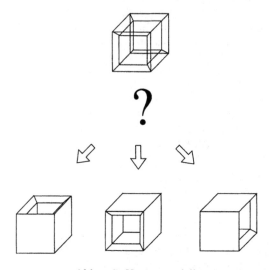

Abb. 5.7. Kantenmodell

Kantenmodell. Beim *Kantenmodell* (Drahtmodell) wird ein Körper durch Konturelemente,
wie sie beim zweidimensionalen Konstruieren benutzt werden - also *Linien, Kreise, Ellipsen*
usw. - beschrieben. Es liegen keine Informationen darüber vor, welche Flächen und Volumina
durch diese Kanten eingeschlossen werden.

Das Kantenmodell hat den Nachteil, daß das dargestellte Objekt *durchsichtig* ist, d.h., alle
Kanten, die bei der Betrachtung eines echten Körpers verdeckt wären, sind *sichtbar*. Das bedeutet, daß es nicht möglich ist, einen wirklichkeitsgetreuen Eindruck des Körpers zu vermitteln.
Das führt bei der Betrachtung am Bildschirm oft zu optischen Täuschungen und damit zu einer möglichen Verwirrung des Betrachters. Wenn man einen Schnitt durch das Kantenmodell
eines Körpers legt, und anschließend die Bildschirmdarstellung so verändert, daß die Schnittebene genau der Bildschirmebene entspricht, dann sind als Ergebnis nur die *Durchstoßpunkte* der
Körperkanten durch die Ebene sichtbar.

Flächenmodell. Beim *Flächenmodell* wird die Oberfläche eines Körpers aus einzelnen Teilflä-
chen zusammengesetzt. Dazu können sowohl analytisch beschreibbare Grundflächen als auch analytisch nicht beschreibbare, sog. *Freiformflächen* verwendet werden. Unter analytisch beschreib-
baren Flächen versteht man ebene Flächen (z.B. Rechteck-, Dreieck-, Polygon- oder Kreisflächen)
und gekrümmte Flächen (z.B. Zylinderoberflächen, Kugeloberflächen oder Thorusflächen), denen
einfache parametrische mathematische Beschreibungen zugrunde liegen. Dagegen versteht man

unter *Freiformflächen* Flächen höheren Grades, die nicht einfachen mathematischen Beschreibungen folgen, sondern nur durch Flächengleichungen angenähert werden können.

Beispiele für analytisch nicht beschreibbare Flächen sind Oberflächen von Turbinenschaufeln, Tragflächenwurzeln bei Flugzeugen, Ausgestaltung von Flugzeugpropellern und Karosserieoberflächen. Bei der Bildschirmdarstellung können Flächen mit einem Liniennetz überzogen werden, damit ihr Verlauf im Raum besser zu erkennen ist. Dadurch entsteht ein sehr wirklichkeitsgetreues Abbild eines Körpers mit der Gestaltung der Oberfläche. Wenn man einen Schnitt durch das Flächenmodell eines Körpers legt und die Bildschirmdarstellung danach so verändert, daß die Schnittebene genau der Bildschirmebene entspricht, so erhält man als Ergebnis die *Schnittkurven* zwischen den Körperflächen und der Ebene.

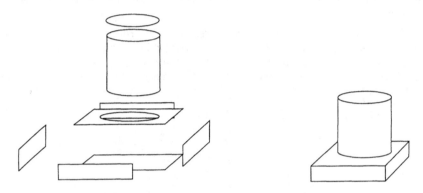

Abb. 5.8. Begrenzungsflächenmodell

Volumenmodell. Zur Erzeugung von Körpern unterscheidet man grundsätzliche zwei Arten von *Volumenmodellen* (beiden Verfahren ist gemeinsam, daß der Körper als Volumenelement abgespeichert ist):

- Begrenzungsflächenmodelle

- Vollkörpermodelle

Beim Begrenzungsflächenmodell (engl.: *boundary representation*, B-REP) ist dieses Volumenelement durch seine Oberflächen definiert. Mit den Flächen wird deren Beziehung zueinander, d.h. die *Topologie* mit abgespeichert.

Bei Vollkörpermodellen (engl.: *constructive solid geometry*, CSG) entsteht ein Körper durch mengentheoretische Verknüpfung (*Subtraktion, Vereinigung, Durchschnitt*) einfacher geometrischer Grundkörper wie Quader, Zylinder, Kugel usw.

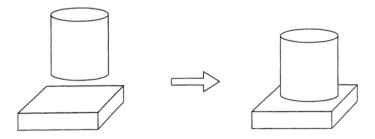

Abb. 5.9. Vollkörpermodell

Begrenzungsflächenmodell und Vollkörpermodell werden in vielen CAD-Systemen gleichzeitig eingesetzt, so daß sowohl mengentheoretische Verknüpfungen als auch Operationen mit Flächen oder Kanten möglich sind. Beide Modelle sind mathematisch ineinander überführbar.

Wenn man eine Schnittebene durch das Volumenmodell eines Körpers legt und diese Schnittebene anschließend in die Bildschirmebene bringt, erhält man eine *Schnittfläche* als Ergebnis.

5.1.1.3 Grundelemente

Beim Konstruieren mit 3-D-CAD-Systemen benötigt man verschiedene Grundelemente, die in einer Bauteilbibliothek hinterlegt sind. Diese sind Punkt- und Kurvenelemente, Flächenelemente sowie Volumenelemente.

Punkt- und Kurvenelemente. Beim dreidimensionalen Konstruieren können 2-D-Grundelemente wie Linien, Kreise, Punkte oder Splines in beliebiger räumlicher Anordnung verwendet werden. Die Definition der Lage und Größe dieser Elemente erfolgt dabei durch Koordinateneingabe im Modell- oder Arbeitskoordinatensystem. Eine neue Linie oder ein neuer Kurvenzug kann z.B. als Schnittlinie zweier Flächen erzeugt werden.

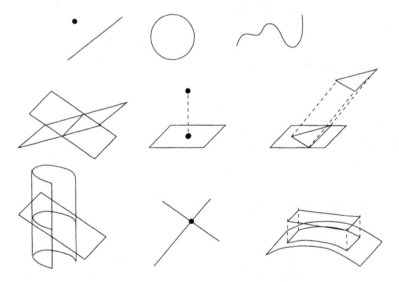

Abb. 5.10. Verschiedene Kurvenelemente

Flächenelemente. Zur Geometriebeschreibung bei Flächenelementen benötigt man verschiedene Arten von Flächen, die aus vorhandenen Elementen erzeugt werden. Sie reichen von *ebenen Flächen* bis hin zu komplizierteren Elementen wie *Kugel, Zylinder, Kegel, Rotationsflächen* oder *projizierten Flächen*. Bei der Ausgabe auf den Bildschirm wird eine Fläche durch verschiedene begrenzende Linien sichtbar gemacht, die jedoch keine Kurvenelemente darstellen. Beispiele für solche Flächen sind:

- Rotationsflächen

- Translationsflächen

- Regelflächen

- Freiformflächen

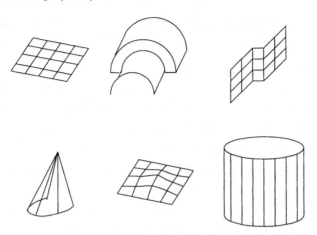

Abb. 5.11. Verschiedene Flächentypen

Volumenelemente. Beim Arbeiten an einem 3-D-Volumenmodell können Körper auf verschiedene Arten erzeugt und miteinander kombiniert werden. Dabei unterscheidet man zwischen Arbeitstechniken, die mit dreidimensionalen Eingaben operieren, und solchen Verfahren, bei denen ein dreidimensionaler Körper aus zweidimensionalen, ebenen Flächen, die im Raum bewegt werden, entwickelt wird. Beispiele für solche Elemente sind:

- Quader, Würfel

- Zylinder, Kegel, Kugel, Thorus

- Rotationskörper, Translationskörper

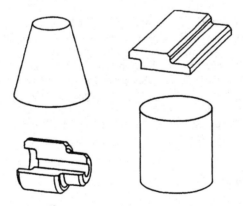

Abb. 5.12. Verschiedene Volumenelemente

5.1.1.4   Schnittstellen in CAD-Systemen

Die Integration von CAx-Komponenten setzt die Existenz von definierten Schnittstellen voraus. Nur mit offenen Systemen (*open system design*) ist es langfristig möglich, den immer höheren

Ansprüchen der Anwender in bezug auf Funktionserweiterungen durch anwenderspezifische Systemerweiterungen sinnvoll gerecht zu werden. Im folgenden sollen nur die Softwareschnittstellen betrachtet werden.

Folgende Schnittstellen sind bei CAD-Systemen von besonderer Bedeutung:

- Datenschnittstelle zur Kopplung verschiedener CAD-Systeme untereinander (z.B. IGES)

- Datenschnittstelle zur NC-Programmierung

- NC-Steuerinformationen (DIN 66025)

- NC-Teileprogramme (z.B. APT, COMPACT II, EXAPT usw.)

- CLDATA (DIN 66215)

- Schnittstelle zur Übertragung von Flächendaten (z.B. VDAFS)

- Datenschnittstelle zu Berechnungsprogrammen (z.B. FEM, *Finite-Elemente-Methode*)

- Graphikschnittstelle (z.B. Graphisches Kern-System, GKS)

- Eingabeschnittstelle

- Schnittstelle zur rechnerinternen Objektdarstellung (Datenbank)

- Geometrieorientierte FORTRAN-Schnittstelle

Von den aufgelisteten Schnittstellen soll eine Schnittstelle wegen ihrer Bedeutung vorgestellt werden: die Datenschnittstelle IGES. Die Abkürzung IGES bedeutet *Initial Graphics Exchange Specification* und stellt ein externes Datenformat dar, das den Datenaustausch zwischen unterschiedlichen CAD/CAM-Systemen ermöglicht. IGES stellt somit ein neutrales Fileformat dar, für das jeder Hersteller von graphischen Systemen einen *Postprozessor* für die Datenübertragung vom eigenen System zum IGES-Format sowie einen *Preprozessor* für das Einlesen von IGES-Daten in das Graphiksystem erstellen muß. Haben also zwei CAD-Systeme die entsprechenden Pre- und Postprozessoren, dann können Graphikdaten in beiden Richtungen übertragen werden. Das IGES-Format besteht aus Records mit 80 Zeichen im ASCII-Format. Das ist zwar keine besonders effektive Repräsentation, sie trägt aber dem Bedürfnis nach Universalität Rechnung. Die Filestruktur besteht aus den Abschnitten *Start, Global, Directory Entry, Parameter Data, Terminate*. Während IGES für die Übergabe von zweidimensionalen Daten geschaffen wurde, erhöhen sich natürlich die Probleme beim Übergang zu räumlichen Gebilden. Dies ist bedingt durch große Unterschiede in den rechnerinternen Darstellungen für Oberflächen. Die IGES-Schnittstelle ist zur Kopplung von Volumenmodellen *nicht* verwendbar. IGES wurde als ANSI-Norm verabschiedet.

5.1.2 CAD-Elektronik

Der Computer ist die logische Weiterentwicklung des Menschen:
Intelligenz ohne Moral.

John Osborne

Die Entwicklung von Elektronikprodukten in Form von Leiterplatten (engl.: *printed circuit boards*, PCBs) und anwendungsspezifischen Schaltungen (engl.: *application specified integrated circuits*, ASICS) setzt sich aus drei aufeinanderfolgenden Hauptphasen zusammen: den logischen Entwurf, den physikalischer Entwurf und die Fertigungs- und Prüfvorbereitung.

Der logische Entwurf umfaßt den *Schaltungsentwurf* mit Hilfe eines leistungsfähigen Graphikeditors auf der Grundlage der in einer Bauteilbibliothek hinterlegten Daten der für die Entwicklung freigegebenen Elektronikbauelemente sowie die Vorbereitung einer möglichen Analyse bzw. Logiksimulation im Rahmen eines CAE-Paketes. Der *physikalische Entwurf* umfaßt die technische Anordnung der Bauelemente (engl.: *placement*) sowie die Verdrahtung, d.h. die Verbindung der einzelnen Bauelemente (engl.: *routing*), und ebenfalls die Vorbereitung der Logiksimulation. Die letzte Phase betrifft die Fertigungs- und Prüfvorbereitung, d.h. die Generierung der Informationen für die Baugruppenfertigung bzw. für die Chipfertigung und die Generierung von Prüfprogrammen für die Leiterplattenprüfung, und die Funktionsprüfung. Leiterplatten sind Träger von Bauelementen. Gleichzeitig enthalten Leiterplatten auch die notwendigen Verbindungen zwischen den Bauelementen. Mit Bauelementen bestückte *Leiterplatten* werden als *Baugruppen* bezeichnet. Baugruppen sind Module, d.h. Teilkomponenten von Systemen, und realisieren damit einen Ausschnitt der jeweils betrachteten Gesamtschaltung. Die Entwicklung von anwendungsspezifischen Schaltkreisen ist eine gebräuchliche Alternative zur Realisierung durch herkömmliche Baugruppen. Die ständig steigende Komplexität der Bauelemente und deren Integrationsdichte stellt neue Anforderungen an die Leiterplatten hinsichtlich der Anzahl der zu versorgenden Anschlüsse pro Bauelement und pro Flächeneinheit und des damit zusammenhängenden erforderlichen Bedarfs an Verdrahtungsraum. Die heutigen Grenzwerte für Leiterplatten sind:

- Leiterbreite: 0.08 mm
- Bohrdurchmesser: 0.2 mm (Laserschneidtechnik)
- Leiterabstand: 0.08 mm
- Lagenanzahl: ca. 30 (Layers)

Für die Entwicklung einer elektronischen Schaltung mit einem CAD-Tool greift man auf sog. logische Basisfunktionen oder Schaltelemente zurück. Für diese Schaltelemente existiert eine physikalische Realisierung. Das Spektrum der Schaltelemente reicht von grundlegenden logischen Gattern (z.B. AND-, OR-, NAND-, NOR-, XOR-Gatter) bis hin zu komplexen Multiplexern, Decodern, Zählern und Prozessoren usw. Ein CAD-Tool für Elektronikentwicklung unterstützt den Entwickler vor allem bei graphischen Beschreibungen der elektronischen Schaltung sowohl den Stromlaufplan oder das Funktionsblockdiagramm betreffend als auch das Layout des elektronischen Printboards.

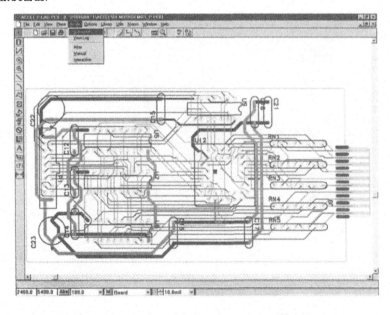

Abb. 5.13. Ausschnitt aus einem Stromlaufplan

Nachdem der Stromlaufplan entwickelt worden ist (Abb. 5.13), wird als nächster Schritt die Positionierung der Bauelemente auf dem Printboard vorgenommen. In Abhängigkeit von der Positionierung der Bauelemente ergibt sich dann ein mehr oder weniger kompliziertes Routing, d.h. die Herstellung der Verbindungen zwischen den einzelnen Anschlüssen der elektronischen Bauelemente. Die Erfolgsquote des Routings hängt von einem mehr oder weniger geschickten Placement der Bauelemente ab. Abbildung 5.14 zeigt als Beispiel ein Printboard mit den positionierten Bauelementen mit den eingetragenen notwendigen logischen Verbindungen.

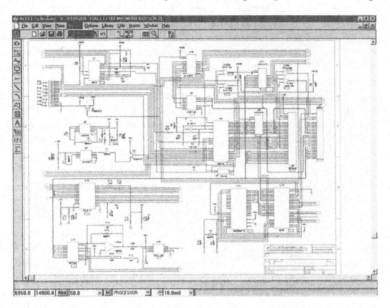

Abb. 5.14. Erforderliche Verbindungen nach dem Plazieren der Bauelemente

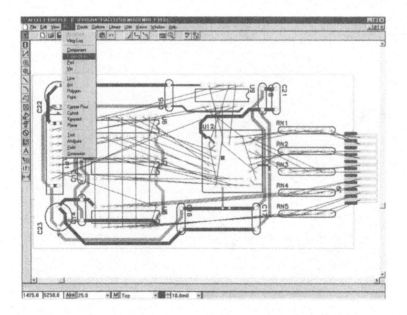

Abb. 5.15. Leiterplatte mit endgültigem Leiterbahnverlauf

Sind Kreuzungen von Leitungen unvermeidbar, so kann entweder durch eine *Durchkontaktierung* die Leiterbahnführung auf der anderen Seite der Leiterplatte weitergeführt werden oder man geht über zur *Multilayer-Technik*, d.h., es werden mehrere Layers aufeinander geschichtet auf einer Printplatte mit mehreren *Leitungsebenen*. Die endgültige Leiterbahnführung zeigt als Beispiel die Abb. 5.15.

Autorouter. Ein *Autorouter* wird auch automatischer *Leiterbahnentflechter* genannt. Er hat die Aufgabe, automatisch aus einem Schaltplan ein *Layout* zu erzeugen. Dieser Vorgang besteht aus drei Schritten.

- Plazierung der Bauteile; Kriterien: Optimierung nach Leitungslänge. Meist sind mehrere Optimierungsdurchgänge erforderlich.

- Globales Routing: Entwirren der Leitungen, wobei eine Aufteilung auf mehrere Lagen durchgeführt wird. Dabei ist ein neuerliches Optimieren der Bauteillage nötig.

- Lokales Routing: Genaues Festlegen, wo Leitungen verlaufen.

Das zu lösende Problem beim automatischen Routing ist ein mathematisches/graphentheoretisches, wobei Rechtecke auf einer Ebene verteilt werden, so daß sie sich nicht überschneiden. Oft werden (heuristische) Methoden zur Lösung verwendet, die auf langjähriger Entwicklererfahrung beruhen.

Mit dem Ziel der Qualitätssicherung des Elektronikproduktes sollen bereits in der Entwurfsphase auf der Leiterplatte Prüfpunkte vorgesehen werden, oder aber diese an Stift- und Steckerleisten herausgeführt werden, um ein späteres automatisiertes Testen der Baugruppe zu ermöglichen (engl.: *Computer Aided Testing*, CAT).

Stücklistengenerator. In der Regel umfassen CAD-Tools auch sog. *Stücklistengeneratoren*, die auf der Grundlage des Entwurfs (Designphase) automatisch eine Liste aller verwendeten Bauelemente erstellen.

5.2 Computer Aided Recycling (CAR)

In Sachen Umwelt sind die meisten
Regierungen kriminelle Vereinigungen.

Oliver Hassencamp

Die aktuellen ökologischen Randbedingungen in der modernen Industriegesellschaft erfordern eine Produktentwicklung, die besonderen Umwelterfordernissen gerecht wird. Das bedeutet, daß ein Produktentwickler seine Produkte recyclinggerecht konstruieren muß; d.h., daß er bereits in frühen Phasen des Lebenszyklus eines Produktes einer späteren, am Ende des Lebenszyklus liegenden Entsorgung angemessen Rechnung tragen muß. Hier findet der Entwickler eine Unterstützung durch die VDI-Richtlinie 2243 „Konstruieren recyclinggerechter technischer Produkte". Diese Richtlinie regelt folgende Aspekte des recyclinggerechten Konstruierens:

- Einsatz wieder- und weiterverwendbarer Werkstoffe

- Einsatz von Recyclaten

- Demontagegerechte Konstruktion (bedingt durch modularen Aufbau: gute Zugänglichkeit, zerstörungsfreie Demontage usw.)

- Auswahl von Fertigungsverfahren mit entsorgungsgerechten Hilfs- und Betriebsstoffen

Ziel des recyclinggerechten Konstruierens muß es sein, die abfallwirtschaftlichste Lösung für den Produktlebenszyklus zu finden und zu realisieren. Der Konstrukteur soll eine genaue Entsorgungsplanung durchführen. Dabei kann er sich z.B. von einem Expertensystem beraten lassen (Abb. 5.16).

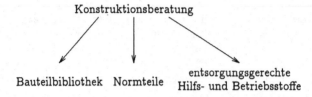

Abb. 5.16. Konstruktionsberatung für entsorgungsgerechtes Konstruieren

Die Vorgangsweise bei der Entsorgungsplanung besteht darin, bereits in der Produktentwicklungsphase eine spätere Entsorgung und ggfs. Wiederverwendung vorzusehen. Dieser Ablauf, der fest an den Produktlebenszyklus gebunden ist, kann am besten anhand von Abb. 5.17 veranschaulicht werden.

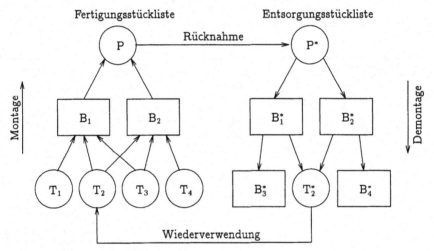

Abb. 5.17. Verfahrenskette bei recyclinggerechtem Produktlebenszyklus

Auf der Grundlage des Modularitätsprinzips besteht ein Produkt aus den Teilen T, die zu Baugruppen B zusammengefügt werden. Diese wiederum bilden nach Abschluß der Montage (engl.: *assembling*) das (neue) Produkt P. Am Ende des Produktlebenszyklus erfolgt die Rücknahme des abgenutzen Produktes P*. Dieses wird nun demontiert, wobei die zur Entsorgung anstehenden Baugruppen B anfallen. Diese enthalten Restbaugruppen B*, die keiner weiteren Nutzung zugeführt werden können und somit komplett zu entsorgen sind, sowie Baugruppen B*, die weiter demontiert werden können, wobei man hierbei Teile T* erhält, die entweder einer weiteren Nutzung zugeführt werden können oder die in der Folge entsorgt werden müssen. Bei den Teilen/Baugruppen, die für eine weitere Nutzung vorgesehen sind, ist eine Vermessung und anschließende Teileüberholung eingeplant, so daß einer Wiederverwendung in einem neuen Produkt P nichts mehr im Wege steht. Dieser Kreislauf nach Abb. 5.17 ist mit Rechnerunterstützung zu versehen: Wie bisher ist aus dem CAD-Dokument heraus eine Fertigungsstückliste zu generieren, aber – und das ist nun im CAR-Verfahren neu – auch zugleich eine *Entsorgungsstückliste* zu erzeugen. Weiter benötigt man außer einem Arbeitsplan für die Montage (wie bisher) einen Arbeitsplan für die Demontage einschließlich einer Kostenkalkulation für die Wiederaufbereitung von Teilen. Diese Anforderungen zu erfüllen, wird eine zentrale Aufgabe künftiger, umweltgerechter Produktentwicklung sein. Geeignete CAR-Tools befinden sich zur Zeit noch in der Entwicklung.

5.3 Computer Aided Engineering (CAE)

Wer mit dem Auto schneller fährt,
als er bei den bekannten Eigenschaften
dieses Apparats verantworten kann,
verhält sich untechnisch.

Carl Friedrich von Weizsäcker, „Atomenergie und Atomzeitalter"

CAE bezeichnet die rechnergestützte Lösung technischer und wissenschaftlicher Aufgabenstellungen *vor* und *während* des Entwicklungs- und Konstruktionsprozesses. In der Literatur finden sich verschiedene Definitionen für CAE, so z.B. beim AWF als Oberbegriff für eine Verbundlösung aus *Computer Aided Design* und *Computer Aided Planning*. Im Y-Modell nach *Scheer* findet sich CAE allein als Entwicklungstätigkeit für einen Produktentwurf. Im folgenden soll aber unter CAE die Rechnerunterstützung bei ingenieurmäßiger Entwicklungs- und Konstruktionsarbeit verstanden werden. Man unterscheidet Computer-Aided-Engineering-Systeme für *mechanische* Anwendungen und für *elektronische* Entwicklungen.

5.3.1 CAE-Mechanik

Die unterhaltendste Fläche auf der Erde
für uns ist die vom menschlichen Gesicht.

Lichtenberg

Computer Aided Engineering (CAE) schließt sich im Regelfall an die Designphase (CAD) an. Noch bevor der Prototyp eines Produktes hergestellt wird, können mit einem CAE-Tool verschiedene Simulationen durchgeführt werden, die über das spätere Systemverhalten des Produktes Aussagen machen. Auf diese Weise können Umweltbelastungen vermieden werden, indem Material, Energie und Arbeitskraft eingespart werden. Erst nach erfolgreicher Simulation des Produktverhaltens wird dann ein Prototyp erstellt, der aber schon im wesentlichen alle Anforderungen erfüllt. Damit kann die Anzahl der *Redesign-Phasen* reduziert werden, so daß Entwicklungszeit und -kosten gespart werden.

Eine typische Anwendung für CAE-Mechanik ist die Berechnung einer Crash-Simulation für ein Kraftfahrzeug. Es soll z.B. ein linksseitiger Frontalzusammenstoß simuliert werden. Dazu wird die gesamte Karosserie mit etwa 20.000 Flächenelementen beschrieben, wobei jedes Flächenelement aus *Knoten* und *Stäben* besteht. Zu jedem Flächenelement existieren *Nachbarflächenelemente*. In sog. *Verkettungslisten* werden diese *Nachbarschaftsbeziehungen* beschrieben. Die Crash-Simulation erfolgt nun so, daß von einer Kraftstoßeinleitung links vorn ausgegangen wird. Wird ein Flächenelement dabei nach hinten verschoben, werden benachbarte Flächenelemente *mitgezogen* (auf der Grundlage der im Rechner hinterlegten Nachbarschaftsbeziehungen von Flächenelementen). Die notwendigen Berechnungen sind jedoch weitaus komplizierter, da typische Materialwerte (wie z.B. zulässige Zugbeanspruchung des verwendeten Stahls $\sigma_{B,zul}$) in umfangreiche Festigkeitsberechnungen einfließen. Besonders aufwendig gestalten sich solche Festigkeitsberechnungen bei Kunststoff-Karosserieteilen oder bei gemischter Stahl-Kunststoff-Konstruktion.

Die Beschreibung der Karosserie mit der Finite-Elemente-Methode kann so modifiziert werden, daß interessierende Karosseriebereiche mit einer sehr feinen Elementstruktur beschrieben werden, während Verformungen der Karosserie – wie z.B. das Heck – weniger interessant sind und daher der Heckbereich durch größere Flächenelemente *gröber* beschrieben wird (Anmerkung: Bei selbsttragenden Karosserien verursacht ein linksseitiger Frontalcrash in der Regel auch bleibende Verformungen bis in den Heckbereich).

Abbildung 5.18 (Modell) zeigt die FEM-Beschreibung der Karosserie eines Kleinkraftwagens. Man erkennt, daß bei der Simulation des linksseitigen Frontalcrashes der vordere Wagenteil sehr *fein* (d.h. mit kleinen Flächenelementen) beschrieben wurde. Den Entwickler interessierten offenbar besonders mögliche Verformungen des Dachholms und des linken Türschwellers.

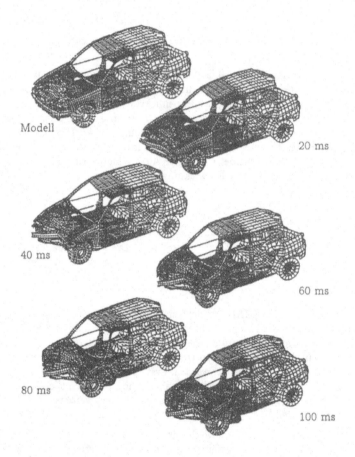

Abb. 5.18. Beschreibung eines Kfz nach FEM und Crash-Simulation

Mit der FEM-Beschreibung können nun umfangreiche Berechnungen auf einem Großrechner (z.B. CRAY-XMP 14) durchgeführt werden. Die Karosserieverformung bei einem Crash ist bei Stahlblechkarosserien normalerweise nach etwa 100 ms abgeschlossen. Für die Simulation der Karosserieverformung mit dem Programmpaket DYNA3D während dieser etwa 100 ms benötigt ein solcher Großrechner z. Zt. etwa 27.5 Stunden. Das Ergebnis der Crash-Simulation zeigt ebenfalls Abb. 5.18.

Aber auch die Verformung der Fahrertür während einer Dauer von 20 ms kann so vorausberechnet werden (Abb. 5.20). Das ist vor allem für die Entwicklung von Rettungskonzepten von Unfallopfern von besonderer Bedeutung.

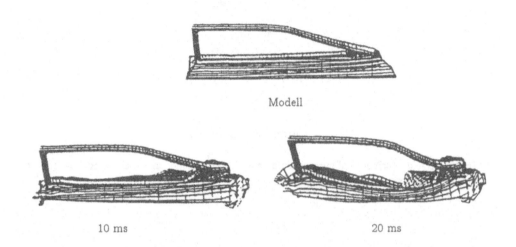

Modell

10 ms   20 ms

Abb. 5.19. Crash-Simulation (Verformung einer Tür)

Weiter lassen sich Standardlastfälle einer selbsttragenden Karosserie bei *Durchbiegung, Torsion* oder *Heckabbiegung* vorausberechnen (Abb. 5.20).

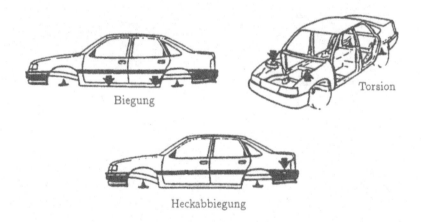

Biegung

Torsion

Heckabbiegung

Abb. 5.20. Standardlastfälle

Die kräftemäßige Wechselwirkung zwischen Airbag und Fahrer/Beifahrer kann mit einer entsprechenden Simulation z.B. mit dem Programmsystem MADYMD ebenfalls vorhergesagt werden, indem Airbag und Fahrer/Beifahrer ebenfalls nach der Finite-Elemente-Methode beschrieben werden. Abbildung 5.10 zeigt einen „finiten" Fahrer, der aufgrund einer Kollision in einen „finiten" Airbag prallt.

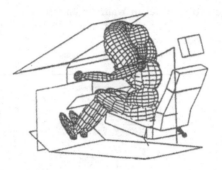

Abb. 5.21. Airbag-Fahrer-Simulation

Abbildung 5.22 zeigt noch einmal zusammenfassend die verschiedenen Arbeitsgänge, die für eine CAE-Simulation erforderlich sind.

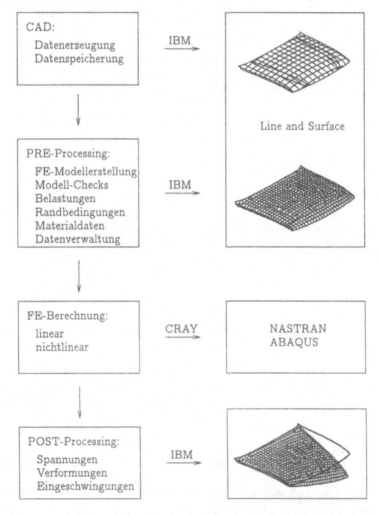

Abb. 5.22. CAD, Preprocessing, FE-Berechnung und Postprocessing

- Designphase mit CAD-Tool mit Datenerzeugung und -speicherung zur Beschreibung von dreidimensionalen Flächen

- Preprocessing bestehend aus FE-Modellerstellung, Belastungen, Randbedingungen

- FE-Berechnung mit linearen und nichtlinearen Gleichungssystemen

- Postprocessing mit Festigkeitsberechnungen (Knickung, Torsion, Zugbelastung, Druckbelastung, usw.) und Berechnung der Schwingungseigenschaften

CAE-Mechanik in Verbindung mit der Finite-Elemente-Methode findet heute breite Anwendungen in folgenden Bereichen:

- Flugzeugbau
- Thermodynamik
- Fahrzeugbau
- Bauwesen
- Raumfahrttechnik

Die wirtschaftlichen Vorteile beim Einsatz von CAE sind:

- Materialkostenreduzierung
- Energiekostenreduzierung
- Lohnkostenreduzierung
- Rapid Prototyping
- Verringerung der Entwicklerleistungen
- Verkürzung der Entwicklungszeit eines Produktes
- Reduzierung der Anzahl der Redesign-Phasen
- Verringerung der Umweltbelastung

5.3.2 CAE-Elektronik

The activities and work involved in designing and constructing machinery, engines, electrical devices, or road and bridges.

Collins Dictionary of the English Language

Hardware-Entwicklungen auf dem Gebiet der Elektronik verlaufen meistens Top-Down. Aufsetzend auf den Arbeitsergebnissen der Phase der CAD-Elektronik wird das künftige Produkt simuliert, verifiziert und dokumentiert.

5.3.2.1 CAE-Softwarepaket für Elektronik

Ein CAE-Softwarepaket, das zur Entwicklung von Elektronik-Hardware geeignet ist, besteht aus folgenden Komponenten:

- zentrale Datenbank
- Simulatoren
  - Digitalsimulation
  - Analogsimulation
  - Worst Case Timing
  - Fault Simulator
- Logiksynthese und -transformation
  - Silicon Compiler

– Software für Logiksynthese

- Produktionsdatengenerator

- Testdatengenerator

- Zentrale Datenbank

Jede Komponente bezieht ihre Inputdaten aus der zentralen Datenbank und legt dort auch wieder die erzeugten Outputdaten ab. Die Datenbank dient also einerseits als Schnittstelle zwischen den Komponenten und andererseits auch als zentrale Auskunftsstelle bei großen Projekten mit vielen beteiligten Mitarbeitern.

5.3.2.2 Simulatoren

Unter Simulatoren versteht man die logische Modellierung einer Schaltung durch Software, und die Durchführung von Berechnungen an diesem Modell, die das Verhalten unter bestimmten Voraussetzungen beschreiben. Simulatoren werden zur Verifikation der entwickelten Schaltungen herangezogen.

Der Ablauf einer Simulation geschieht folgendermaßen: Entweder der Benutzer oder der automatische Testdatengenerator erstellt *Testdaten* in Form von Logikzustandskombinationen für die Eingänge. Eine solche Zustandskombination wird *Testvektor* genannt. Der Simulator berechnet dann aufgrund des Testvektors die Logikzustände der Ausgänge der angegebenen Schaltung. Wenn mehrere Testvektoren vorhanden sind, werden diese nacheinander simuliert, wodurch sich Zustandsübergänge an den Eingängen ergeben. Der Benutzer kann dann an den Ausgangssignalen erkennen, ob sich die Schaltung so verhält wie in der *Requirement Specification* beschrieben. Zusätzlich kann der Simulator das *Reporting* von *Design-Fehlern* übernehmen.

Da nicht für jede Simulationsart ein eigener Simulator existiert, soll hier eine Übersicht über die Zuordnung zwischen *Simulationsarten* und *Simulatoren* hergestellt werden:

- *Logiksimulation* → Good Circuit Simulator

- *Timing Simulation* → Good Circuit Simulator,
                      → Worst Case Timing Simulator

- *Fault Simulation* → Fault Simulator

- *Analog Simulation* → Analog Simulator

Logiksimulation. Sie dient der Überprüfung der Funktion der Schaltung aus logischer, statischer Sicht, d.h., welche Zustände liefert die Schaltung an ihren Outputanschlüssen, wenn an den Inputanschlüssen ein bestimmter Logikzustand anliegt.

Timing Simulation. Darunter versteht man die Erweiterung der Logiksimulation unter Berücksichtigung der Bauteil-Verzögerungszeiten.

Fault Simulation. Es wird untersucht, wie sich die Schaltung unter der Annahme von einem oder mehrerer physikalischer Fehler an einer oder mehreren Stellen verhält.

Analogsimulation. Es wird untersucht, wie sich die Schaltung unter Beeinflussung durch physikalische Parameter wie *Wärme, kapazitive Aufladung, induktive Beeinflussung, bestimmter Leitungswiderstand* u.a. verhält.

Abbildung 5.23 zeigt anschaulich, wie für eine Schaltung eine Digitalsimulation durchgeführt wird. Das Ergebnis dieser Simulation ist in diesem Fall ein Impulsdiagramm, das dem Schaltungstechniker erlaubt, die Funktionsfähigkeit der Gesamtschaltung zu beurteilen. Alternativ könnten Laufzeitangaben für bestimmte elektronische Schalthandlungen angegeben werden.

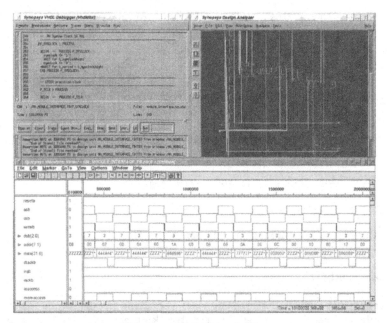

Abb. 5.23. Digitalsimulation

Neben den elektrischen Simulatoren ist heute bereits die *thermische* Simulation eines Printboards möglich. So werden die typischen Werte für die Verlustleitung von elektrischen Bauteilen im Betrieb zusammen mit ihrer Positionierung auf dem Printboard herangezogen, um die
tatsächlich anfallende Wärmebelastung vorauszuberechnen.

5.3.2.3 Benötigte Daten über Einzelbauteile

Ein Simulator kann im Prinzip auf jeder Abstraktionsebene eingesetzt werden; es ist dafür nur
notwendig, daß die benötigten Daten bezüglich der verwendeten Einzelbauteile für die Simulation
in der zentralen Datenbank (sog. Bauteilbibliothek) vorhanden sind. Folgende Daten werden
benötigt:

- Bauteil-Beschreibung des Verhaltens (z.B. Fan-In/Fan-Out)

- Definition der Ein- und Ausgänge

- Timing-Parameter

- Laufzeitverzögerung (propagation delay, t_{pd})

- Setz- und Stabilisierungszeit (setup time, t_{su})

- Haltezeit (hold time, t_h)

- minimale Pulsbreite (min. pulsewidth, t_w)

- sonstige physikalische und elektrische Parameter

Damit ist es möglich, Schaltungen zu simulieren, die verschiedene komplexe Bauteile verwenden (z.B. NAND, Register, RAM). Außerdem ist es möglich, Defaultwerte für diese Daten

vorzugeben, die verwendet werden, wenn keine weiteren Angaben existieren. Daher kann schon bei frühen Entwicklungsschritten eine Simulation zur Verifikation führen.

Bewertung. CAE-Tools, die in Verbindung mit der Entwicklung von Elektronik-Hardware eingesetzt werden, bieten folgende Vorteile:

- Reduktion der Anzahl der Redesign-Phasen/Prototypen

- Verkürzung der Entwicklungszeit

- Insgesamt Senkung der Entwicklungskosten

- Menschliche Fehler werden weitgehend unterdrückt

- Weniger Verifikationsaufwand

- Verifikationsprozeß wird insgesamt einfacher

5.3.2.4   Logiksynthese

Logiksynthese erzeugt aus der Beschreibung eines Verhaltens eine Schaltung mit komplexeren logischen Bauteilen. Die Beschreibung des Verhaltens kann entweder durch einen *imperativen Algorithmus* (wie gewöhnliche Programmiersprachen) oder durch eine *deklarative Beschreibung* (in Logikklausel-Form) erfolgen. Ein Programm für Logiksynthese arbeitet wie ein Compiler, indem es einen Programm-Sourcecode einliest und eine Beschreibung der Schaltung als Output liefert. Auch hier werden heuristische Methoden zur Lösung verwendet.

5.3.2.5   Silicon Compiler

Ein Silicon Compiler dient der automatischen Logiktransformation, indem er Schaltungen mit komplexen logischen Bauteilen in Schaltungen mit primitiven Bauteilen umwandelt. Er kann somit auf den Output der Logiksynthese oder auf eine manuell erzeugte Schaltung angewandt werden. Output des Silicon Compilers ist die Beschreibung einer Schaltung auf Implementationsebene, wobei dafür mehrere Verfeinerungsdurchläufe nötig sein können.

Im Prinzip handelt es sich dabei nur um ein Ersetzen von Modul-Spezifikationen durch Modul-Implementationen, wobei die Schnittstelle des Moduls durch die Input- und Outputsignale gegeben ist. Dennoch existieren mehrere *Parameter*, die bei der Transformation berücksichtigt werden müssen:

- Schaltungstechnologie (TTL, CMOS, NMOS)

- Abbildung von Logikzuständen auf Spannungsbereiche

- Fan-In/Fan-Out

- Timing-Angaben (Verzögerungs-, Stabilisierungszeiten)

- Optimierungskriterien (Geschwindigkeit, Leistungs-, Platzbedarf)

- Ablaufsteuerung (synchron, asynchron)

- sonstige Designregeln

5.3.2.6 Testvektorenerstellung

Testvektoren können auf drei verschiedene Arten erstellt werden:

- Auflistung von Testvektoren

- Angabe eines Testprogramms

- mit einem Testdatengenerator

Testdatengenerator. Ein Testdatengenerator erzeugt automatisch die Testvektoren zu allen möglichen (unterschiedlichen) Testfällen.

Testprogramm. Das Verhalten der Eingangssignale wird mit einer Hochsprache spezifiziert. Dieses Testprogramm wird dann von einer Art Compiler in die zugehörige Menge von Testvektoren übersetzt.

5.4 Computer Aided Manufacturing (CAM)

> *In zunehmendem Maße werden Maschinen durch andere Maschinen gesteuert und ersetzen damit die einfacheren Formen menschlicher Intelligenz.*
>
> John Kenneth Galbraith, „Die moderne Industriegesellschaft"

Nach der Definition des AWF wird CAM wie folgt definiert:

> *„Computer Aided Manufacturing (CAM) bezeichnet die EDV-Unterstützung zur technischen Steuerung der Objekte im Produktionsprozeß. Dies bezieht sich auf die direkte Steuerung von verfahrenstechnischen Anlagen, Betriebsmitteln, Handhabungsgeräten sowie Transport- und Lagersystemen. "*

Ein CAM-System läßt sich als Schichtenmodell mit verschiedenen Layern beschreiben (Abb. 5.24).

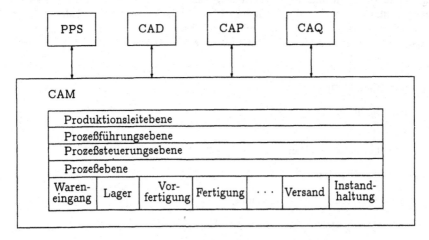

Abb. 5.24. Schichtenmodell des CAM-Systems

Das Schichtenmodell in Abb. 5.24 zeigt zum einen die innere Struktur des CAM-Systems sowie die Schnittstellen zu den umgebenden CAx-Komponenten. Die wichtigsten Funktionen der drei oberen Layer sind in Tabelle 5.1 dargestellt. Darunter befindet sich die Prozeßebene als Interface zur Sensor- und Aktuatorebene mit den Betriebsbereichen Wareneingang (sofern noch vorhanden), Lager, Vorfertigung, Fertigung, ... , Versand und Instandhaltung.

Tabelle 5.1. Funktionen der Ebenen

Produktionsleitebene (logistische Funktionen)	Prozeßführungsebene (operative Funktionen)	Prozeßsteuerungsebene
Planung, Verfügbarkeitskontrolle und Reservierungen von Maschinen Werkzeugen Material Personal Transport	Verteilung der Aufträge auf Maschinen und Arbeitsplätze Maschinenüberwachung Werkzeugüberwachung Materialabrufe Personaleinplanung Transportanstöße	Steuerung der Bearbeitungs- und Transportsysteme Maschinendatenerfassung Betriebsdatenerfassung Betriebsdatenerfassung Betriebsdatenerfassung Maschinendatenerfassung
Betriebsdatenverarbeitung	Betriebsdatenverarbeitung Zellenüberwachung Diagnose	Diagnose

In Tabelle 5.1 treten zwei neue Begriffe auf: die *Betriebsdatenerfassung* (BDE) und die *Maschinendatenerfassung* (MDE).

5.4.1   Betriebsdatenerfassung (BDE)

> *Sollst nicht murren, sollst nicht schelten,*
> *wenn die Sommerzeit vergeht,*
> *denn es ist das Los der Welten,*
> *alles kommt und alles geht.*
>
> Wolfgang Müller, „Epigramme"

Die Betriebsdatenerfassung hat die Aufgabe, alle erforderlichen organisatorischen Istdaten aus dem Betrieb zu sammeln und in verarbeitungsgerechter, verdichteter Form für die Fertigungssteuerung bereitzustellen. Für die Fertigungssteuerung ist es wichtig, zu jeder Zeit den aktuellen Stand der auftrags-, maschinen- und materialbezogenen Daten zur Verfügung zu haben (*Auftragsfortschrittskontrolle*). Betriebsdatenerfassung kann wie folgt detailliert beschrieben werden:

- Personalzeiterfassung

  - Anwesenheitszeiterfassung

  - Arbeitsplatzzuordnung

  - Arbeitsfunktionszuordnung

- Rüst- und Fertigungszeiten

- Rüst- und Fertigungszeitunterbrechungen

- Unterbrechungsgründe

- Materialverfolgung

- Auftragsmeldungen

- Qualitätssicherung

Die Betriebsdatenerfassung kann dazu beitragen, die Produktion von der Konstruktion bis zur Fertigung kostengünstig zu gestalten. Die Vernetzung der BDE mit dem gesamten Fertigungsbereich bietet folgende Vorteile: Transparenz der Fertigungskapazitäten, effektive Steuerung der gesamten Auftragsabwicklung, Termintreue, on-line mitlaufende Kalkulation sowie die Reduktion der Auftragsdurchlaufzeiten. Dadurch ist eine Senkung der Herstellkosten um etwa bis zu 10% möglich. Ziele der Einführung von BDE sind:

- Kenntnis der Personalzeiten je Auftrag oder Projekt

- Einführung eines gerechteren Entlohnungssystems

- Auffinden von Schwachstellen in der Produktion

- Kenntnisse über Materialfluß und Liegezeiten

Bei der praktischen Einführung von BDE in einem Unternehmen ist in der Regel zu beachten, daß der Einführung eine notwendige Betriebsvereinbarung zwischen Arbeitgeber und Personalvertretung vorauszugehen hat, da hierbei personenbezogene Daten direkt erfaßt werden, die auch auf die Leistungsbereitschaft eines Beschäftigten schließen lassen.

So hat jeder Mitarbeiter dem System sein *Kommen* und *Gehen*, *Ende* und *Unterbrechung* eines Arbeitsganges mitzuteilen. Dazu ist jeder Mitarbeiter mit einer maschinen-lesbaren Personalkarte (meist mit Magnetstreifen oder Barcode) ausgestattet.

Der von der Arbeitsvorbereitung (AV) ausgegebene Auftragsschein enthält die Auftragsnummer in maschinenlesbarer Form. Damit kann der Mitarbeiter z.B. den Beginn eines Arbeitsganges melden, indem er seine Personalkarte durch einen Magnetleser zieht, die Funktion „ANFANG" wählt und dazu den Barcode des Auftragscheins einliest. Das Erfassungsterminal fügt automatisch *Datum* und *Uhrzeit* hinzu, und damit ist der auftragsbezogene Arbeitsbeginn erfaßt. Ebenso werden bei Beendigung einer Tätigkeit die Stückzahlen von Gutteilen, Ausschuß, Unterbrechungszeiten und -gründe (z.B. Materialmangel, Werkzeugbruch) eingegeben.

Die so gewonnenen Daten werden innerbetrieblich direkt an die *Lohnverrechnung, Kostenrechnung* und *Arbeitsvorbereitung* weitergegeben. Damit können Aussagen über Liefertermine schneller und genauer getroffen werden, es kann aber auch schneller und besser auf Störungen in der Produktion reagiert werden.

Der wichtigste Software-Partner des BDE-Systems ist das *Produktionsplanungs- und -steuerungs-System*. Ein PPS-System ist auf die Datenerfassung durch BDE angewiesen, andernfalls wäre das PPS-System „blind". Das PPS-System muß die Informationen, die die BDE liefert, sofort in die Planung einfließen lassen, um jederzeit möglichst optimale Entscheidungen treffen zu können.

5.4.2 Maschinendatenerfassung (MDE)

Also, wat is en Dampfmaschin?
Da stelle mer uns janz dumm und da sage mer so:
En Dampfmaschin, dat is ene jroße schwarze Raum, ...
Und wenn de jroße schwarze Raum Räder hat,
dann es et en Lokomotiv. Vielleicht aber auch ein Lokomobil.

Heinrich Spoerl, „Die Feuerzangenbowle"

Mit der automatischen Erfassung der technischen Maschinenzustandsdaten ist es der Fertigungssteuerung und Instandhaltung möglich, Störungen rechtzeitig zu erkennen und entsprechende Maßnahmen einzuleiten, um dadurch größere Stillstandszeiten zu vermeiden. Mit den gewonnenen Daten kann die produktive Nutzungszeit eines Arbeitsplatzes ermittelt werden. Aus der

Auswertung können Rückschlüsse auf Rüst- und Auftragsreihenfolge gezogen und diese dann optimiert werden.

MDE kann wie folgt detailliert beschrieben werden:

- Laufzeiterfassung
- Stillstandszeiterfassung
- Programmstörung
- Werkzeugschäden
- Materialfehler und -mängel
- Personalausfälle

- Maschinenschäden
  - mechanisch
  - elektrisch
  - elektronisch
  - hydraulisch
  - pneumatisch

5.5 Computer Aided Planning (CAP)

> *Je planmäßiger die Menschen vorgehen,*
> *desto wirksamer vermag sie der Zufall zu treffen.*
>
> Friedrich Dürrenmatt

Der AWF gibt folgende Definition:

> *„Computer Aided Planning (CAP) bezeichnet die EDV-Unterstützung bei der Arbeitsplanung. Hierbei handelt es sich um Planungsaufgaben, die auf den konventionell oder mit CAD erstellten Arbeitsergebnissen der Konstruktion aufbauen, um Daten für Teilefertigungs- und Montageanweisungen zu erzeugen. Darunter werden verstanden: Die rechnerunterstützte Planung der Arbeitsvorgänge und der Arbeitsvorgangsfolgen, die Auswahl von Verfahren und Betriebsmitteln zur Herstellung der Objekte sowie die rechnergestützte Erstellung von Daten für die Steuerung der Betriebsmittel des CAM. Ergebnisse des CAP sind Arbeitspläne und Steuerinformationen für die Betriebsmittel des CAM."*

CAP kann wie folgt detailliert beschrieben werden:

- Arbeitsplanung

  - Festlegung der Arbeitsgangfolge
  - Verfahren- und Maschinenauswahl
  - Zuordnung von Werkzeugen, Vorrichtungen, Meßmitteln
  - Festlegung von Prozeßparametern
  - Planzeitermittlung
  - NC-, RC-, SPS-Programmerstellung
  - Kostenplanung

- Arbeitsplanverwaltung

  - Erstellung neuer Arbeitspläne
  - Neuplanung
  - Aktualisierung vorhandener Arbeitspläne

- Montageplanung

  – Umsetzung der Konstruktionsstückliste in eine Montagestückliste

  – Festlegung der Montagevorgangsfolge

  – Zuordnung der Montageplätze

  – Planzeitermittlung

- Betriebsmittelplanung

- Simulation von Fertigungs- und Montagevorgängen

- Standardisierung und Normenkontrolle

CAP umfaßt sowohl kurzfristige wie auch langfristige Planungsaufgaben. Zu den kurzfristigen gehört die Erstellung von produktbezogenen Unterlagen, die in der Fertigung und Montage benötigt werden. Die langfristigen Planungsaufgaben betreffen die Erarbeitung geeigneter Produktionsbedingungen für zukünftige Produkte. Die Funktionen und Schittstellen von CAP veranschaulicht Abb. 5.25.

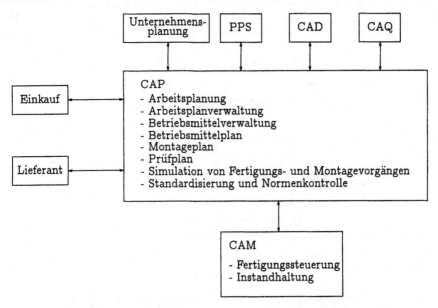

Abb. 5.25. Funktionen und Schnittstellen von CAP

5.6 Computer Aided Quality Assurance (CAQ)

Lieber weniger, aber besser.

Wladimir Iljitsch Lenin

Entsprechend der Definition der AWF bezeichnet CAQ die EDV-gestützte Durchführung der Qualitätssicherung. Hierunter wird einerseits die Erstellung von Prüfprogrammen und Kontrollwerten verstanden, andererseits die Durchführung rechnerunterstützer Meß- und Prüfverfahren. CAQ weist somit Schnittstellen zu allen übrigen CAx-Komponenten auf, die mit Hilfe von Abb. 5.26 beschrieben werden können.

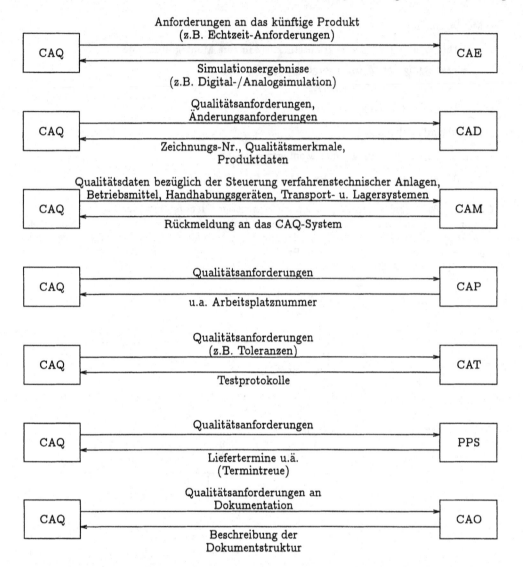

Abb. 5.26. Schnittstellen zwischen CAx-Komponenten und CAQ

CAQ umfaßt folgende Funktionen:

- Qualitätsplanung

  - Auswahl der Qualitätsmerkmale

  - Klassifizierung der Qualitätsmerkmale

  - Gewichtung der Qualitätsmerkmale

  - Festlegung der geforderten und zulässigen Werte

  - Optimierung der Qualitätskosten

- Qualitätssteuerung, -überwachung

- Überwachung der Durchführung
- Meßwertauswertung
- Qualitätsförderung

• Qualitätsnachweis

- Qualitätshandbuch
- Audits

• Dokumentation, Statistik

- Fehlerursachenverfolgung
- Lebensdaueranalyse
- Archivierung
- Berichtswesen

Qualitätssicherung bedeutet damit nicht nur, mit Rechnerunterstützung die erreichte Qualität nachzuweisen, sondern auch eine gewünschte Qualität *zu planen* und *zu regeln*. Dabei müssen in den immer komplexer werdenden Produktionssystemen alle auftretenden Störgrößen sofort erfaßt und geeignete Maßnahmen zur Sicherstellung der Produktqualität eingeleitet werden.

CAQ umfaßt die rechnerunterstützten, ausführbaren Funktionen des Qualitätswesens. Sie begleiten den gesamten Produktlebenszyklus von der Produktentwicklung bis zum Versand.

In vielen Unternehmen kann nahezu überall festgestellt werden, daß die mit Entwicklungs- und Produktionsaufgaben Beschäftigten keine klare Vorstellung vom Begriff *Qualität* haben. Oft wird unter Qualität fälschlicherweise ein Höchstmaß an Präzision oder Zuverlässigkeit und Verfügbarkeit eines Produktes verstanden. Das ist jedoch grundlegend falsch, vielmehr bedeutet Qualität nichts anderes als die Erfüllung der Anforderungsspezifikation (engl.: *requirement specification*) durch das Produkt. Damit stellt sich als Folge eine wünschenswerte Zufriedenheit des Kunden ein, so daß man vereinfacht auch sagen kann:

„Die Qualität eines Produktes ist dann gegeben, wenn der Kunde zufrieden ist."

Daher werden heute in nahezu allen Unternehmen Maßnahmen der Qualitätssicherung ergriffen, die zumeist auf sog. *Qualitätshandbüchern* basieren. Vor mehr als 20 Jahren wurden solche Abteilungen noch als *Qualitätskontrolle* bezeichnet. Dies hat aber bei den Mitarbeitern überwiegend den Eindruck einer Polizeifunktion im eigenen Unternehmen hinterlassen. Daher hat man in der Folgezeit eher von *Qualitätssicherungsmaßnahmen* gesprochen. Ebenso hat es sich nicht bewährt, in einem Unternehmen einen festen Mitarbeiterstamm für die Aufgaben der Qualitätssicherung zu installieren, da ihnen wiederum der „Geruch" des Qualitätspolizisten anhaftet. Eine Lösung für das damit verbundene Akzeptanzproblem im Unternehmen konnte dadurch gefunden werden, daß man *Quality Audits* einführte (vom lateinischen Wort *audire* = hören). Dabei setzen sich Teams wechselnder Zusammensetzung aus den Bereichen *Entwicklung, Fertigung, Logistik, Vertrieb, Financial Controlling* für eine befristete Zeit mit den Mitarbeitern zu einem Anhörungsverfahren zusammen, die an der Entwicklung/Fertigung eines Produktes oder einer Produktfamilie beteiligt waren. Auf der Grundlage des Qualitätshandbuches im Unternehmen wird nun ein *Qualitätsreview* gemeinsam vorgenommen, wobei Mitarbeiter, die nicht mit dem Produkt selbst zu tun hatten, jedoch über entsprechende Erfahrung verfügen, zusammen mit den Herstellern die Produktentwicklung nachvollziehen. Dabei sollte insbesondere darauf Wert gelegt werden, daß der Eindruck einer „gerichtlichen Untersuchung" vermieden wird, da sonst die Entwickler des Produktes ständig meinen, sich verteidigen zu müssen, anstatt aufgeschlossen und gemeinsam mit dem Team nach möglichen Fehlerquellen zu suchen.

Eine weitere sehr wichtige Erkenntnis, die mit dem Begriff Qualität verknüpft ist, ist die Tatsache, daß die Qualität eines Produktes nicht *erprüft* werden kann. Vielfach besteht die irrige Meinung, man müsse z.B. im Bereich der Softwareentwicklung nur genügend Tests durchführen, damit die entwickelte Software hinreichende Qualität habe. Diese Vorstellung ist unzutreffend. Vielmehr ist die Qualität eines Produktes (z.B. eines Programms) an den Entwicklungsprozeß geknüpft und beginnt damit bereits entwicklungsbegleitend zusammen mit der ersten Phase des Lebenszyklus eines Produktes.

Qualitätssicherung im Sinne von *Quality Assurance* muß also als ein paralleler Prozeß zum Produkt-Lebenszyklus verstanden werden, wie dies Abb. 5.27 veranschaulicht.

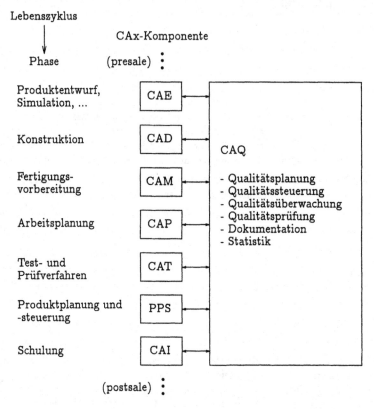

Abb. 5.27. Lebenszyklus und CAQ

5.7   Computer Aided Testing (CAT)

> *Wer prüft, vermehrt das Wissen;*
> *wer glaubt, vermehrt den Irrtum.*
>
> Lokman „Fabeln"

Computer Aided Testing (CAT) umfaßt alle Testvorgänge bei einem Produkt mit dem Ziel, eine Gut/Schlecht-Entscheidung im Bereich Fertigung und Montage zu treffen. Grundlage aller Test- und Prüfvorgänge ist die *Requirements Specification* des Produktes. Für CAT gibt es noch keine umfassende allgemeine Vorgangsweise; vielmehr sind individuell für jedes Unternehmen Prüf- und Testplätze mit geeigneter Rechnerunterstützung vorzusehen. Ein wesentliches Ziel von

CAT ist die automatische Generierung von Prüfprotokollen mit einer eindeutigen Zuordnung zum jeweils gefertigten Produkt. Gerade dadurch, daß mit Hilfe von CAT ein Produkt *individualisiert* wird, kann am Markt für ein solches Produkt ein wesentlich höherer Verkaufspreis erzielt werden. Grundlage dafür ist ein detailliertes Prüf- und Testprotokoll. CAT kann detailliert beschrieben werden:

- Anschluß des Produktes aus der Fertigung an die Testumgebung

- Start/Ablauf des Testprogramms

- Testdokumentation

- Automatischer Vergleich der Testergebnisse mit relevanten Werten aus der Requirement Specification

- Gut/Schlecht-Entscheidung

- Zuordnung zwischen Produkt und Testdokument

Die Schnittstellen von CAT können wie in Abb. 5.28 veranschaulicht werden.

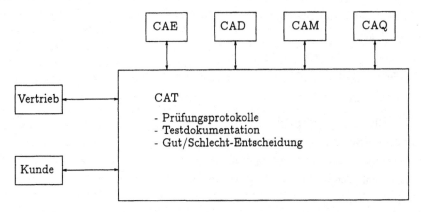

Abb. 5.28. Funktionen und Schnittstellen von CAT

5.8 Produktionsplanung und -steuerung (PPS)

> *Steuermann! Laß die Wacht!*
> *Steuermann! her zu uns!*
> *Ho! He! Je! Ha!*
>
> Richard Wagner, „Der fliegende Holländer"

Der AWF hat folgende Definition erarbeitet:

> *„Produktionsplanung und -steuerung (PPS) bezeichnet den Einsatz rechner-unterstützter Systeme zur organisatorischen Planung, Steuerung und Überwa-chung der Produktionsabläufe von der Angebotsbearbeitung bis zum Versand un-ter Mengen-, Termin- und Kapazitätsaspekten."*

Die Funktionalität eines PPS-Systems kann folgendermaßen detailliert beschrieben werden:

- Produktionsprogrammplanung

  - Grobplanung des Produktionsprogramms
  - Lieferterminbestimmung
  - Vorlaufsteuerung der Konstruktion und Arbeitsplanung

- Mengenplanung

  - Bedarfsermittlung
  - Lieferantenauswahl
  - Lagerbestandsführung
  - Materialreservierung

- Materialdisposition

  - Stücklistenauflösung
  - Brutto/Netto-Bedarfsermittlung

- Fertigungsdisposition

  - Termin- und Kapazitätsplanung
  - Durchlaufterminermittlung
  - Kapazitätsbedarfsermittlung
  - Ermittlung der Verfügbarkeit notwendiger Kapazitäten

- Auftragsveranlassung

  - Bestellungen (innerbetrieblich)
  - Fremdbestellungen (über Einkauf)
  - innerbetriebliche Auftragsfreigabe
  - Erstellung der erforderlichen Arbeitsbelege

- Auftragsüberwachung

  - Bestellüberwachung
  - Wareneingangsmeldung
  - Kapazitätsüberwachung
  - Überwachung innerbetrieblicher Aufträge
  - Überwachung von Fremdaufträgen

- Anschluß an Financial Controlling

  - Lohn/Gehaltskosten
  - Materialkosten
  - Maschinenkosten
  - Gemeinkosten

- Inventur und betriebliche Statistik

  - Stichtagsinventur
  - permanente Inventur

Die Durchführung der verschiedenen PPS-Funktionen erfolgt auf Basis umfangreicher Grunddaten wie *Teilestammdaten, Stücklisten, Arbeitsplänen, Kostenstellen, Kapazitätsdaten.*

Im Rahmen der *Produktionsprogrammplanung* wird anhand der Grobplanung der Kapazitätsbedarf nach Menge und Termin für die eingehenden Kundenaufträge berechnet.

Die *Mengenplanung* dient der Ermittlung der zu fertigenden Teile und des zu beschaffenden Materials nach Art und Menge.

In der *Durchlaufterminermittlung* werden die Bearbeitungstermine für die einzelnen Fertigungsstationen errechnet. Dabei besteht die Möglichkeit, die Terminermittlung als *Vorwärts- und Rückwärtsterminierung* durchzuführen. Beim ersten Verfahren steht der Anfangstermin, beim zweiten Verfahren der Endtermin fest.

Die *Auftragsveranlassung und -überwachung* regelt das Bestellwesen und umfaßt sowohl innerbetriebliche Bestellungen als auch Bestellungen an externe (Fremd-)Lieferanten.

Aufgabe der *Materialdisposition* ist die Umsetzung des Kundenauftrages in Fertigungsaufträge für den CAM-Bereich. Die Aufgabe der *Fertigungsdisposition* ist die Einplanung der Fertigungsaufträge auf die vorhandenen Fertigungskapazitäten und die Überwachung der Fertigungsdurchführung. Die Freigabe von Fertigungsaufträgen erfolgt je nach Planungshorizont *täglich* (z.B. Automobilindustrie) bis *mehrwöchentlich* (z.B. Kleinserienfertigung).

Verschiedene Softwarehäuser bieten heute bereits PPS-Systeme unterschiedlicher Funktionalität an. Man findet PPS-Systeme, die eher fertigungsorientiert konzipiert sind, und daneben solche, die eher auf die wirtschaftlichen Aspekte des Fertigungsprozesses ausgerichtet sind. In jedem Fall hat man bei der Inbetriebnahme des PPS-Softwarepaketes mittels einer Parametrisierung das PPS-System an die Erfordernisse und die Struktur des Unternehmens anzupassen. Nach erfolgter Installation bleibt die Funktionalität des PPS-Systems konstant. Neue Entwicklungen haben dazu geführt, daß mittels eines Expertensystems die Funktionalität des PPS-Systems an die veränderliche Situation des Unternehmens angepaßt werden kann. Abbildung 5.29 zeigt die Funktionen und Schnittstellen eines PPS-Systems.

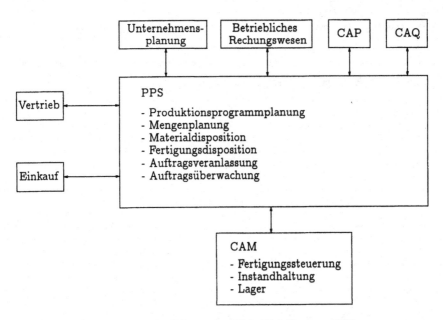

Abb. 5.29. Funktionen und Schnittstellen von PPS

5.9   Computer Aided Office (CAO)

Daß man in den Bürostunden schläft,
ist nur gerecht, schließlich ist man
ja auch im Büro müde geworden.

Hendrick Peeters

Computer Aided Office umfaßt den gesamten Bereich der Büroautomation. Hier werden sowohl die Funktionen der Bürokommunikation wie auch das Finanz- und Rechnungswesen, der Vertrieb, das Personalwesen und andere kaufmännische Funktionen in administrativer Hinsicht integriert.

Besondere Bedeutung kommt z.Zt. einer effizienten Rechnerunterstützung im Vertriebsbereich zu, da hier erheblicher Personalaufwand notwendig wird, um die gewünschten Angebote effizient zu erstellen. In vielen Unternehmen liegt nämlich erfahrungsgemäß die Auftragsquote bezogen auf die Anzahl der Angebote unter 10%. Daher wirkt sich hier eine Rechnerunterstützung der Akquisition besonders kostensenkend aus.

Neben leistungsfähigen Textverarbeitungssystemen gewinnen Datenbanksysteme und Kalkulationswerkzeuge in diesem Anwendungsgebiet zunehmend an Bedeutung.

Weiterführende Literatur

ASME/ANSI Y14.26M: *Initial Graphics Exchange Specification (IGES)*.

Baumgartner, H.: *CIM-Basisbetrachtungen*. Siemens-AG, 1989.

Bezirgan, A.: *Gedächtnisbasierte Fertigungsplanung*. Dissertation TU Wien, 1993.

Harrington J.: *Computer Integrated Manufacturing*. Reprint, 1979.

Nüttgens, M.; Scheer, A.-W.: *Integrierte Entsorgungssicherung als Bestandteil des Informationsmanagements in Industriebetrieben*. Schmalenbachs Zeitschrift für betriebswirtschaftliche Forschung (ZfbF), S. 959–972, 1993.

Ruland, D.; Gotthart, H.: *Entwicklung von CIM-Systemen*. München: Carl Hanser Verlag, 1991.

Scheer, A.-W.: *CIM-Der computergesteuerte Industriebetrieb*. Berlin: Springer Verlag, 1990.

VDI-Richtlinie 2243: *Konstruieren recyclinggerechter technischer Produkte*.

6 Grundlagen der Regelungstechnik

6.1 Einführung

Die Grundlage ist das Fundament der Basis.

Le Corbusier

Ein wesentliches Element automatisierter Systeme ist ein geeignetes *regelungstechnisches Konzept* als Bestandteil des gesamten Systementwurfes. Ob es nun um die Positionierung eines Roboter-Greifarmes, eine Antischlupfregelung beim Kfz-Vierrad-Antrieb oder eine Geschwindigkeitsbeeinflussung von Eisenbahnwaggons an einem Ablaufberg eines Rangierbahnhofes geht, überall finden sich in technischen Systemen regelungstechnische Aufgabenstellungen.

Im folgenden wird eine Einführung in die klassische Regelungstechnik gegeben, wobei allerdings nur *einschleifige Regelkreise* betrachtet werden. Auf die Behandlung vermaschter und adaptiver Regelkreise wird bewußt wegen der damit verbundenen Komplexität verzichtet. So soll eine kurze Einführung in die Grundlagen der Regelungstechnik gegeben werden, die sich der Mittel der Systemtheorie bedient.

Nach einer Einführung der wesentlichen Charakteristika von *Regler* und *Regelstrecken* sowie der Behandlung von Stabilitätsfragen werden digitale Regler vorgestellt.

Als ein völlig neuer Ansatz zur Lösung regelungstechnischer Aufgabenstellungen wird die *Fuzzy-Logik* am Ende dieses Abschnittes erläutert.

6.1.1 Regelungstechnische Begriffe

Die Regelung ist ein Vorgang,
bei dem der vorgegebene Wert
einer Größe fortlaufend durch Eingriff
auf Grund von Messungen dieser Größe
hergestellt und aufrechterhalten wird.

DIN 19226

Bei der Beschreibung technischer Systeme treten häufig Begriffe wie *Steuerung* und *Regelung* auf. Diese Begriffe sind wie folgt zu unterscheiden.

Eine *Steuerung* ist die definierte Einflußnahme auf einen technischen Prozeß *ohne* Kontrolle des Erfolges (eine Rückmeldung einer zu beeinflussenden Zustandsgröße des technischen Prozesses ist nicht vorgesehen).

Eine *Regelung* liegt vor, wenn eine bestimmte Zustandsgröße eines technischen Prozesses dadurch innerhalb vorgegebener Grenzen gehalten wird, daß der Wert dieser Zustandsgröße ständig so kontrolliert wird, daß bei auftretenden Abweichungen dieser wieder auf den gewünschten Sollwert gebracht wird. Dabei entsteht ein als Rückwirkung bezeichneter Wirkungsablauf, der sich in einem geschlossenen Kreis – dem *Regelkreis* – vollzieht (DIN 19226).

Eine *Regelung* ist überall dort erforderlich, wo eine Zustandsgröße eines technischen Prozesses durch eine Steuerung nicht auf dem gewünschten Sollwert gehalten werden kann, weil sie unter dem Einfluß von Störungen (*Störgrößen*) steht. Abbildung 6.1 zeigt den Informationsfluß für eine *Steuerung* und eine *Regelung*.

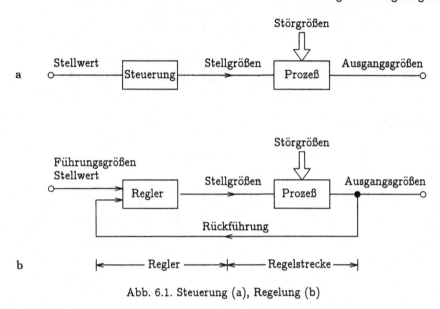

a

Abb. 6.1. Steuerung (a), Regelung (b)

Man erkennt im Fall der Steuerung, daß eingangsseitige Stellwerte am Ausgang der Steuerung zugeordnete Stellgrößen für den technischen Prozeß erzeugen. Diese greifen in das Prozeßgeschehen ein, das Einwirkungen durch Störgrößen unterliegt. Der technische Prozeß reagiert auf die Stellgröße und die einwirkenden Störgrößen mit bestimmten Werten für Zustandsgrößen des Prozesses. Ob die Werte dieser Zustandsgrößen dem eingangseitig eingestellten Stellwert entsprechen, kann nicht festgestellt werden (Abb. 6.1a).

Im Fall einer Regelung werden eingangseitig gewisse *Sollwerte* als *Führungsgrößen* vorgegeben. Die aktuellen Zustandsgrößen des technischen Prozesses werden durch eine *Rückführung* (engl.: *feedback*) ebenso eingangseitig zur Verfügung gestellt. Aus der Differenz zwischen *Istwert* und *Sollwert* einer *Regelgröße* erzeugt der *Regler* nach einem festgelegten Algorithmus eine zugeordnete Stellgröße, die im technischen Prozeß auch unter dem Einfluß wirksamer Störgrößen den Wert einer Regelgröße in vorgegebenen Grenzen hält (Abb. 6.1b).

Eine *Regelung* ist damit gegenüber einer *Steuerung* durch die *Rückführung* gekennzeichnet. Dadurch entsteht ein geschlossener Wirkungskreis, der *Regelkreis*. Man erkennt in Abb. 6.1b den *Regler* und den *technischen Prozeß* als Blockschaltbild; dabei wird der technische Prozeß aus regelungstechnischer Sicht auch als *Regelstrecke* bezeichnet. Wird eine Ausgangsgröße (Regelgröße) ohne irgendeine Umformung direkt auf den Eingang des Reglers zurückgeführt, liegt eine *Einheitsrückführung* vor.

Abbildung 6.2 zeigt einen einschleifigen Regelkreis (er besteht nur aus *einer* Schleife!) mit den Benennungen der physikalischen Größen.

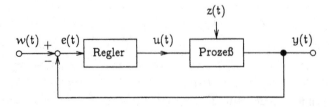

Abb. 6.2. Benennung der physikalischen Größen im Regelkreis

Folgende Benennungen werden festgelegt:

- $w(t) = Sollwert$ (Führungsgröße)

- $y(t) = Istwert$ (Regelgröße)

- $u(t) = Stellgröße$

- $e(t) = w(t) - y(t) = Regelabweichung$

- $z(t) = Störgröße$

Nach der Strategie des regelungstechnischen Verfahrens unterscheidet man:

Festwertregelung. Der Wert der Führungsgröße (Sollwert) bleibt während des Regelvorgangs fest eingestellt, d.h., $w(t) = w_0 = $ const. Der Wert der Regelgröße $y(t)$ (Istwert) soll möglichst nah am Sollwert gehalten werden, so daß gilt: $y(t) \approx w_0$ (z.B. Spannungsregelung in einem Festspannungsregler).

Folgeregelung. Der Wert der Regelgröße $y(t)$ folgt auch bei vorhandenen Störungen dem sich ändernden Sollwert $w(t)$, so daß etwa gilt: $y(t) \approx w(t)$ (z.B. Nachführen der Position einer Satelliten-Antenne).

Normen zur Steuerungs- und Regelungstechnik finden sich in DIN 19226.

6.1.2 Blockschaltbilddarstellung

> *Was im Leben uns verdrießt,*
> *man im Bilde gern genießt.*
>
> Johann Wolfgang Goethe, „Gedichte: Parabolisch"

Nach Abb. 6.3 soll in einem physikalisch-technischen System (*Block*) die Eingangsgröße $x_e(t)$ mit der Ausgangsgröße $x_a(t)$ kausal verknüpft werden (Gültigkeit des *Kausalitätsprinzips*). Weiter soll *Rückwirkungsfreiheit* vom Ausgang auf den Eingang eines Blockes angenommen werden (Abb. 6.3).

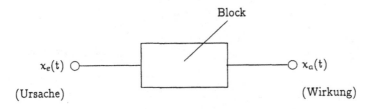

Abb. 6.3. Blockschaltbild

6.1.2.1 Verknüpfung von Signalen

Für die Verknüpfung von Signalen werden die folgenden Möglichkeiten angenommen: *Addition*, *Subtraktion* und *Verzweigung* (Abb. 6.4).

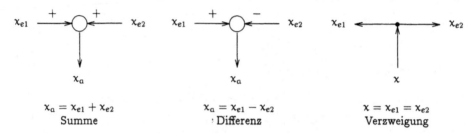

$$x_a = x_{e1} + x_{e2}$$
Summe

$$x_a = x_{e1} - x_{e2}$$
Differenz

$$x = x_{e1} = x_{e2}$$
Verzweigung

Abb. 6.4. Verknüpfung von Signalen

6.1.2.2 Verknüpfung von Blöcken

Einem Block nach Abb. 6.3 soll bezüglich der Abbildung der Eingangsgrößen auf die Ausgangsgrößen ein sog. *Operator* OP zugeordnet werden. Blöcke können *seriell* (Kettenanordnung), *parallel* oder *mit einer Rückführung* angeordnet werden (Abb. 6.5). Mit diesen drei Verknüpfungsarten für Blöcke können *alle* regelungstechnischen Systemstrukturen dargestellt werden.

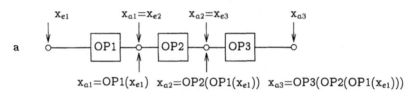

$$x_{a1} = OP1(x_{e1}) \quad x_{a2} = OP2(OP1(x_{e1})) \quad x_{a3} = OP3(OP2(OP1(x_{e1})))$$

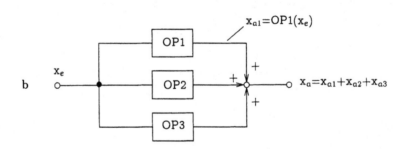

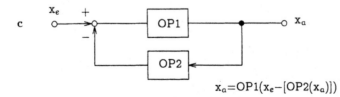

$$x_a = OP1(x_e - [OP2(x_a)])$$

Abb. 6.5. Ketten- (a), Parallel- (b) und Zusammenschaltung mit Rückführung (c)

6.1.3 Eigenschaften der Übertragungsfunktion

Mögen wir noch so viele Eigenschaften haben,
die Welt achtet vor allem auf unsere schlechten.

Moliere

Ein Übertragungsglied als Block nach Abb. 6.3 bewirkt bei Änderung der Eingangsgröße x_e eine Veränderung der Ausgangsgröße x_a, die bei realen technischen Systemen in der Regel zeitlich verzögert wird. Außerdem wird das Ausgangssignal amplituden- und phasenmäßig verändert. Für die weitere Betrachtung soll einschränkend vorausgesetzt werden:

Zeitunabhängigkeit. Das Übertragungsglied bewirkt allgemein die Abbildung $f(t) \to f^*(t)$, wobei ebenso $f(t - t_0) \to f^*(t - t_0)$ gilt.

Linearität. Linearität liegt vor, wenn gilt: $a \cdot f_1(t) + b \cdot f_2(t) \to a \cdot f_1^*(t) + b \cdot f_2^*(t)$ (f^* sei die Abbildung von f).

Unter diesen Voraussetzungen kann die Abbildung der Eingangsgrößen auf die Ausgangsgrößen durch eine Differentialgleichung n-ter Ordnung mit konstanten Koeffizienten als sog. *dynamisches Modell* beschrieben werden.

6.1.4 Testfunktionen

Die Jugend will lieber angeregt
als unterrichtet sein.

Johann Wolfgang Goethe, „Dichtung und Wahrheit"

Um das Übertragungsverhalten von Übertragungsgliedern nach Abschn. 6.1.3 zu beschreiben, können Testfunktionen eingesetzt werden. Diese Testfunktionen sind Anregungsfunktionen für ein zu untersuchendes Übertragungsglied. Die wichtigsten Testfunktionen sind die Sprung- und die Diracfunktion.

6.1.4.1 Sprungfunktion

Die Sprungfunktion wurde erstmals von *K. Küpfmüller* eingeführt. Sie beschreibt Schalthandlungen und wird daher auch als die sog. *Schaltfunktion* bezeichnet. Es sei

$$s(t) = \begin{cases} 0 & \text{für} \quad -\infty \le t < 0, \\ A & \text{für} \quad t \ge 0 \end{cases} \tag{6.1}$$

mit der Stufenhöhe A. Die Sprungfunktion kann normiert werden. Dadurch erhält man die *Einheitssprungfunktion* $\sigma(t)$. Es gilt

$$\sigma(t) = \frac{s(t)}{A} = \begin{cases} 0 & \text{für} \quad -\infty \le t < 0, \\ 1 & \text{für} \quad t \ge 0. \end{cases} \tag{6.2}$$

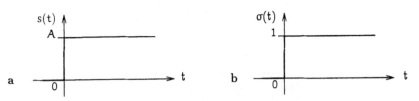

Abb. 6.6. Sprungfunktion (a), Einheitssprungfunktion (b)

Die zeitlich verschobene Sprungfunktion. Abbildung 6.7 zeigt zeitlich verschobene Sprungfunktionen mit den zugehörigen Zeitfunktionen.

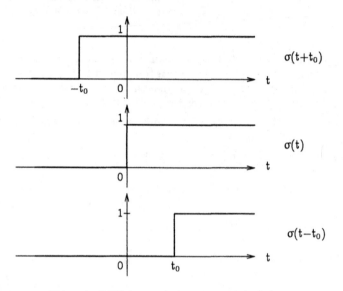

Abb. 6.7. Zeitlich verschobene Sprungfunktionen

Rechtecksignal aus zwei zeitlich verschobenen Sprungfunktionen. Eine additive Überlagerung zweier verschobener Sprungfunktionen nach Abb. 6.8 ergibt eine Rechteckfunktion.

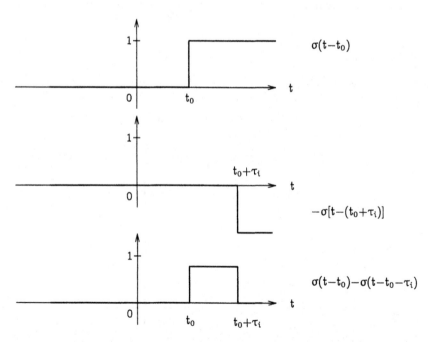

Abb. 6.8. Rechteckfunktion aus zwei verschobenen Einheitssprungfunktionen

6.1.4.2 Stoßfunktion

Die Stoßfunktion $d(t)$ kann man sich dadurch entstanden vorstellen, daß bei einem Rechteckimpuls nach Abb. 6.9a die Zeitdauer τ_i bei konstanter Amplituden-Zeit-Fläche ($U_0\tau_i$) gegen null geht. Dabei geht die Amplitude für $\tau_i \to 0$ gegen unendlich (Abb. 6.9b).

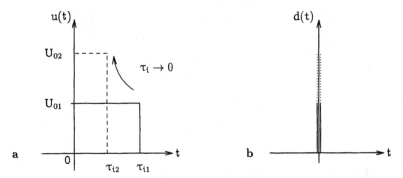

Abb. 6.9: Rechteckfunktion mit konstanter Amplituden-Zeit-Fläche (a), Übergang zur Stoßfunktion $d(t)$ (b)

Es sei

$$d(t) = \begin{cases} 0 & \text{für} \quad t \neq 0, \\ \infty & \text{für} \quad t = 0 \end{cases} \tag{6.3}$$

unter der Bedingung, daß die Amplituden-Zeit-Fläche konstant bleibt:

$$\int_{-\infty}^{t} d(\mu)d\mu = \begin{cases} 0 & \text{für} \quad t < 0, \\ \text{const} & \text{für} \quad t > 0. \end{cases} \tag{6.4}$$

Die Normierung führt auf die *Einheitsstoßfunktion* oder Diracfunktion

$$\delta(t) = \frac{d(t)}{U_0\tau_i} = \begin{cases} 0 & \text{für} \quad t \neq 0, \\ \infty & \text{für} \quad t = 0. \end{cases} \tag{6.5}$$

Entsprechend Abb. 6.10a soll die Diracfunktion $\delta(t)$ symbolisch dargestellt werden. Abbildung 6.10b zeigt eine zeitlich verschobene Diracfunktion $\delta(t - t_0)$.

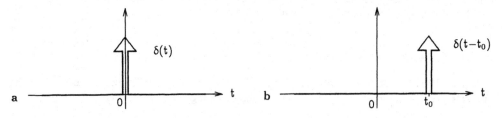

Abb. 6.10. Diracfunktion (symbolisch) (a), zeitlich verschobene Diracfunction (b)

6.1.4.3 Rampenfunktion

Eine dritte wichtige Testfunktion ist die *Rampenfunktion* r(t) (Abb. 6.11).

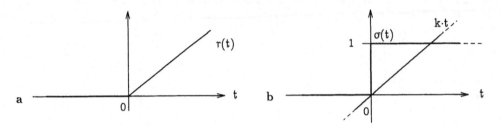

Abb. 6.11: Rampenfunktion r(t) (a), multiplikative Verknüpfung der Geradenfunktion k · t mit der Einheitssprungfunktion zur Rampenfunktion r(t) (b)

Die *Rampenfunktion* kann damit beschrieben werden als

$$r(t) = k \cdot t \cdot \sigma(t) = \begin{cases} 0 & \text{für } t \leq 0, \\ k \cdot t & \text{für } t \geq 0. \end{cases} \qquad (6.6)$$

Sie eignet sich als Testfunktion sowohl für Regler als auch für Regelstrecken und kann weiter dazu dienen, eine lineare Führungsgrößenänderung zu beschreiben. Verschiebungen längs der Zeitachse können genauso wie bei den bereits beschriebenen Testfunktionen mathematisch beschrieben werden. Bei technischen Systemen ist meist für bestimmte Größen wie z.B. die Regelabweichung, die Stellgröße oder die Regelgröße nur ein bestimmter Wertebereich zugelassen (der sog. *Aussteuerbereich*). Dieser Aussteuerbereich ist jeweils bei einer systemtheoretischen Beschreibung mit der Rampenfunktion zu berücksichtigen.

6.1.5 Antwortfunktionen

> *Wenn einer dich in Hast fragt,*
> *dann antworte ihm langsam.*
>
> Italienisches Sprichwort

Entsprechend den in Abschn. 6.1.4 eingeführten Testfunktionen zeigen Übertragungsglieder ausgangsseitig bei eingangsseitiger Anregung mit diesen Testfunktionen zugehörige Antwortfunktionen: die *Sprung-*, die *Impuls-* und die *Anstiegsantwortfunktion*.

6.1.5.1 Sprungantwortfunktion

Die Antwortfunktion auf eine Sprungfunktion heißt *Sprungantwortfunktion* $s_a(t)$ bzw. normiert *Einheitssprungantwortfunktion* $\sigma_a(t)$. Die Zusammenhänge zeigt Abb. 6.12.

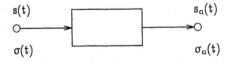

Abb. 6.12. Sprungantwortfunktion, Einheitssprungantwortfunktion

Da eine Sprungfunktion als Rechteckssprung technisch sehr viel einfacher zu realisieren ist (wenn auch nur mit endlicher Flankensteilheit) als eine Stoßfunktion bzw. ein Diracstoß, verwendet man überwiegend die Sprungfunktion s(t) als Testfunktion. Die Sprungantwortfunktion $s_a(t)$ macht dann gewisse Aussagen über die Übertragungseigenschaften des Übertragungsgliedes. Ein Beispiel für eine typische Sprungantwortfunktion zeigt Abb. 6.13.

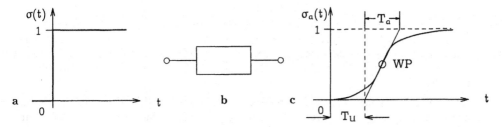

Abb. 6.13. Einheitssprungfunktion (a), Übertragungsgl. (b), Einheitssprungantwortfunktion (c)

Aus dem Verlauf der Einheitssprungantwortfunktion $\sigma_a(t)$ können einige typische Werte abgelesen werden, die zur Dimensionierung optimaler Reglerparameter herangezogen werden können. Hat man den zeitlichen Verlauf der Sprungantwort z.B. mit einem X-Y-Schreiber meßtechnisch erfaßt, so kann über $\lim_{t\to\infty} \sigma_a(t) = 1$ die Ordinate skaliert werden. Im Wendepunkt WP kann die Wendetangente eingezeichnet werden. Nach Abb. 6.13 können daraus die Verzugszeit T_u und die Ausgleichszeit T_a empirisch ermittelt werden.

6.1.5.2 Impulsantwortfunktion

Die Diracfunktion $\delta(t)$ bzw. die Stoßfunktion d(t) ist praktisch nicht zu realisieren, da die Energiedichte zur Zeit des Auftretens der Stoßfunktion unendlich groß ist. Die Einheitsimpulsantwortfunktion $\delta_a(t)$ hat jedoch theoretische Bedeutung für die Charakterisierung der Übertragungseigenschaften des Übertragungsgliedes. Die Einheitsstoßantwortfunktion $\delta_a(t)$ wird auch *Gewichtsfunktion* g(t) genannt. Abbildung 6.14 zeigt die Zusammenhänge zwischen der Stoßfunktion und der Impulsantwortfunktion.

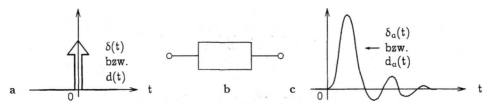

Abb. 6.14: Stoßfunktion d(t) bzw. Einheitsstoßfunktion $\delta(t)$ (a), Übertragungsglied (b), Impulsantwortfunktion $d_a(t)$ bzw. Einheitsimpulsantwortfunktion $\delta_a(t)$ (c)

Es läßt sich zeigen, daß die Einheitsstoßfunktion $\delta(t)$ im Zeitbereich mit einem unendlich breiten Amplitudendichtespektrum im Frequenzbereich korrespondiert. Daher eignet sie sich besonders, um den Frequenzgang eines Übertragungsgliedes zu untersuchen.

6.1.5.3 Anstiegsantwortfunktion

Die Antwortfunktion auf eine Rampenfunktion r(t) wird Anstiegsantwortfunktion $r_a(t)$ genannt. Eine Normierung der Anstiegsantwortfunktion ist nicht üblich.

6.2 Laplace-Transformation in der Regelungstechnik

> *Das Edle an der Mathematik ist,*
> *daß es keine Konzessionen gibt.*
>
> Karl Peltzer, „An den Rand geschrieben"

Wenn z.B. mit Hilfe eines Reglers ein Schalter geschlossen wird, der die Regelstrecke mit einer Sprungfunktion anregt (z.B. Einschalten einer Heizung in der Regelstrecke), kann die Sprungantwortfunktion der Regelstrecke dadurch berechnet werden, daß man ein mathematisches Modell der Regelstrecke aufstellt. Dabei erhält man eine Differentialgleichung n-ter Ordnung mit konstanten Koeffizienten.

Bei komplexen Zusammenhängen für den Regler wie die Regelstrecke erhält man Differentialgleichungen, deren Lösungen im Zeitbereich schwierig zu ermitteln sind. Man wendet daher eine *Integraltransformation* an, die nach dem Mathematiker *Laplace* als Laplace-Transformation bezeichnet wird. Das Lösungsverfahren besteht darin, daß man Funktionen mit Hilfe der Laplace-Transformation aus dem *Originalraum* (Zeitbereich) in den *Bildraum* (Frequenzbereich) transformiert. Die Laplace-Transformation ist dabei so beschaffen, daß sie Differentialgleichungen n-ter Ordnung mit konstanten Koeffizienten in algebraische Gleichungen n-ter Ordnung im Bildbereich überführt. Die Problembehandlung wird dann im Bildbereich durchgeführt und eine Lösungsfunktion im Bildbereich ermittelt. Abschließend wird die Lösungsfunktion aus dem Bildbereich in den Originalbereich (hier Zeitbereich) mit Hilfe der *inversen Laplace-Transformation* zurücktransformiert. Abbildung 6.15 zeigt die Zusammenhänge zwischen Original- und Bildbereich. Dazu gehören die Transformationsgleichungen (6.7)–(6.9).

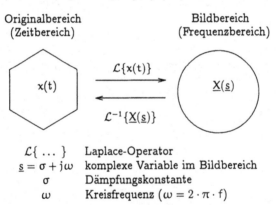

Abb. 6.15. Laplace-Transformation

$$\longrightarrow: \mathcal{L}\{x(t)\} = \underline{X}(\underline{s}) = \int\limits_{0}^{\infty} x(t) \cdot e^{-\underline{s}t}dt \tag{6.7}$$

$$\longleftarrow: \mathcal{L}^{-1}\{\underline{X}(\underline{s})\} = x(t) = \frac{1}{2 \cdot \pi \cdot j} \int\limits_{\sigma-j\infty}^{\sigma+j\infty} \underline{X}(\underline{s}) \cdot e^{\underline{s}t}d\underline{s} \tag{6.8}$$

$$\text{Korrespondenz: } x(t) \multimap \underline{X}(\underline{s}) \tag{6.9}$$

Konvergenz. Durch geeignete Wahl von σ > 0 kann die Konvergenz des Laplaceintegrals erzwungen werden.

Zur Schreibweise komplexer Funktionen. Es soll an dieser Stelle festgelegt werden, daß alle komplexen Funktionen, die sich im Bildbereich ergeben, durch Unterstreichung (z.B. $\underline{X}$) gekennzeichnet werden. Bezüglich der komplexen Variablen $\underline{s} = \sigma + j\omega$ im Bildbereich soll *abweichend* wegen deren häufigen Auftretens vereinbart werden, daß bei s die Unterstreichung fortgelassen wird.

Einheit der Laplacetransformierten. Die Berechnung der Laplacetransformierten führt auf:

$$\underline{X}(s) = \int\limits_0^\infty \underbrace{x(t)}_{\text{eigene Einheit}} \cdot \overbrace{e^{-st}}^{\text{ohne Einheit}} \cdot \underbrace{dt}_{\text{Einheit }_{\text{„s“}}} \tag{6.10}$$

Das bedeutet, daß bei der Laplacetransformierten zu der Einheit der zu transformierenden Funktion von x(t) als Faktor die Einheit s der Sekunde hinzukommt. Hat x(t) die Einheit einer Spannung (V), hat $\mathcal{L}\{x(t)\}$ die Einheit Vs (Spannungsstoß); hat x(t) die Einheit eines Stromes (A), hat $\mathcal{L}\{x(t)\}$ die Einheit As (Ladung).

6.2.1 Verschiebungssatz und Differentiationssatz

> *Verschieb nicht, was du heut'*
> *besorgen sollst, auf morgen.*
> *Denn morgen findet sich*
> *was Neues zu besorgen.*
>
> Friedrich Rückert, „Weisheit des Brahmanen"

6.2.1.1 Verschiebungssatz

Vielfach weisen Regelstrecken *Laufzeitverhalten* auf. Das bedeutet, daß eine Eingangsfunktion $x_e(t)$ um die Zeit t_0 als Laufzeit durch das Übertragungsglied verzögert als $x_a(t) = x_e(t - t_0)$ am Ausgang erscheint (Abb. 6.16).

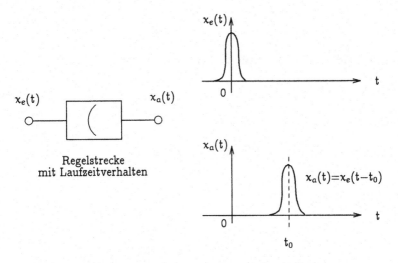

Abb. 6.16. Regelstrecke mit Laufzeitverhalten

Die Laplacetransformierte einer zeitlich verschobenen Funktion berechnet man allgemein als

$$\mathcal{L}\{f(t - t_0)\} = \int\limits_{t_0}^{\infty} f(t - t_0) \cdot e^{-st} \cdot dt \tag{6.11}$$

Als untere Grenze der Integration wurde statt des Wertes null hier t_0 eingesetzt unter der Voraussetzung, daß für $t < t_0$ die Funktion $f(t - t_0) = 0$ ist und damit keinen Beitrag zum Integrationsergebnis liefert. Dann ist

$$\mathcal{L}\{f(t - t_0)\} = \int\limits_{t_0}^{\infty} f(t - t_0) \cdot e^{-s[(t-t_0)+t_0]} \cdot dt \qquad \cdot \tag{6.12}$$

Die Substitution $u = t - t_0$ bzw. $du = dt$ führt auf

$$\mathcal{L}\{f(t - t_0)\} = e^{-st_0} \cdot \int\limits_{0}^{\infty} f(u) \cdot e^{-su} \cdot du \tag{6.13}$$

Für das Integral $\int f(u) \cdot e^{-su} \cdot du$ kann unter Verschiebung des Wertevorrats von u auch $\int f(t) \cdot e^{-st} \cdot dt$ geschrieben werden. Damit ergibt sich dann der sog. *Verschiebungssatz*:

$$f(t - t_0) \circ\!\!-\!\!\bullet\ e^{-st_0} \cdot \mathcal{L}\{f(t)\} \tag{6.14}$$

Das bedeutet, daß die Verschiebung einer Funktion $f(t)$ im Zeitbereich um t_0 mit der Laplacetransformierten $\mathcal{L}\{f(t)\}$ multipliziert mit dem Verschiebungsfaktor e^{-st_0} im Bildbereich korrespondiert.

6.2.1.2   Differentiation im Zeitbereich

Vielfach kann es günstig sein, zur Bestimmung der Laplacetransformierten $\mathcal{L}\{f(t)\}$ der Zeitfunktion $f(t)$ zunächst über das Differential $\frac{df(t)}{dt}$ zu gehen, um dann $\mathcal{L}\{f'(t)\}$ zu bestimmen. Die allgemeine Berechnung von $\mathcal{L}\{f'(t)\}$ führt nach Gl. (6.7) auf

$$\mathcal{L}\{f'(t)\} = \int\limits_{0}^{\infty} f'(t) \cdot e^{-st} \cdot dt = \lim_{t_0 \to 0} \int\limits_{t_0}^{\infty} f'(t) \cdot e^{-st} \cdot dt \tag{6.15}$$

Die Laplacetransformierte $\mathcal{L}\{f'(t)\}$ existiert unter folgenden Bedingungen:

1. $f'(t)$ existiert für $t > 0$,

2. das Integral $\int\limits_{0}^{\infty} f'(t) \cdot e^{-st} \cdot dt$ konvergiert,

3. der rechtsseitige Grenzwert der Funktion $f(t)$ existiert als $\lim f(t) = f(+0)$ (die sog. *rechtsseitige Annäherung*).

Dann liefert die partielle Integration

$$\mathcal{L}\{f'(t)\} = \lim_{t_0 \to 0} \left[e^{-st} \cdot f(t) \right]_{t_0}^{\infty} - (-s) \cdot \int\limits_{0}^{\infty} f(t) \cdot e^{-st} \cdot dt$$

$$= -\lim_{t_0 \to 0} f(t_0) + s \cdot \mathcal{L}\{f(t)\} \tag{6.16}$$

Dann ist

$$\mathcal{L}\{f'(t)\} = s \cdot \mathcal{L}\{f(t)\} - f(+0) \tag{6.17}$$

bzw. allgemein gilt:

$$\mathcal{L}\{f^{(n)}(t)\} = s^n \cdot \mathcal{L}\{f(t)\} - f(+0) \tag{6.18}$$

6.2.2 Laplacetransformierte der Testfunktionen

> *Was wir mathematisch festlegen,*
> *ist nur zum kleinen Teil ein „objektives Faktum";*
> *zum größeren Teil eine Übersicht*
> *über Möglichkeiten.*
>
> Werner Heisenberg, „Schritte über Grenzen"

6.2.2.1 Einheitssprungfunktion

Die Laplacetransformierte der Sprungfunktion ergibt sich nach Gl. (6.7)

$$\mathcal{L}\{\sigma(t)\} = \int_0^\infty 1 \cdot e^{-st} \cdot dt = \frac{e^{-st}}{-s}\bigg|_0^\infty = \frac{1}{s} \tag{6.19}$$

Es gilt daher die Korrespondenz

$$\sigma(t) \circ\!\!-\!\!\bullet \frac{1}{s} \tag{6.20}$$

6.2.2.2 Einheitsstoßfunktion

Die Einheitsstoßfunktion $\delta(t)$ kann auch als 1. Ableitung der Sprungfunktion $\sigma(t)$ nach der Zeit t aufgefaßt werden. Danach ist

$$\delta(t) = \frac{d\sigma(t)}{dt} = \lim_{t_0 \to 0} \frac{\sigma(t) - \sigma(t - t_0)}{t_0} \tag{6.21}$$

Nach Abschn. 6.2.2.1 kann dann direkt die Laplacetransformierte bestimmt werden, indem man die Sprungfunktionen einzeln transformiert:

$$\begin{aligned}
\mathcal{L}\{\delta(t)\} &= \lim_{t_0 \to 0} \frac{1}{t_0} \left(\frac{1}{s} - \frac{1}{s} \cdot e^{-st_0} \right) \\
&= \frac{1}{s} \cdot \lim_{t_0 \to 0} \frac{1 - e^{-st_0}}{t_0} = \frac{1}{s} \cdot \lim_{t_0 \to 0} s \cdot e^{-st_0} = 1
\end{aligned} \tag{6.22}$$

Damit gilt die Korrespondenz

$$\delta(t) \circ\!\!-\!\!\bullet 1 \tag{6.23}$$

Beispiel 6.1. Ein einschleifiger, geschlossener Regelkreis soll für $t > 0$ mit einer rampenförmigen Führungsgröße $w(t)$ nach Abb. 6.17 angeregt werden. Um den Verlauf der Regelgröße berechnen zu können, benötigt man zunächst die Transformierte der Anregungsfunktion.

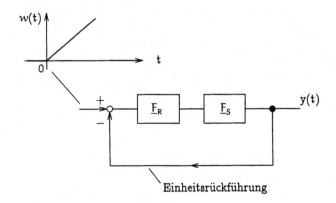

Abb. 6.17. Rampenfunktion als Führungsgröße

Die Laplacetransformierte kann auf verschiedenen Wegen ermittelt werden: Die direkte Berechnung nach Gl. (6.7) führt auf

$$w(t) \circ\!\!-\!\!\bullet \ \underline{W}(s) = \mathcal{L}\{w(t)\} = \int_0^\infty k \cdot t \cdot e^{-st} \cdot dt = k \cdot \int_0^\infty t \cdot e^{-st} \cdot dt$$

$$= k \cdot \left[\frac{e^{-st}}{(-s)} \cdot t \right]_0^\infty - k \cdot \int_0^\infty \left(-\frac{1}{s} \right) \cdot e^{-st} \cdot dt$$

$$= \frac{k}{s} \cdot \frac{1}{(-s)} \cdot \left[e^{-st} \right]_0^\infty = \frac{k}{s^2}$$

$$w(t) = k \cdot t \cdot \sigma(t) \circ\!\!-\!\!\bullet \ \underline{W}(s) = \frac{k}{s^2} \tag{6.24}$$

Benutzt man den Zusammenhang für die Differentiation im Zeitbereich entsprechend Gl. (6.18), so führt die Differentiation der Rampenfunktion auf $w'(t) = k \cdot \sigma(t)$ (Abb. 6.18).

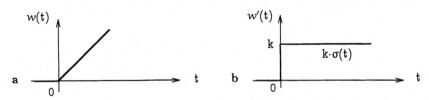

Abb. 6.18. Rampenfunktion $w(t)$ (a), 1. Ableitung $w'(t)$ (b)

Nach Gl. (6.18) kann direkt transformiert werden:

$$\frac{dw(t)}{dt} = k \cdot \sigma(t)$$

$$s \cdot \underline{W}(s) = k \cdot \frac{1}{s} \tag{6.25}$$

Es ergibt sich ebenso $\underline{W}(s) = \frac{k}{s^2}$. Schließlich kann die Laplacetransformierte noch mit Hilfe von Korrespondenztabellen ermittelt werden. Der Anhang A gibt eine Übersicht über die Zusammenhänge der Laplacetransformation sowie, tabellarisch zusammengefaßt, einige Laplace-transformierte für bestimmte Zeitfunktionen.

6.3 Übertragungsfunktion

Wie groß du für dich seist,
vorm Ganzen bist du nichtig.
Doch als des Ganzen Glied
bist du als kleinstes wichtig.

Friedrich Rückert, „Bausteine: Angereihte Perlen"

Sowohl der Regler als auch die Regelstrecke weisen ein bestimmtes Übertragungsverhalten auf. Dieses Übertragungsverhalten wird durch die *Übertragungsfunktion* beschrieben. Zunächst soll von einem allgemeinen Übertragungsglied mit der komplexen Übertragungsfunktion $\underline{F}(s)$ ausgegangen werden (Abb. 6.19).

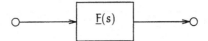

Abb. 6.19. Übertragungsfunktion $\underline{F}(s)$

Für ein allgemeines Übertragungsglied gilt im Zeitbereich folgende Differentialgleichung n-ter Ordnung mit konstanten Koeffizienten, die die Eingangs- mit der Ausgangsgröße verknüpft:

$$b_n \cdot x_a^{(n)}(t) + \cdots + b_2 \cdot x_a''(t) + b_1 \cdot x_a'(t) + b_0 \cdot x_a(t) =$$
$$a_m \cdot x_e^{(m)}(t) + \cdots + a_2 \cdot x_e''(t) + a_1 \cdot x_e'(t) + a_0 \cdot x_e(t) \qquad (6.26)$$

mit $n > m \geq 0$. Mit den Korrespondenzen $x_e(t) \circ\!\!-\!\!\bullet\ \underline{X}_e(s)$ und $x_a(t) \circ\!\!-\!\!\bullet\ \underline{X}_a(s)$ sowie dem Differentiationssatz nach Gl. (6.18) kann die Differentialgleichung (6.26) in den Bildbereich transformiert werden:

$$(b_n \cdot s^n + \cdots + b_2 \cdot s^2 + b_1 \cdot s + b_0) \cdot \underline{X}_a(s) =$$
$$(a_m \cdot s^m + \cdots + a_2 \cdot s^2 + a_1 \cdot s + a_0) \cdot \underline{X}_e(s) \qquad (6.27)$$

Gleichung (6.27) geht aus Gl. (6.26) unter der Annahme hervor, daß alle Terme $-f(+0) = 0$ sind, da zu Beginn der Betrachtung alle Energiespeicher als leer angenommen werden. Daraus erhält man die sog. *Übertragungsfunktion*

$$\underline{F}(s) = \frac{\underline{X}_a(s)}{\underline{X}_e(s)} = \frac{a_m \cdot s^m + \cdots + a_2 \cdot s^2 + a_1 \cdot s + a_0}{b_n \cdot s^n + \cdots + b_2 \cdot s^2 + b_1 \cdot s + b_0} \qquad (6.28)$$

als gebrochen rationale Funktion der komplexen Variablen s ($s = \sigma + j\omega$) im Bildbereich. Sie beschreibt das dynamische Verhalten eines Übertragungsgliedes. Für $\sigma = 0$ ($s = j\omega$) geht die Übertragungsfunktion $\underline{F}(s)$ in die *Frequenzgangfunktion* $\underline{F}(j\omega)$ über.

6.3.1 Serienschaltung

Abbildung 6.20 zeigt eine Serienschaltung mit den Übertragungsfunktionen $\underline{F}_1(s)$ und $\underline{F}_2(s)$. Es sind $\underline{X}_{a1}(s) = \underline{F}_1(s) \cdot \underline{X}_e(s) = \underline{X}_{e2}(s)$ und $\underline{X}_{a2}(s) = \underline{F}_2(s) \cdot \underline{X}_{e2}(s)$. Daraus erhält man für die resultierende Übertragungsfunktion

$$\underline{F}_{ges}(s) = \underline{F}_1(s) \cdot \underline{F}_2(s) \tag{6.29}$$

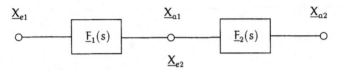

Abb. 6.20. Serienschaltung

6.3.2 Parallelschaltung

Für die Parallelschaltung zweier Übertragungsglieder gilt nach Abb. 6.21, $\underline{X}_e = \underline{X}_{e1} = \underline{X}_{e2}$ und $\underline{X}_a = \underline{X}_{a1} + \underline{X}_{a2}$. Für die Parallelschaltung erhält man

$$\underline{F}_{ges}(s) = \underline{F}_1(s) + \underline{F}_2(s) \tag{6.30}$$

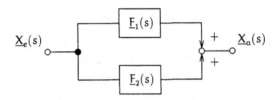

Abb. 6.21. Parallelschaltung

6.3.3 Rückführung

Für ein Übertragungssystem mit Rückführung nach Abb. 6.22 kann folgender Ansatz gemacht werden:

1. $\underline{X}_{e1}(s) = \underline{X}_e(s) - \underline{F}_2(s) \cdot \underline{X}_a(s)$

2. $\underline{X}_a(s) = \underline{F}_1(s) \cdot \underline{X}_{e1}(s)$

Daraus leitet sich die Gesamtübertragungsfunktion ab.

$$\underline{F}_{ges}(s) = \frac{\underline{X}_a(s)}{\underline{X}_e(s)} = \frac{\underline{F}_1(s)}{1 + \underline{F}_1(s) \cdot \underline{F}_2(s)} \tag{6.31}$$

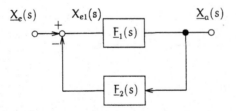

Abb. 6.22. System mit Rückführung

6.3.4 Übertragungsfunktion des geschlossenen Regelkreises

Für einen einschleifigen Regelkreis mit Einheitsrückführung nach Abb. 6.23 kann angesetzt werden:

$$[\underline{W}(s) - \underline{Y}(s)] \cdot \underline{F}_R(s) \cdot \underline{F}_S(s) = \underline{Y}(s) \tag{6.32}$$

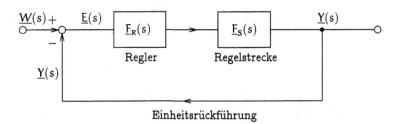

Abb. 6.23. Einschleifiger Regelkreis mit Einheitsrückführung

Darin sind $\underline{F}_R(s)$ die Übertragungsfunktion des Reglers und $\underline{F}_S(s)$ die der Regelstrecke. *Einheitsrückführung* liegt vor, wenn die Regelgröße *ohne* Signalwandlung direkt auf den Summationspunkt am Reglereingang zurückgeführt wird. Danach ist die Gesamtübertragungsfunktion des einschleifigen Regelkreises mit Einheitsrückführung

$$\underline{F}_{\text{ges}}(s) = \frac{\underline{Y}(s)}{\underline{W}(s)} = \frac{\underline{F}_R(s) \cdot \underline{F}_S(s)}{1 + \underline{F}_R(s) \cdot \underline{F}_S(s)} \tag{6.33}$$

An dieser Stelle kann die Übertragungsfunktion $\underline{F}_0(s)$ des *aufgeschnittenen* Regelkreises als

$$\underline{F}_0(s) = \underline{F}_R(s) \cdot \underline{F}_S(s) \tag{6.34}$$

eingeführt werden. Damit vereinfacht sich Gl. (6.33) zu

$$\underline{F}_{\text{ges}}(s) = \frac{\underline{F}_0(s)}{1 + \underline{F}_0(s)} \tag{6.35}$$

6.4 Regelstrecken

> *Jemanden zur Strecke bringen*
> *(erledigen).*
>
> Redensart

Von den vielen möglichen Regelstrecken sollen nur drei besonders häufig auftretende Typen von Regelstrecken beschrieben werden. Es sind dies:

- die Strecke mit *Proportionalverhalten* (P-Glied)

- die Strecke mit *Verzögerung erster Ordnung* (PT$_1$-Glied)

- die Strecke mit *Verzögerung zweiter Ordnung* (PT$_2$-Glied)

6.4.1 P-Glied

Es wird beschrieben durch den Zusammenhang

$$y(t) = K_P \cdot u(t) \tag{6.36}$$

Die Transformation in den Bildbereich führt auf die Übertragungsfunktion der Strecke

$$\underline{F}_S(s) = \frac{\underline{Y}(s)}{\underline{U}(s)} = K_P \tag{6.37}$$

6.4.2 PT_1-Glied

Das Verhalten einer Regelstrecke mit P-Verhalten und Verzögerung 1. Ordnung wird beschrieben durch die Differentialgleichung

$$T_0 \cdot y'(t) + y(t) = K_P \cdot u(t) \tag{6.38}$$

mit der Zeitkonstanten T_0 der Regelstrecke. Die Transformation in den Bildbereich führt auf

$$s \cdot T_0 \cdot \underline{Y}(s) + \underline{Y}(s) = K_P \cdot \underline{U}(s) \tag{6.39}$$

bzw. die Übertragungsfunktion dieser Regelstrecke

$$\underline{F}_S(s) = \frac{\underline{Y}(s)}{\underline{U}(s)} = \frac{K_P}{1 + s \cdot T_0} \tag{6.40}$$

6.4.3 PT_2-Glied

Eine Regelstrecke mit P-Verhalten und Verzögerung 2. Ordnung wird im Zeitbereich durch die Differentialgleichung

$$T_{01} \cdot y''(t) + T_{02} \cdot y'(t) + y(t) = K_P \cdot u(t) \tag{6.41}$$

beschrieben. Die Transformation in den Bildbereich führt auf

$$s^2 \cdot T_{01} \cdot \underline{Y}(s) + s \cdot T_{02} \cdot \underline{Y}(s) + \underline{Y}(s) = K_P \cdot \underline{U}(s) \tag{6.42}$$

und die Übertragungsfunktion

$$\underline{F}_S(s) = \frac{\underline{Y}(s)}{\underline{U}(s)} = \frac{K_P}{1 + s \cdot T_{02} + s^2 \cdot T_{01}} \tag{6.43}$$

6.5 Reglertypen

He, Leute!
Wieder so ne Type!
Legionär und Wachposten, „Obelix GmbH & Co.KG"

Im folgenden werden einige Reglertypen vorgestellt, die häufig auftreten. Es sind dies der **P**roportional-Regler (P-Regler), der *Proportional-Regler mit einem Verzögerungsglied 1. Ordnung* (PT$_1$-Regler), der **I**ntegral-Regler (I-Regler), der *Differentialregler* (D-Regler, auch als Vorhaltregler zu bezeichnen) sowie einige Kombinationen dieser Reglertypen.

6.5.1 P-Regler

Die Funktion des Proportional-Reglers kann im Zeitbereich als

$$u(t) = K_P \cdot e(t) \qquad (6.44)$$

beschrieben werden. Die Transformation in den Bildbereich führt auf die Übertragungsfunktion des Reglers

$$\underline{F}_R(s) = K_P \qquad (6.45)$$

Als Einheitssprungantwortfunktion ergibt sich

$$\sigma_a(t) = K_P \cdot \sigma(t) \qquad (6.46)$$

6.5.2 PT$_1$-Regler

Unter einem PT$_1$-Regler versteht man einen Proportional-Regler, der jedoch zusätzlich eine zeitliche Verzögerung verursacht (in der Regel durch einen Energiespeicher), so daß das Zeitverhalten durch die Differentialgleichung

$$T_0 \cdot u'(t) + u(t) = K_P \cdot e(t) \qquad (6.47)$$

beschrieben wird. Darin ist T_0 die Zeitkonstante des Verzögerungsgliedes. Der P-Regler mit einer Verzögerung 1. Ordnung hat dann nach Gl. (6.18) folgende Übertragungsfunktion:

$$\underline{F}_R(s) = \frac{K_P}{1 + s \cdot T_0} \qquad (6.48)$$

Für die Einheitssprungantwortfunktion erhält man

$$\sigma_a(t) = K_P \cdot (\sigma(t) - e^{-\frac{t}{T_0}}) \quad \text{für} \quad t \leq 0$$
$$\sigma_a(t) = K_P \cdot (1 - e^{-\frac{t}{T_0}}) \quad \text{für} \quad t > 0 \qquad (6.49)$$

6.5.3 I-Regler

Der Integral-Regler folgt der Zeitfunktion

$$u(t) = K_I \cdot \int e(t) \cdot dt \qquad (6.50)$$

Die Transformation von Gl. (6.50) in den Bildbereich ergibt

$$\underline{F}_R(s) = \frac{K_I}{s} \qquad (6.51)$$

Die Einheitssprungantwortfunktion ergibt sich durch Rücktransformation von $\frac{K_I}{s^2}$ als

$$\sigma_a(t) = K_I \cdot t \cdot \sigma(t) \qquad (6.52)$$

6.5.4   D-Regler

Der Differential-Regler erzeugt eine Stellgröße, die der ersten Ableitung der Regelabweichung nach der Zeit proportional ist. Die Zeitfunktion des D-Reglers lautet:

$$u(t) = K_D \cdot \frac{de(t)}{dt} \tag{6.53}$$

Mit Hilfe von Gl. (6.18) ergibt sich die Übertragungsfunktion des D-Reglers

$$\underline{F}_R(s) = K_D \cdot s \tag{6.54}$$

Als Rücktransformierte des Ausdrucks $\frac{1}{s} \cdot K_D \cdot s$ erhält man die Einheitssprungantwortfunktion. Für $s \neq 0$ ist $\mathcal{L}^{-1}\{K_D \cdot 1\} = K_D \cdot \delta(t)$. Damit gilt

$$\sigma_a(t) = K_D \cdot \delta(t) \tag{6.55}$$

Einen D-Regler bezeichnet man auch als *Vorhaltregler*. Es ist jedoch darauf hinzuweisen, daß in praktischen Systemen D-Regler nie allein auftreten, sondern die D-Reglercharakteristik meist noch mit einem P-Verhalten oder einem PI-Verhalten verknüpft wird.

6.5.5   PI-Regler

Der Proportional-Integral-Regler verknüpft die Eigenschaften des P-Reglers mit denen eines I-Reglers. Für die Zeitfunktion gilt

$$u(t) = K_P \cdot e(t) + K_I \cdot \int e(t) \cdot dt \tag{6.56}$$

Bildet man insgesamt von Gl. (6.56) die erste Ableitung nach der Zeit und wendet außerdem Gl. (6.18) an, so erhält man die Übertragungsfunktion des PI-Reglers

$$\underline{F}_R(s) = K_P + \frac{K_I}{s} \tag{6.57}$$

Die Einheitssprungantwortfunktion kann als Überlagerung der P-Antwort und der I-Antwort aufgefaßt werden:

$$\sigma_a(t) = K_P \cdot \sigma(t) + K_I \cdot t \cdot \sigma(t) \tag{6.58}$$

6.5.6   PID-Regler

Der Proportional-Integral-Differential-Regler verknüpft diese drei Eigenschaften wie folgt:

$$u(t) = K_P \cdot e(t) + K_I \cdot \int e(t) \cdot dt + K_D \cdot \frac{de(t)}{dt} \tag{6.59}$$

Indem man insgesamt Gl. (6.59) nach der Zeit ableitet und Gl. (6.18) berücksichtigt, erhält man die Übertragungsfunktion des PID-Reglers als

$$\underline{F}_R(s) = K_P + \frac{K_I}{s} + K_D \cdot s \tag{6.60}$$

Die Einheitssprungantwortfunktion erhält man aus der Überlagerung der D-Antwort mit der P- und der I-Antwort als

$$\sigma_a(t) = K_P \cdot \sigma(t) + K_I \cdot t \cdot \sigma(t) + K_D \cdot \delta(t) \tag{6.61}$$

Tabelle 6.1. Übersicht über Reglertypen

Regler	Zeitbereich	Übertragungsfunktion
P	$u(t) = K_P \cdot e(t)$	$\underline{F}_R(s) = K_P$
PT_1	$T_0 \cdot u'(t) + u(t) = K_P \cdot e(t)$	$\underline{F}_R(s) = \frac{K_P}{1+s \cdot T_0}$
I	$u(t) = K_I \cdot \int e(t) \cdot dt$	$\underline{F}_R(s) = \frac{K_I}{s}$
D	$u(t) = K_D \cdot \frac{de(t)}{dt}$	$\underline{F}_R(s) = K_D \cdot s$
PI	$u(t) = K_P \cdot e(t) + K_I \int e(t) \cdot dt$	$\underline{F}_R(s) = K_P + \frac{K_I}{s}$
PID	$u(t) = K_P \cdot e(t) + K_I \cdot \int e(t) \cdot dt + K_D \cdot \frac{de(t)}{dt}$	$\underline{F}_R(s) = K_P + \frac{K_I}{s} + K_D \cdot s$

Tabelle 6.1 gibt eine Übersicht über die behandelten Reglertypen mit der Zeitfunktion und Übertragungsfunktion.

Abbildung 6.24 zeigt abschließend nochmals die Einheitssprungantwortfunktion für alle behandelten Reglertypen.

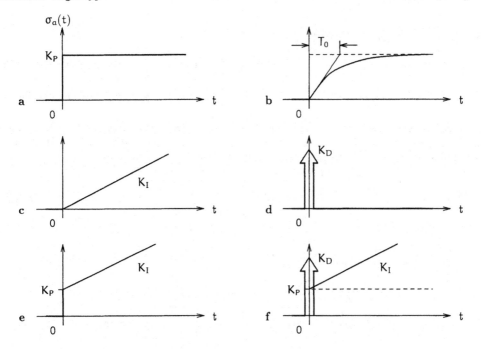

Abb. 6.24: Einheitssprungantwortfunktion für den P-Regler (a), PT_1-Regler (b), I-Regler (c), D-Regler (d), PI-Regler (e) und den PID-Regler (f)

6.6   Einschleifiger Regelkreis mit Einheitsrückführung

Noli turbare circulos meos!
(Zerstör' mir meine Kreise nicht!)

Archimedes

In Abschn. 6.5 wurden verschiedene Reglertypen vorgestellt. In gleicher Weise existieren Regelstrecken mit gleichartigen Übertragungsfunktionen; so z.B. eine Regelstrecke mit P-Verhalten

$$\underline{F}_S(s) = K_S \cdot \frac{a_m \cdot s^m + \cdots + a_1 \cdot s + a_0}{b_n \cdot s^n + \cdots + b_1 \cdot s + b_0} \tag{6.62}$$

mit $n > m \geq 0$ oder mit I-Verhalten

$$\underline{F}_S(s) = \frac{K_S}{s} \cdot \frac{a_m \cdot s^m + \cdots + a_1 \cdot s + a_0}{b_n \cdot s^n + \cdots + b_1 \cdot s + b_0} \tag{6.63}$$

Von besonderem Interesse ist bei einem geschlossenen Regelkreis die Zusammenarbeit von *Regler* und *Regelstrecke*.

6.6.1   Stationäres Verhalten

Je vertrauter und alltäglicher eine Verhaltensweise ist,
desto problematischer wird ihre Analyse.

Desmond Morris, „Liebe geht durch die Haut"

Die Zusammenarbeit von Regler und Regelstrecke soll anhand von folgendem Beispiel veranschaulicht werden: Ein I-Regler wird mit einer Regelstrecke mit P-Verhalten zusammengeschaltet. Die einzelnen Übertragungsfunktionen lauten $\underline{F}_R(s) = \frac{K_I}{s}$ und $\underline{F}_S(s) = K_S$. Bei Einheitsrückführung ergibt sich nach Abb. 6.25 für die Übertragungsfunktion

$$F_{ges}(s) = \frac{K_I \cdot K_S}{s + K_I \cdot K_S} \tag{6.64}$$

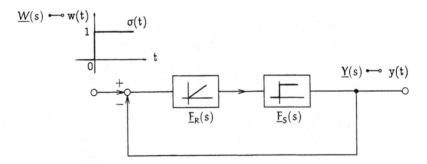

Abb. 6.25. Geschlossener Regelkreis mit Einheitsrückführung

Ist die Führungsgröße eine Einheitssprungfunktion $\sigma(t)$, dann ergibt sich für die Regelgröße im Bildbereich $\underline{Y}(s)$ wegen $w(t) = \sigma(t) \circ\!\!-\!\!\bullet \underline{W}(s) = \frac{1}{s}$

$$\underline{Y}(s) = K_I \cdot K_S \cdot \frac{1}{s \cdot (s + K_I \cdot K_S)} \tag{6.65}$$

mit $a = K_I \cdot K_S$ wird

$$\underline{Y}(s) = a \cdot \frac{1}{s \cdot (s + a)} \tag{6.66}$$

Die Partialbruchzerlegung führt auf

$$\underline{Y}(s) = \underbrace{\frac{1}{s} - \frac{1}{s + a}} \tag{6.67}$$

$$y(t) = \overbrace{\sigma(t) - e^{-at}} \tag{6.68}$$

für $t \geq 0$ wird $y(t) = 1 - e^{-at}$. Abbildung 6.26 zeigt den zeitlichen Verlauf der Regelgröße $y(t)$. Man erkennt eine asymptotische Annäherung von $y(t)$ an $w(t)$. Nach $(4 \ldots 5)$ Zeitkonstanten mit $\tau = K_I \cdot K_S$ kann man davon ausgehen, daß der Endwert mit hinreichender Genauigkeit für technische Systeme erreicht wurde.

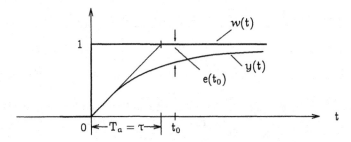

Abb. 6.26. Zeitlicher Verlauf der Regelgröße $y(t)$ bei $w(t) = \sigma(t)$

6.6.1.1 Regelabweichung

Unter der Regelabweichung $e(t)$ versteht man die Differenz zwischen Führungsgröße $w(t)$ und Regelgröße $y(t)$

$$e(t) = w(t) - y(t) \tag{6.69}$$

Die *bleibende* Regelabweichung ergibt sich als zeitlicher Grenzwert für $t \to \infty$

$$e(\infty) = \lim_{t \to \infty} e(t) = \lim_{t \to \infty} [w(t) - y(t)] \tag{6.70}$$

Im vorangehenden Beispiel ist $\lim_{t \to \infty} y(t) = w(t)$. Damit ist $e(\infty) = 0$. Abbildung 6.27 zeigt zwei Fälle zur Beurteilung der Regelabweichung bzw. der bleibenden Regelabweichung.

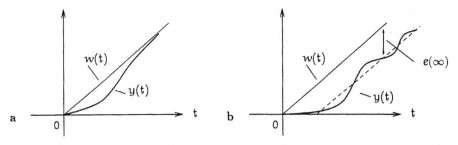

Abb. 6.27. $y(t)$ strebt gegen $w(t)$, $e(\infty) = 0$ (a), $e(\infty) > 0$ (b)

Bei Zusammenschaltung verschiedener Regler mit verschiedenen Regelstrecken ergeben sich unterschiedliche Regelabweichungen abhängig davon, ob die Führungsgröße $w(t)$ eine Sprung- oder Rampenfunktion ist. Tabelle 6.2 gibt eine Übersicht über die auftretenden bleibenden Regelabweichungen.

Tabelle 6.2: Bleibende Regelabweichung bei sprungförmiger und rampenförmiger Führungsgröße

Regler $\underline{F}_R(s)$	Regelstrecke $\underline{F}_S(s)$	Sprungförmige Führungsgröße	Rampenförmige Führungsgröße
P $\quad K_P$	P-Verhalten	$\frac{1}{1+K_S \cdot K_P} \cdot K_P$	∞
I $\quad \frac{K_I}{s}$	entsprechend	0	$\frac{1}{K_I \cdot K_S} \cdot K_P$
PI $\quad K_P + \frac{K_I}{s}$	$K_S \cdot \frac{1+\dots}{1+\dots}$	0	$\frac{1}{K_I \cdot K_S} \cdot K_P$
P $\quad K_P$	I-Verhalten	0	$\frac{1}{K_S}$
I $\quad \frac{K_I}{s}$	entsprechend	0	0
PI $\quad K_P + \frac{K_I}{s}$	$\frac{K_S}{s} \cdot \frac{1+\dots}{1+\dots}$	0	0

6.6.1.2   Einstellregeln für Regler

Um die Zusammenarbeit von Regler und Regelstrecke festlegen zu können, wurden für unterschiedliche Führungsfunktionen $w(t)$ (sog. *Führungsgrößenregelung*) von *Chien*, *Hrones* und *Reswick* Einstellregeln angegeben. Abhängig davon, ob die Regelgröße sich aperiodisch der Führungsgröße nähert (*aperiodischer Grenzfall*) oder ob beim Nachfolgen der Regelgröße gegenüber der Führungsgröße ein 20%iges Überschwingen noch als zulässig angesehen wird, ergeben sich die Dimensionierungsregeln für die Konstanten von Reglern nach Tabelle 6.3.

Dazu wird auf Abb. 6.13 verwiesen, wodurch man empirisch aus dem Verlauf der Sprungantwortfunktion der Regelstrecke den Endwert $y(\infty)$, die Ausgleichszeit T_a und die Verzugszeit T_U als Ersatztotzeit ermitteln kann. Die Konstanten K_I, K_P, T_n und T_V können dann nach Tabelle 6.3 ermittelt werden.

Tabelle 6.3. Einstellregeln für kontinuierliche Regler

Reglertyp	Aperiodischer Grenzfall	20% Überschwingen zulässig
P	$K_P = \frac{0.3 \cdot T_a}{K_S \cdot T_U}$	$K_P = \frac{0.7 \cdot T_a}{K_S \cdot T_U}$
PI	$K_P = \frac{0.35 \cdot T_a}{K_S \cdot T_U}$ $K_I = \frac{K_P}{T_n}$ $T_n = 1.2 \cdot T_a$	$K_P = \frac{0.6 \cdot T_a}{K_S \cdot T_U}$ $K_I = \frac{K_P}{T_n}$ $T_n = T_a$
PID	$K_P = \frac{0.6 \cdot T_a}{K_S \cdot T_U}$ $K_I = \frac{K_P}{T_n}$ $T_n = T_a$ $K_D = K_P \cdot T_V$ $T_V = 0.5 \cdot T_U$	$K_P = \frac{0.95 \cdot T_a}{K_S \cdot T_U}$ $K_I = \frac{K_P}{T_n}$ $T_n = 1.35 \cdot T_a$ $K_D = K_P \cdot T_V$ $T_V = 0.47 \cdot T_U$

6.6.2 Stabilität

Omnes eodem cogimur.
(Wir alle müssen zum selben Orte.)
Horaz, Oden.

Im folgenden soll das dynamische Verhalten, die sog. *Stabilität* von Regelkreisen, untersucht werden. Schwingungen in einem geschlossenen Regelkreis gefährden ein technisches System dadurch, daß Werte für die Regelgröße $y(t)$ auftreten, die die zulässigen Betriebsbereiche überschreiten. Das geschieht dann, wenn sich die *Gegenkopplung* am Reglereingang in eine *Mitkopplung* umwandelt.

6.6.2.1 Schwingungsbedingung

Die in Abschn. 6.3.3 abgeleitete Übertragungsfunktion des einschleifigen Regelkreises mit Einheitsrückführung weist gemäß Gl. (6.35) eine Polstelle bei $\underline{F}_0(s) = -1$ auf. Setzt man den Realteil der komplexen Variablen s null, dann geht für $\sigma = 0$ wegen $s = \sigma + j\omega$ die komplexe Variable s im Bildbereich in $s = j\omega$ über. Die Übertragungsfunktion $\underline{F}(s)$ geht dabei in die Frequenzgangfunktion $\underline{F}_0(j\omega)$ über, wobei für die Kreisfrequenz $\omega = 2\pi f$ (Frequenz f) gilt.

Die Untersuchung, ob die Übertragungsfunktion des aufgeschnittenen Regelkreises $\underline{F}_0(s)$ bzw. die zugehörige Frequenzgangfunktion $\underline{F}_0(j\omega)$ den Wert -1 annimmt, wird als *Stabilitätsprüfung nach dem Frequenzgangverfahren* bezeichnet. Bevor diese Stabilitätsuntersuchung durchgeführt wird, soll zuvor der Begriff der Frequenzgangfunktion $\underline{F}_0(j\omega)$ veranschaulicht werden.

6.6.2.2 Frequenzgangfunktion

Nach Abb. 6.28 soll ein einschleifiger Regelkreis in der Rückführung mit Hilfe des Schalters aufgetrennt werden können. In der Schalterstellung 2 wird von einem Oszillator ein Sinussignal variabler Frequenz in die Rückführung auf den Reglereingang eingespeist. Zugleich soll die Führungsgröße $w(t) = 0$ sein. Dann entsteht am Ausgang der Regelstrecke ein Signal $y(t)$ als Abbild der Anregung durch den Oszillator.

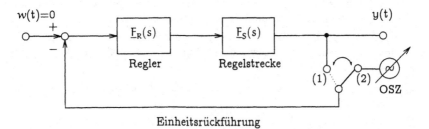

Abb. 6.28. Auftrennbarer Regelkreis zur Bestimmung der Frequenzgangfunktion

Zeichnet man das Ausgangssignal $y(t)$ der Regelstrecke bei offenem Regelkreis nach Betrag und Phasenlage auf, so erhält man die *Frequenzgangfunktion* $\underline{F}_0(j\omega)$. Die Frequenzgangfunktion charakterisiert das Verhalten des Übertragungsgliedes bei erzwungenen, harmonischen Schwingungen.

Wenn der geschlossene Regelkreis zu Schwingungen neigt (*Instabilität*), dann existiert eine Kreisfrequenz $\omega = \omega_{krit}$, so daß sich Schwingungen anfachen. Dann ist die Bedingung für

Selbsterregung

$$\underline{F}_0(j\omega_{krit}) = -1 \qquad\qquad (6.71)$$

Diese Bedingung wurde erstmals von *Barkhausen* 1928 formuliert. Ist die Übertragungs-
funktion $\underline{F}_0(s)$ des aufgeschnittenen Regelkreises bekannt, so kann für $\sigma = 0$ und damit $s = j\omega$
die Frequenzgangfunktion $\underline{F}_0(j\omega)$ in der komplexen $\underline{F}_0(j\omega)$-Ebene nach Betrag und Phasenlage
bzw. nach Real- und Imaginärteil dargestellt werden (Abb. 6.29).

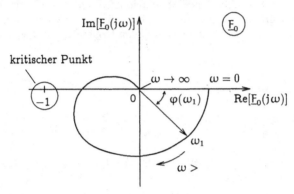

Abb. 6.29. Beispiel einer Frequenzgangfunktion in der komplexen Ebene als „Ortskurve"

Die Funktion $\underline{F}_0(j\omega)$ wird für variable Kreisfrequenz beginnend bei $\omega = 0 \cdot s^{-1}$ bis $\omega \to \infty$
nach Real- und Imaginärteil ausgewertet und in der komplexen $\underline{F}_0$-Ebene aufgetragen. So ergibt
sich in dem beispielhaften Verlauf für $\underline{F}_0(j\omega)$ in Abb. 6.29 bei der Kreisfrequenz ω_1 ein Zeiger
in der komplexen $\underline{F}_0$-Ebene mit dem Betrag $|\underline{F}_0(j\omega_1)|$ und der Phasenlage $\varphi(\omega_1)$ gegenüber
der reellen Achse. Für variable Werte von ω ergeben sich so entsprechend beliebig viele Zeiger
$\underline{F}_0(j\omega)$ in der komplexen Ebene, deren Endpunkte zur sog. *Ortskurve* zusammengefaßt werden
können. Zusätzlich ist in Abb. 6.29 der kritische Punkt bei -1 eingetragen. Man erkennt an
dem beispielhaften $\underline{F}_0(j\omega)$-Verlauf, daß der kritische Punkt von dieser Frequenzgangfunktion
nicht erreicht oder eingeschlossen wird. Daraus kann geschlossen werden, daß für keinen ω-Wert
Schwingungen im Regelkreis angefacht werden. Damit verhält sich der geschlossene Regelkreis
in diesem Fall *stabil*. Entscheidend ist also für die Stabilität eines geschlossenen Regelkreises der
Verlauf der $\underline{F}_0(j\omega)$-Ortskurve relativ zum kritischen Punkt bei -1.

Die komplexe Frequenzgangfunktion $\underline{F}_0(j\omega)$ des aufgeschnittenen Regelkreises kann – wie
eingangs erwähnt – in einen Betrags- sowie einen Phasenverlauf in Abhängigkeit von der Kreisfrequenz ω entsprechend

$$\underline{F}_0(j\omega) = \underbrace{A(\omega)}_{\text{Betragsfunktion}} \cdot e^{j\,\overbrace{\varphi(\omega)}^{\text{Phasenfunktion}}} \qquad\qquad (6.72)$$

aufgeteilt werden. Aus der komplexen Frequenzgangfunktion $\underline{F}_0(j\omega)$ des aufgeschnittenen Regelkreises können die *Betragsfunktion*

$$|\underline{F}_0(j\omega)| = A(\omega) = \sqrt{[\text{Re}\,\{\underline{F}_0(j\omega)\}]^2 + [\text{Im}\,\{\underline{F}_0(j\omega)\}]^2} \qquad\qquad (6.73)$$

und die *Phasenfunktion* aus $\tan\varphi(\omega) = \frac{\text{Im}\{\underline{F}_0(j\omega)\}}{\text{Re}\{\underline{F}_0(j\omega)\}}$ als

$$\varphi(\omega) = \arctan\frac{\text{Im}\{\underline{F}_0(j\omega)\}}{\text{Re}\{\underline{F}_0(j\omega)\}} \qquad\qquad (6.74)$$

einzeln berechnet werden. Trägt man die Betrags- und Phasenfunktion nach Gl. (6.73) und Gl. (6.74) getrennt neben der Ortskurve $\underline{F}_0(j\omega)$ auf, so entsteht das sog. *Bode-Diagramm* (Abb. 6.30).

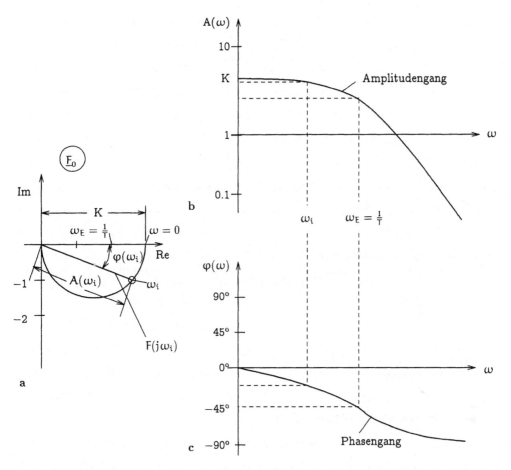

Abb. 6.30. Ortskurve (a), Bode-Diagramm mit Betrags- (b) und Phasenverlauf (c)

6.6.2.3 Nyquist-Kriterium

Schwingungen entstehen in einem geschlossenen Regelkreis dadurch, daß das rückgekoppelte Signal in seiner Phasenlage gedreht wird und am Eingang des Reglers aus einer *Gegenkopplung* schließlich eine *Mitkopplung* wird. Dann gelten nach Betrag und Phase folgende Bedingungen:

1. eine Phasendrehung von 180°

2. ein normierter Amplitudenwert ≥ 1

bei gleicher Kreisfrequenz $\omega = \omega_{krit}$. In Abb. 6.31 ist für eine beispielhafte Ortskurve $\underline{F}_0(j\omega)$ ein Einheitskreis um das Achsenkreuz zusätzlich eingetragen, um die Amplitudenverhältnisse beurteilen zu können.

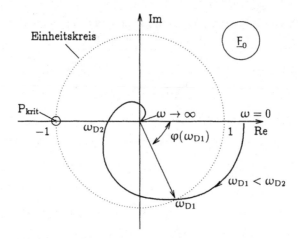

Abb. 6.31: Ortskurve mit Einheitskreis, kritischem Punkt und den Durchtrittskreisfrequenzen ω_{D1} und ω_{D2}

Man erkennt aus dem Verlauf der Ortskurve für wachsendes ω zunächst ein Durchtreten der Ortskurve durch den Einheitskreis bei der Durchtrittskreisfrequenz ω_{D1} (der Betrag von $|\underline{F}_0(j\omega_{D1})|$ beträgt 1) und dann ein Schneiden der negativen reellen Achse durch die Ortskurve bei der Durchtrittskreisfrequenz ω_{D2} (die Phase von $\underline{F}_0(j\omega_{D2})$ beträgt $-\pi$). Es existieren somit zwei Durchtrittskreisfrequenzen:

1. $\omega_{D1} = $ *Amplituden-Durchtrittskreisfrequenz*
   definiert durch $|\underline{F}_0(j\omega_{D1})| = A(\omega_{D1}) = 1$

2. $\omega_{D2} = $ *Phasen-Durchtrittskreisfrequenz*
   definiert durch $\text{arc}\{\underline{F}_0(j\omega_{D2})\} = \pi$

Der skizzierte Verlauf der Ortskurve in Abb. 6.31 weist auf einen stabilen Regelkreis hin, da sowohl amplituden- als auch phasenmäßig die notwendigen Bedingungen zum Anfachen von Schwingungen nicht gegeben sind. Zwar wird bei der Kreisfrequenz ω_{D2} aus der *Gegenkopplung* eine *Mitkopplung*, jedoch ist der Betrag des rückgekoppelten Signals vom Ausgang der Regelstrecke auf den Eingang des Reglers dem Betrag nach kleiner als 1. In Abb. 6.32 sind zwei zusätzliche Maße eingetragen:

1. der *Phasenrand* Ψ_R
   als Phasenwinkel zwischen $\varphi(\omega_{D1})$ und $\varphi(\omega_{D2}) = -\pi$ (die sog. *Phasenreserve* oder *Phasendistanz* zur Phasenlage des kritischen Punktes)

2. der *Amplitudenrand* A_R
   als die Verstärkung, die bei $\omega = \omega_{D2}$ erforderlich wäre, um den Betrag $A(\omega_{D2})$ auf den Wert 1 zu vergrößern, so daß der kritische Punkt bei -1 gerade von der Ortskurve durchlaufen würde (um den Regelkreis an die Stabilitätsgrenze zu bringen).

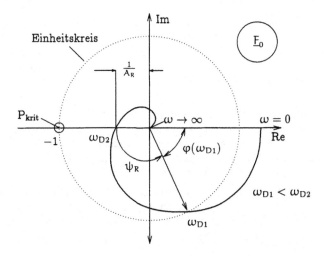

Abb. 6.32. Ortskurve mit Phasenrand und Amplitudenrand

Es wird nun ein anderer Ortskurvenverlauf betrachtet (Abb. 6.33).

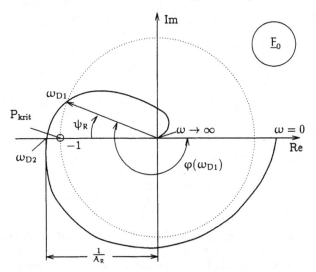

Abb. 6.33. Ortskurvenverlauf

Verfolgt man diesen Verlauf der Ortskurve $\underline{F}_0(j\omega)$ für wachsende Kreisfrequenz ω, so erkennt man, daß zuerst die Durchtrittskreisfrequenz ω_{D2} für $\varphi(\omega_{D2}) = -\pi$ durchlaufen wird, bei der der Betrag $A(\omega_{D2}) > 1$ ist. Damit werden im geschlossenen Regelkreis *Schwingungen* angefacht.

Erst für $\omega > \omega_{D2}$ wird die Durchtrittskreisfrequenz ω_{D1} für $A(\omega_{D1}) = 1$ durchlaufen. Der Regelkreis ist damit *instabil*. Für stabiles Verhalten des geschlossenen Regelkreises gilt daher

$$\omega_{D1} < \omega_{D2} \tag{6.75}$$

Die äquivalenten Forderungen lauten

$$\Psi_R > 0 \quad \text{und} \quad A_R \geq 1 \tag{6.76}$$

Die *Stabilitätsgrenze* ist somit dadurch definiert, daß $\omega_{D1} = \omega_{D2}$, $\Psi_R = 0°$ und $A_R = 1$ sind.

6.7   Digitale Regler

Da schließt sich der Kreis.
(Da sind wir wieder am Anfang.)

Redensart

Mikrorechner bzw. Prozeßrechner können als Regler eingesetzt werden. Dadurch, daß auf dem Rechner verschiedene Regelalgorithmen als Programme installiert werden können, kann bei gleicher Hardware (Aspekt der Hardware-Standardisierung) unterschiedliches Regelverhalten erzeugt werden. Man bezeichnet diese Vorgehensweise als direct digital control (DDC). Im Rechner sind dann zeit- und amplitudendiskrete Variablen zu verarbeiten (vgl. Abschn. 1.2.6).

Abbildung 6.34 zeigt den prinzipiellen Aufbau eines einschleifigen Regelkreises, der einen digitalen Regler enthält. Anstelle des Reglers ist hier der Regelalgorithmus als ablauffähiges Programm auf dem Prozessor angegeben. Man erkennt an den Schnittstellen des Prozessors gegenüber dem übrigen Regelkreis den Einsatz von A/D- bzw. D/A-Wandlern (vgl. Abschn. 3).

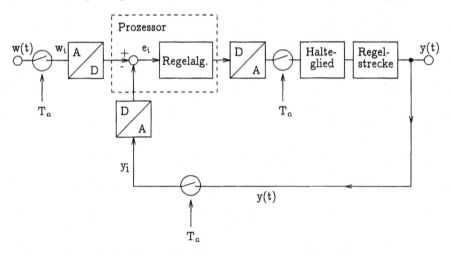

Abb. 6.34. Aufbau eines digitalen Regelkreises

Zur Quantisierung zeit- und wertkontinuierlicher Größen (z.B. $y(t)$) muß mit der Abtastperiode T_a eine *Abtastung* periodisch vorgenommen werden. Ebenso muß die digitale Stellgröße für die Dauer einer *Abtastperiode* T_a in einem Halteglied gespeichert werden, bis ein nächster berechneter Wert für die Stellgröße eintrifft. Der Wert der Führungsgröße $w(t)$ wird ebenfalls abgetastet und über einen A/D-Wandler dem Regler (hier der Prozessor mit dem speziellen Regelalgorithmus) zugeführt.

6.7.1   PID-Regler

Des is klassisch!

Johann Nestroy, „Einen Jux will er sich machen"

Nach Abschn. 6.5.6 kann das Reglerverhalten des PID-Reglers im Zeitbereich durch

$$u(t) = K_P \cdot e(t) + K_I \cdot \int e(t) \cdot dt + K_D \cdot \frac{de(t)}{dt} \tag{6.77}$$

beschrieben werden. Gleichung (6.77) kann umgeschrieben werden in

$$u(t) = K_P \cdot \left[e(t) + \underbrace{\frac{K_I}{K_P}}_{\frac{1}{T_n}} \cdot \int e(t) \cdot dt + \underbrace{\frac{K_D}{K_P}}_{T_v} \cdot \frac{de(t)}{dt} \right] \tag{6.78}$$

mit der Nachstellzeit $T_n = \frac{K_P}{K_I}$ und der Vorhaltzeit $T_v = \frac{K_D}{K_P}$. Man erhält dann

$$u(t) = K_P \cdot \left[e(t) + \frac{1}{T_n} \cdot \int e(t) \cdot dt + T_v \cdot \frac{de(t)}{dt} \right] \tag{6.79}$$

Da für die Regelabweichung $e(t)$ durch die Abtastung nur die zeitdiskreten Werte $e_{(v-1)}, e_v$ und $e_{(v+1)}$ existieren, können für die Integration und die Differentiation die folgenden Näherungen angegeben werden.

Integration:

$$\int_0^{t_i} e(t) \cdot dt \approx \sum_{v=0}^{i} e_v \cdot T_a \tag{6.80}$$

Differentiation:

$$\frac{de(t)}{dt} \bigg|_{t_i} \approx \frac{e_i - e_{i-1}}{T_a} \tag{6.81}$$

Man erhält dann für den i-ten Wert der vom Rechner berechneten Stellgröße (Annäherung des Differentialquotienten durch den zugehörigen Differenzenquotienten)

$$u_i \approx K_P \cdot \left[e_i + \frac{1}{T_n} \sum_{v=0}^{i} e_v \cdot T_a + T_v \cdot \frac{e_i - e_{i-1}}{T_a} \right] \tag{6.82}$$

Gleichung (6.82) ist in dieser Form für eine Implementierung auf dem Rechner noch nicht geeignet, da in ihr noch zu viele Multiplikationen und Divisionen enthalten sind. Man betrachtet daher zweckmäßigerweise den um eine Abtastperiode T_a zurückliegenden, berechneten Wert für die Stellgröße u_{i-1} und kann schreiben:

$$u_{i-1} \approx K_P \cdot \left[e_{i-1} + \frac{1}{T_n} \sum_{v=0}^{i-1} e_v \cdot T_a + T_v \cdot \frac{e_{i-1} - e_{i-2}}{T_a} \right] \tag{6.83}$$

Bildet man die Differenz aus Gl. (6.82) und Gl. (6.83), so erhält man

$$u_i - u_{i-1} \approx K_P \cdot \left[e_i - e_{i-1} + \frac{1}{T_n}(e_i \cdot T_a) + \frac{T_v}{T_a} \cdot (e_i - 2 \cdot e_{i-1} + e_{i-2}) \right] \tag{6.84}$$

6.7.1.1 Stellungsalgorithmus

Gleichung (6.84) kann durch Umordnen und Zusammenfassen in die folgende Form überführt werden:

$$u_i = u_{i-1} + d_0 \cdot e_i + d_1 \cdot e_{i-1} + d_2 \cdot e_{i-2} \tag{6.85}$$

mit den Koeffizienten

$$d_0 = K_P \cdot \left(1 + \frac{T_a}{T_n} + \frac{T_v}{T_a}\right), \quad d_1 = K_P \cdot \left(-1 - 2 \cdot \frac{T_v}{T_a}\right) \quad \text{und} \quad d_2 = K_P \cdot \frac{T_v}{T_a} \quad (6.86)$$

Es berechnet sich also der aktuelle Wert der Stellgröße u_i aus dem vorangegangenen Wert der Stellgröße u_{i-1} zuzüglich einer gewichteten Summe über vorangegangene Regelabweichungen e_i, e_{i-1} und e_{i-2}.

Die Koeffizienten d_0, d_1 und d_2 zur Berechnung der gewichteten Summe in Gl. (6.85) können damit einmalig mit den Konstanten K_P, T_a und T_n festgelegt werden und bedürfen im laufenden Betrieb keiner erneuten Berechnung.

6.7.1.2   Geschwindigkeitsalgorithmus

Führt man nun eine Differenzenbetrachtung als

$$\Delta u_i = u_i - u_{i-1} \quad (6.87)$$

durch, so erhält man aus Gl. (6.85) für

$$\Delta u_i = d_0 \cdot e_i + d_1 \cdot e_{i-1} + d_2 \cdot e_{i-2} \quad (6.88)$$

Bezieht man Δu_i auf die Abtastperiode T_a, die im Regelkreis konstant ist, so ist Δu_i ein Maß für die Änderung der Stellgröße je Zeiteinheit. Daher wird Gl. (6.88) auch als *Geschwindigkeitsalgorithmus* bezeichnet. Dieser Algorithmus wird angewandt, wenn dem regelnden Rechner ein Stellglied mit I-Verhalten (z.B. ein elektrischer Stellmotor) nachgeschaltet ist, so daß man auf das sonst erforderliche Halteglied in Abb. 6.34 verzichten kann.

6.7.1.3   Festlegung des Abtastintervalls

Je kleiner das Abtastintervall T_a gewählt wird, desto näher kommt das digitale Reglerverhalten dem des analogen Reglers. Die praktische Vorgehensweise zur Festlegung der Abtastperiode besteht darin, daß man z.B. mit einem y-t-Schreiber die Sprungantwortfunktion der Regelstrecke aufnimmt. Abbildung 6.35 zeigt drei typische Verläufe für die Sprungantwortfunktion. In den Teilbildern sind Abschätzungen für die Abtastperiode T_a eingetragen.

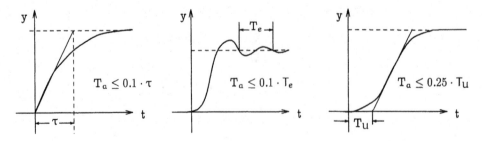

Abb. 6.35. Bestimmung des Abtastintervalles bei verschiedenen Sprungantwortfunktionen

6.7.1.4   Sprungantwortfunktion des diskreten PID-Reglers

Am Beispiel des Regelalgorithmus nach Gl. (6.85) zeigt Tabelle 6.4 für $d_0 = 4$, $d_1 = -5$ und $d_2 = 2$ die tabellarische Berechnung der Stellgröße u als gewichtete Summe.

Tabelle 6.4. Berechnung der Stellgröße als gewichtete Summe

i	$4 \cdot e_i$	$-5 \cdot e_{i-1}$	$2 \cdot e_{i-2}$	u_{i-1}	u_i	Δu_i
0	0	0	0	0	0	0
1	4	0	0	0	4	4
2	4	-5	0	4	3	-1
3	4	-5	2	3	4	1
4	4	-5	2	4	5	1
5	4	-5	2	5	6	1
6	4	-5	2	6	7	1
7	4	-5	2	7	8	1

Abbildung 6.36 zeigt den zeitlichen Verlauf der Sprungantwortfunktion des diskreten PID-Reglers im Vergleich zum analogen PID-Regler. Man erkennt, daß im theoretischen Grenzfall für $T_a \to 0$ die Sprungantwortfunktionen ineinander übergehen. Abbildung 6.37 zeigt abschließend das Struktogramm für einen diskreten PID-Regelalgorithmus.

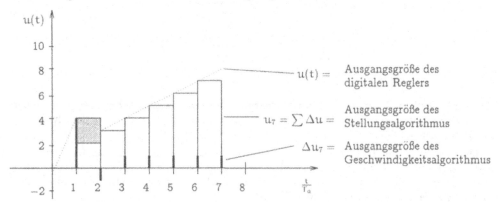

Abb. 6.36. Sprungantwortfunktion des diskreten PID-Reglers

WHILE ...	
	e_i einlesen
	u_i berechnen
	u_i abspeichern
	u_i ausgeben
	Regelabweichung verschieben
	Ende des Abtastintervalls abwarten

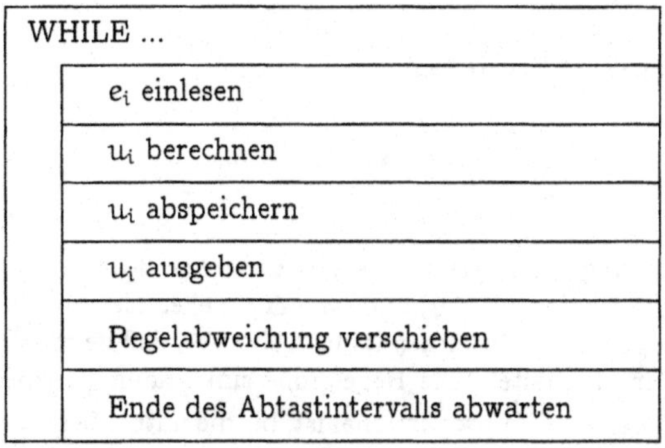

Abb. 6.37. Struktogramm des diskreten PID-Regelalgorithmus

6.7.2   Zweipunktregler

Zwei Knaben, jung und heiter,
die tragen eine Leiter.

Wilhelm Busch, „Münchner Bilderbogen"

Die Arbeitsweise eines rechnergestützten Zweipunktreglers soll zunächst anhand der Funktion eines herkömmlichen Zweipunktreglers erläutert werden.

6.7.2.1   Funktion

Ein Regler soll nach Abb. 6.38 allein die Entscheidung treffen, ob ein Element des Stellgliedes *ein-* oder *ausgeschaltet* wird.

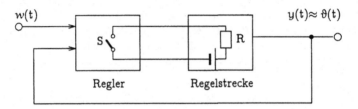

Abb. 6.38. Zweipunktregelung

Dabei handelt es sich z.B. um einen Heizkörper als Regelstrecke, der vom Regler *ein-* oder *ausgeschaltet* wird. Auf diese Weise kann z.B. eine einfache Raumtemperatur-Regelung $\vartheta(t)$ bewirkt werden.

Nimmt man an, daß die Regelstrecke durch einen Tiefpaß 1. Ordnung mit der Übertragungsfunktion $\underline{F}_S(s) = \frac{K_S}{1+s \cdot T_0}$ mit der Zeitkonstanten T_0 gekennzeichnet wird, so ergibt sich beim Anfahren der Regelung mit einer Sprungfunktion $s(t)$ als Anregungsfunktion eine Sprungantwortfunktion der Regelgröße im Bildbereich als

$$\underline{Y}(s) = \frac{K_S}{1 + s \cdot T_0} \cdot \frac{1}{s} \tag{6.89}$$

mit der Korrespondierenden im Zeitbereich

$$y(t) = K_S \cdot (1 - e^{-\frac{t}{T_0}}) \tag{6.90}$$

Es sollen nun für die Zweipunktregelung die sog. *untere* und *obere* Schaltschwelle eingeführt werden. Sie sind durch die Werte $(w + \Delta y)$ und $(w - \Delta y)$ gekennzeichnet. Die Differenz beträgt 2 $\cdot \Delta y$ und wird *Hysterese* genannt. Man erkennt aus Abb. 6.39, daß beim Überschreiten der oberen Schaltschwelle der Regler abschaltet. Die Regelgröße sinkt dann bei dieser Regelstrecke nach einem zeitlichen Verlauf, der zu $e^{-\frac{t}{T_0}}$ proportional ist, bis die untere Schaltschwelle durchschritten wird, so daß der Regler den Schalter S wieder einschaltet. Man erkennt, daß sich mit abnehmender Hysterese die *Schalthäufigkeit* des Schalters S entsprechend erhöht.

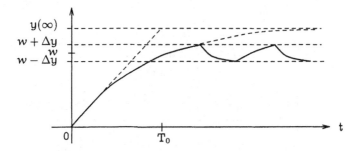

Abb. 6.39. Zeitlicher Verlauf der Regelgröße y(t) bei einem Zweipunktregler

Es ist an dieser Stelle zu erwähnen, daß die Kurvenstücke des Verlaufes der Regelgröße y(t) zwischen den Ein- und Ausschaltpunkten sowie beim ersten Hochlauf aus Exponentialfunktionen der Art $(1 - e^{-\frac{t}{T_0}})$ für den *ansteigenden* Verlauf und $e^{-\frac{t}{T_0}}$ für den *abfallenden* Verlauf bestehen. Diese Exponentialfunktionen ergeben sich als Lösung der Differentialgleichungen für den Ein- und Ausschaltvorgang.

Die Schaltbedingung für den Zweipunktregler kann aus Abb. 6.40 abgelesen werden. Befindet sich die Regelgröße im Wertebereich zwischen unterer und oberer Schaltschwelle, bleibt die Stellgröße unverändert; beim Überschreiten der oberen Schaltschwelle wird u = 0 gesetzt (*ausschalten*), beim Unterschreiten der unteren Schaltschwelle wird u = 1 gesetzt (*einschalten*).

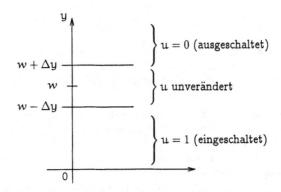

Abb. 6.40. Festlegung der Schaltbedingungen

6.7.2.2 Digitaler Zweipunktregler

Abbildung 6.41 zeigt das Struktogramm für einen einfachen Zweipunktregler. Die Abfragen im Struktogramm müssen nicht unbedingt in der dargestellten Form realisiert werden. Es empfiehlt sich vielmehr, sich nach dem *Zielprozessor* zu richten. So weist z.B. der Prozessor 6502 (Fabr. Motorola) festverdrahtete Sprungbefehle der Form

$$\text{VAR} \geq 0 \quad \text{bzw.} \quad \text{VAR} < 0$$

auf. Der Prozessor weist für VAR > 0 bzw. VAR ≤ 0 keine festverdrahteten Sprungbefehle auf, so daß diese erst durch mehrere Befehle berechnet werden müßten. Dadurch würde dann aber das Echtzeitverhalten des Rechners als Zweipunktregler nachteilig beeinflußt.

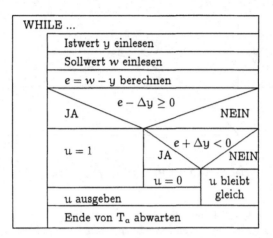

Abb. 6.41. Struktogramm für einen einfachen Zweipunktregler

6.8   Fuzzy-Logik in der Regelungstechnik

Das Unsympathische an Computern ist,
daß sie nur ja oder nein sagen können,
aber nicht vielleicht.

Brigitte Bardot

Fuzzy-Logik - so kurios dieser Name auch klingt - nahm vor ca. 25 Jahren ihren Anfang. Erste Entwicklungen dieser Logik gehen auf *Lotfi A. Zadeh* zurück. Laut Wörterbuch läßt sich *fuzzy* mit „undeutlich" übersetzen, auch „verschwommen" oder „fusselig" sind mögliche Übersetzungen.

Zadeh hat für diese neue Form von Logik Beschreibungssätze, die sog. *Fuzzy-Sets*, eingeführt, um nicht exakte und unvollständige Datensätze, wie sie in der Wirklichkeit oft auftreten, mathematisch zu beschreiben und weiter verarbeiten zu können. So hat die von *Zadeh* begründete *Fuzzy-Set-Theorie* in die Mustererkennung, die Entscheidungstheorie, die Medizin und die Regelungstechnik Eingang gefunden.

Rund 25 Jahre lang führte die *Fuzzy-Logik* in der westlichen Welt mehr oder weniger ein Schattendasein, da man hier von der klassischen zweiwertigen Logik ausging (etwas ist *wahr* oder *falsch*, eine dritte Möglichkeit existiert nicht; lat.: *tertium non datur*).

Vor allem in Japan bestanden solche Vorbehalte nicht. Dort war man einer unscharfen, vielschichtigen Beschreibung logischer Zusammenhänge viel mehr aufgeschlossen. So stieß die Fuzzy-Logik dort vor allem bei Ingenieuren auf Interesse. Inzwischen haben Japaner eine Reihe von Anwendungen im industriellen Bereich realisiert und gehen nun daran, Fuzzy-Logik auch in Breitenprodukten (Konsumgütern) einzusetzen. So wurde in Japan das *International Fuzzy Engineering Research Institute* gegründet mit dem Ziel der Entwicklung von *Fuzzy-Chips* zur Realisierung von *Fuzzy-Computern* (z.B. Omron, Togai Infralogic, Hyperlogic, Aptronix und Norrad).

Fuzzy-Logik stellt ein begründetes mathematisches Konzept dar. Bei der Lösung von Aufgaben der Prozeßautomatisierung wird sie auch schon in technischen Systemen, die von *Boeing, General Motors, Allen-Bradley, Chrysler* und anderen entwickelt wurden, eingesetzt. In japanischen Konsumgütern findet man zahlreiche Anwendungen z.B. bei Fotoapparaten, Klimaanlagen, Staubsaugern und ähnlichen Produkten. Man erkannte beim Einsatz der Fuzzy-Logik, daß man zu besonders kostengünstigen und dennoch effektiven Entwicklungen kommt, wenn man Fuzzy-Logik auf einem 4-bit- oder 8-bit-Mikrocomputer ablaufen läßt und diesen mit preiswerten Sensoren zusammenarbeiten läßt. Weiter sind solche gerätetechnischen Entwicklungen dadurch gekennzeichnet, daß sie auch mit gestörten Signalen (die vom technischen Prozeß empfangen werden) zusammenarbeiten können.

6.8.1 Definitionen

Von hundert, die von „Menge", von „Herde" reden,
gehören neunundneunzig selbst dazu.

Christian Morgenstern, „Lebensweisheiten"

6.8.1.1 Scharfe Menge

Zunächst sollen *klassische, scharfe Mengen* (engl.: *crispy sets*) betrachtet werden. Eine scharfe Menge kann dadurch beschrieben werden, daß alle Elemente, die zu dieser Menge gehören, einfach aufgelistet werden, oder aber mit den Mitteln der Mengentheorie definiert werden. Ein erstes Beispiel sei hierfür die Menge *warm*, die in Abb. 6.42 wiedergegeben ist.

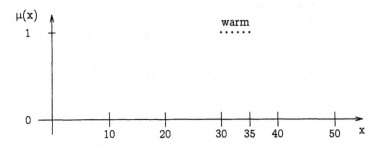

Abb. 6.42: Zugehörigkeitsfunktion der diskreten scharfen Menge *warm* = {30, 31, 32, 33, 34, 35}

Scharfe Mengen können jedoch auch durch eine zugeordnete charakteristische Funktion beschrieben werden, wobei eine 1 *Zugehörigkeit* und eine 0 *Nichtzugehörigkeit* bedeuten. Diese Funktion wird die Zugehörigkeitsfunktion $\mu(x)$ (engl.: *membership function*) genannt.

Definition 6.1. Scharfe Menge Gegeben sei X ein Merkmalsraum, eine Menge bzw. die Gesamtheit aller Objekte und A eine Teilmenge von X ($A \subseteq X$). Die Zugehörigkeitsfunktion $\mu_A(x): X \to \{0, 1\}$ mit

$$\mu_A(x) = \begin{cases} 1 & \text{für } x \in A, \\ 0 & \text{für } x \notin A \end{cases}$$

legt für alle $x \in X$ die scharfe Menge A fest.   ◇

Konkret könnte die zuvor vorgestellte Menge *warm* nun folgendermaßen beschrieben werden:

$$\text{warm} = \begin{cases} 1 & \text{für } 30 \leq x \leq 35, \\ 0 & \text{sonst} \end{cases}$$

Die Festlegung dieser scharfen Menge zeigt Abb. 6.43.

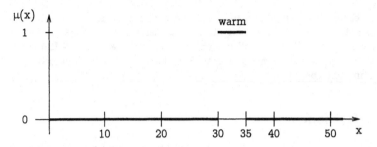

Abb. 6.43. Zugehörigkeitsfunktion der scharfen Menge *warm*

6.8.1.2 Unscharfe Menge

Aus der Zugehörigkeitsfunktion einer *scharfen* Menge kommt man zu der einer *unscharfen* Menge, wenn man für den Zugehörigkeitswert $\mu(x)$ nicht nur die diskreten Werte 0 und 1 zuläßt, sondern auch beliebige Werte zwischen 0 und 1 (kontinuierlicher Wertebereich für μ). Auf diese Weise wird es möglich, für die Zugehörigkeit von Elementen zu einer Menge den Übergang zwischen *gehört dazu* und *gehört nicht dazu* festzulegen.

Definition 6.2. Unscharfe Menge Gegeben sei X ein Merkmalsraum, eine Menge bzw. die Gesamtheit aller Objekte und A eine Teilmenge von X ($A \subseteq X$). Die Zugehörigkeitsfunktion $\mu_A(x)$: $X \to [0, 1]$ ordnet jedem Element $x \in A$ den Zugehörigkeitsgrad $\mu_A(x)$ aus dem Intervall $[0,1]$ zu. A wird als unscharfe Menge oder Fuzzy-Menge (engl.: *fuzzy-set*) bezeichnet.   ◇

Den Verlauf der Zugehörigkeitsfunktion für eine unscharfe Menge *warm* könnte man nun, wie folgt, beschreiben:

$$\text{warm} = \begin{cases} 0 & \text{für } 0 \leq x < 25, \\ \frac{x}{5} - 5 & \text{für } 25 \leq x < 30, \\ 1 & \text{für } 30 \leq x < 35, \\ -\frac{x}{5} + 8 & \text{für } 35 \leq x < 40, \\ 0 & \text{sonst} \end{cases}$$

Abbildung 6.44 veranschaulicht den Verlauf der Zugehörigkeitsfunktion für die unscharfe Menge.

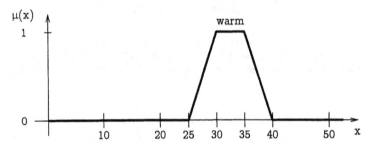

Abb. 6.44. Zugehörigkeitsfunktion der unscharfen Menge *warm*

6.8.1.3 Linguistische Variable

Nachdem die Zugehörigkeitsfunktion $\mu(x)$ eingeführt ist, soll nun gezeigt werden, wie Variablen durch Zugehörigkeitsfunktionen dargestellt werden können. Dazu bedient man sich sog. *Fuzzy-Sets*. Dies sind Beschreibungen von Zugehörigkeitsfunktionen. Mathematisch kann ein Fuzzy-Set als geordnete Menge von Paaren beschrieben werden als

$$A = \{(x, \mu_A(x)) | x \in X\} \tag{6.91}$$

wobei $\mu_A(x)$ die *Zugehörigkeitsfunktion* (auch als Grad der Zugehörigkeit zu bezeichnen) von x in A genannt wird, die die Menge X auf den Zugehörigkeitsraum abbildet. Der Bereich der Zugehörigkeitsfunktion ist eine Untermenge der reellen Zahlen mit einer endlichen Obergrenze und der Untergrenze Null. Ist die Obergrenze gleich 1, heißt das Fuzzy-Set *normal*.

Mit Hilfe von Fuzzy-Sets ist man nun in der Lage, den Wert einer Zustandsgröße (z.B. einer Temperatur) anzugeben. Man bedient sich dabei menschlicher Erfahrung, die eine Temperatur nicht exakt als 39,6 Grad Celsius bestimmt, sondern diese als zum Beispiel *ziemlich heiß* (engl.: *slightly hot*) einstuft. Die menschliche Wahrnehmung beschränkt sich auf eine Bewertung des Temperatureindrucks in Form von einigen Kategorien. So können z.B. folgende Eindrücke des Menschen bezüglich einer Temperatur angegeben werden:

sehr kalt/kalt/kühl/warm/sehr warm/heiß/sehr heiß.

Natürlich ist die Zuordnung des Eindrucks von einer Temperatur *subjektiv*, und die o.a. Kategorien können auch anders gestaffelt sein. Wichtig aber ist, daß für die angegebenen Kategorien nun mit Hilfe von Fuzzy-Sets Zugehörigkeitsfunktionen für jede Kategorie angegeben werden können. Diese müssen durchaus nicht für jede Kategorie gleich sein.

Zusammenfassend kann daher festgehalten werden: ganze Sätze von Fuzzy-Mengen, die ein und dieselbe Kenngröße charakterisieren, werden zu einer *linguistischen* Variable zusammengefaßt. Die Fuzzy-Mengen, die eine solche linguistische Variable bestimmen, werden als *linguistische Terme* bezeichnet.

Für die Bewertung des Temperatureindrucks über der Temperatur sei in Abb. 6.45 ein Beispiel gegeben.

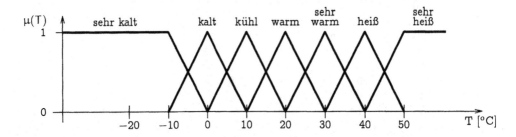

Abb. 6.45. Zugehörigkeitsfunktionen $\mu(T)$

Die einzelnen Zugehörigkeitsfunktionen haben einen dreiecksförmigen Verlauf bis auf die für die Klasse *sehr kalt*, da sie am Rande des Betrachtungsbereiches liegt; gleiches gilt für die Zugehörigkeitsfunktion der Klasse *sehr heiß*.

Der Vorgang zur Bestimmung aller linguistischen Terme einer linguistischen Variable wird als sog. *Fuzzifizierung* bezeichnet. Die Zugehörigkeitsfunktionen müssen jedoch nicht, wie man aus dem letzten Beispiel annehmen könnte, symmetrisch aufgebaut sein. Abbildung 6.46 zeigt ein Beispiel, bei dem die Zugehörigkeitsfunktionen frei vorgegeben sind.

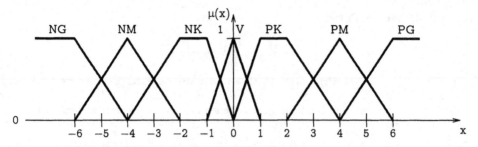

Klassifizierungen der einzelnen Zugehörigkeitsfunktionen:

NG   negativ groß
NM   negativ mittel
NK   negativ klein
V   verschwindend (klein)
PK   positiv klein
PM   positiv mittel
PG   positiv groß

Abb. 6.46. Beispiel für die Fuzzifizierung einer Eingangsgröße

Natürlich sind alle möglichen mathematischen Funktionen zulässig zur Beschreibung einer Zugehörigkeitsfunktion. Es erweist sich jedoch als besonders einfach, wenn man Zugehörigkeitsfunktionen stückweise linear z.B. als Dreiecke festlegt. Dies hat den Vorteil, daß im Rechner nur drei Wertepaare zu speichern sind, die die Eckpunkte des jeweiligen Dreiecks repräsentieren. Die Menge aller Zugehörigkeitsfunktionen kann so recht einfach in Form einer Tabelle gespeichert werden, wie Tabelle 6.5 an einem Beispiel zeigt, wenn die zu bewertende Eingangsgröße x z.B. Werte zwischen -6 und $+6$ annehmen kann.

Tabelle 6.5. Tabellarische Darstellung von Zugehörigkeitsfunktionen

	-6	-5	-4	-3	-2	-1	0	$+1$	$+2$	$+3$	$+4$	$+5$	$+6$
NG	1	0.5	0	0	0	0	0	0	0	0	0	0	0
NM	0	0.5	1	0.5	0	0	0	0	0	0	0	0	0
NK	0	0	0	0.5	1	0.5	0	0	0	0	0	0	0
V	0	0	0	0	0	0.5	1	0.5	0	0	0	0	0
PK	0	0	0	0	0	0	0	0.5	1	0.5	0	0	0
PM	0	0	0	0	0	0	0	0	0	0.5	1	0.5	0
PG	0	0	0	0	0	0	0	0	0	0	0	0.5	1
Σ	1	1	1	1	1	1	1	1	1	1	1	1	1

Für fuzzifizierte, normierte Größen gilt zweckmäßigerweise folgende Regel:

„Die Summe der Zugehörigkeitsmaße aller linguistischen Aussagen soll für jeden scharfen Wert 1 betragen."

Wird diese Regel befolgt, so ist, wie sich zeigen wird, der nachfolgende Umgang mit den Entscheidungsregeln einfacher zu handhaben; außerdem können die Zugehörigkeitsmaße einer diskreten Eingangsgröße relativ einfach gespeichert werden.

6.8.1.4 Fuzzy-Operatoren

Im nächsten Schritt sollen nun Fuzzy-Sets ein und derselben Grundmenge miteinander verknüpft werden. Hierfür ist es notwendig, die wesentlichen Verknüpfungen OR, AND und NOT auf Operatoren, die auf Fuzzy-Sets anwendbar sind, abzubilden. Die nachfolgenden Beschreibungen beschränken sich auf jene *elementarsten* Operatoren, die bereits von *Zadeh* vorgeschlagen wurden, und somit der klassischen Fuzzy-Logik zuzuordnen sind. Konkret sind dies:

- für die OR-Verknüpfung zweier Fuzzy-Sets A und B der *Maximum-Operator*, definiert durch die Vereinigung der unscharfen Mengen A und B:

$$A \text{ OR } B \equiv A \cup B \equiv \mu(x) = \max(\mu_A(x), \mu_B(x)), \text{ mit } x \in X \tag{6.92}$$

Sollen z.B. die Zugehörigkeitsfunktionen der beiden Ausdrücke *sehr kalt* und *kalt* durch OR verknüpft werden, so ergibt sich die neue Vereinigungsmenge wie in Abb. 6.47.

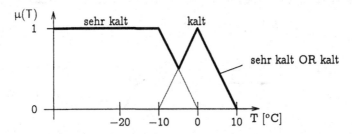

Abb. 6.47. OR-Verknüpfung durch Maximum-Operator

- für die AND-Verknüpfung zweier Fuzzy-Sets A und B der *Minimum-Operator*, definiert durch den Durchschnitt der unscharfen Mengen A und B:

$$A \text{ AND } B \equiv A \cap B \equiv \mu(x) = \min(\mu_A(x), \mu_B(x)), \text{ mit } x \in X \tag{6.93}$$

Werden z.B. die Zugehörigkeitsfunktionen der beiden Ausdrücke *sehr kalt* und *kalt* mittels AND verknüpft, so ergibt sich die neue Durchschnittsmenge wie in Abb. 6.48.

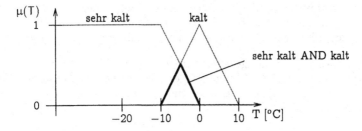

Abb. 6.48. AND-Verknüpfung durch Minimum-Operator

- für die Negation eines Fuzzy-Sets A das *Komplement* der unscharfen Menge A:

$$\text{NOT } A \equiv \mu(x) = 1 - \mu_A(x), \text{ mit } x \in X \tag{6.94}$$

Wird z.B. der Zugehörigkeitsfunktion des Ausdrucks *sehr kalt* ein NOT vorangestellt, so ergibt sich die neue unscharfe Menge wie in Abb. 6.49.

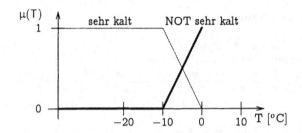

Abb. 6.49. NOT-Verknüpfung mittels Komplement

Drei abschließende Bemerkungen seien erlaubt:

1. Für die beiden vorgestellten Operatoren max und min der Verknüpfungen OR und AND gilt, wie leicht nachzuvollziehen ist, sowohl das Kommutativ- als auch das Assoziativgesetz.

2. Die OR- und AND-Verknüpfung könnte auch auf andere Operatoren abgebildet werden (Abb. 6.50).

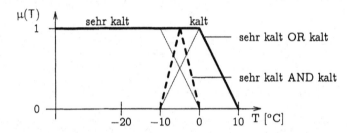

Abb. 6.50. Alternative Operatoren für OR- und AND-Verknüpfung

3. Natürlich existiert eine Vielzahl weiterer Verknüpfungen und Operatoren, die für praktische Anwendungen allerdings von untergeordneter Bedeutung sind. Die Palette reicht von T- und S-Normen hin zu sog. justierbaren Operatoren. Einige Beispiele sind:

Algebraisches Produkt: $(\mu_A \cdot \mu_B)(x) = \mu_A(x) \cdot \mu_B(x)$
Abgeschnittene Summe: $(\mu_A \hat{+} \mu_B)(x) = \min(1, \mu_A(x) + \mu_B(x))$ (6.95)
Abgeschnittene Differenz: $(\mu_A \hat{-} \mu_B)(x) = \max(0, \mu_A(x) + \mu_B(x) - 1)$

Zusammenfassend kann festgehalten werden, daß der Maximum-Operator komplementär zu seinem Widerpart, dem Minimum-Operator, definiert werden sollte. Es empfiehlt sich daher letzteren „pessimistisch" arbeiten zu lassen und durch ihn immer den kleineren Wert auszuwählen.

6.8.1.5 Fuzzy-Relationen

Die bisherigen Verknüpfungen zielten lediglich auf Fuzzy-Mengen ein und derselben Grundmenge ab. Nunmehr soll dazu übergegangen werden, Fuzzy-Sets *unterschiedlicher* Grundmengen in Relation zu setzen. Dies bewerkstelligt man unter Zuhilfenahme des *kartesischen Produkts*, womit Regeln der Form

$$\text{IF } p \text{ THEN } c \qquad\qquad (6.96)$$

modelliert werden. Eine Regel, die auch als *Implikation* bezeichnet wird, besteht aus einer Prämisse p und einer Konklusion c. Geht man davon aus, daß die Prämisse p durch das Fuzzy-Set X_1 und die Konklusion c durch das Fuzzy-Set X_2 beschrieben sind, so definiert das *kartesische Produkt* die entstehende unscharfe Ausgangsmenge X.

Definition 6.3. Fuzzy-Relationen Gegeben seien X_1 und X_2 zwei Merkmalsräume bzw. Mengen, die durch ihre Zugehörigkeitsfunktionen μ_1 und μ_2 festgelegt sind. Die Fuzzy-Relation $\mu_R(x_1, x_2): X_1 \times X_2 \to [0, 1]$ beschreibt die Fuzzy-Menge X, wobei die Zugehörigkeitsfunktion $\mu_R(x_1, x_2)$ jedem Element (x_1, x_2) aus dem kartesischen Produkt $X_1 \times X_2$ den Zugehörigkeitsgrad aus dem Intervall [0, 1] zuordnet. ◇

Hand in Hand mit der von *Zadeh* erfundenen Fuzzy-Logik geht die ebenfalls von ihm entwickelte Theorie des *unscharfen Schließens* (engl.: *approximate reasoning*). Ansatzpunkt dafür ist das soeben vorgestellte kartesische Produkt, welches Beziehungen zwischen unterschiedlichen Grundmengen festhält. Ebenso wie bei den Fuzzy-Verknüpfungen wird nun dem kartesischen Produkt ein Operator zugeordnet. Diese Zuordnung hängt vom jeweiligen Anwendungsfall ab. Sehr häufig werden unter anderem eingesetzt:

$$\text{Minimum-Operator:} \quad \mu_R(x_1, x_2) = \min(\mu_1(x_1), \mu_2(x_2))$$
$$\text{Produkt-Operator:} \quad \mu_R(x_1, x_2) = \mu_1(x_1) \cdot \mu_2(x_2) \tag{6.97}$$

Falls die Prämisse selbst aus unterschiedlichen Fuzzy-Sets, die mit OR, AND oder NOT verknüpft sind, aufgebaut ist, können diese Verknüpfungen wiederum auf die zuvor besprochenen Operatoren max, min und Komplement abgebildet werden. Die Auswertung einer Regel bzw. der Gesamtheit aller Regeln, die zu einer Regelbasis zusammengefaßt sind, wird *Inferenz* genannt und näher auch anhand eines praktischen Anwendungsbeispiel im Abschn. 6.8.2.3 behandelt.

6.8.2 Fuzzy-Regler

Schwamm drüber!

Genee, „Der Bettelstudent"

Auf den ersten Blick nach den Erfahrungen der vorangegangenen Abschnitte dieses Kapitels erscheint die Idee, mit Hilfe von Fuzzy-Set-Theorie Regelungstechnik betreiben zu wollen, höchst fragwürdig. Schließlich hat doch die Regelungstechnik den Ruf von Exaktheit, so z.B. die Beschreibung des zeitlichen Verhaltens einer bestimmten Regelstrecke bei Anregung mit einer eingangsseitigen Funktion durch Differentialgleichungen n-ter Ordnung mit konstanten Koeffizienten. Die gesamte Theorie wird aber extrem aufwendig, wenn die stets genannte Voraussetzung konstanter Koeffizienten fallengelassen werden muß. Ein praktisches Beispiel hierzu ist die Wärmeleitzahl α bei einem Drehrohrofen zur Zementherstellung, die sich mit zunehmender Betriebsdauer verändert. Eine möglichst gute Regelung einer Drehrohrofenheizung erweist sich hier durch einen herkömmlichen Regler als äußerst schwierig zu realisieren. Der Mensch hingegen als *Dispatcher* auf einer Betriebsleitzentrale nimmt seine weitreichende Erfahrung zu Hilfe und führt Stellhandlungen durch, die zu einem guten betrieblichen Ergebnis führen, ohne zuvor einen bestimmten Temperaturwert auf ±0.1 °C genau gemessen zu haben. So ist es die grundlegende Idee dieses Ansatzes mit Fuzzy-Sets, die Erfahrung eines menschlichen Prozeßoperateurs in das Design des Reglers einfließen zu lassen.

Basierend auf einem Satz von *Regeln*, die die regelungstechnische Vorgehensweise des Prozeßoperateurs widerspiegeln, wird ein Regelalgorithmus konstruiert, der Fuzzy-Sets benutzt. Der hauptsächliche Vorteil dieses Ansatzes besteht darin, „Daumenregeln", „intuitives Verhalten", „Erfahrung", „Heuristiken" u.ä. mit in den Entscheidungsprozeß einzubinden sowie - und das ist ein sehr entscheidender Vorteil - daß kein exaktes Prozeßmodell benötigt wird.

Zwischenzeitlich hat es sich bereits als vorteilhaft erwiesen, für die Regelung komplexer Prozesse den Entscheidungsprozeß des menschlichen Operateurs nachzubilden.

Da hier eine gewisse Nähe zu Expertensystemen vorliegt, erscheint es sinnvoll, eine Abgrenzung zwischen *Expertensystemen* und *Fuzzy-Controllern* vorzunehmen. *Zimmermann* macht hierzu folgende Angaben:

- die existierenden Fuzzy-Controller haben ihren Ursprung in der *Regelungstechnik* und nicht in der *Artificial Intelligence*;

- Fuzzy-Controller sind allesamt *regelbasierte Systeme*

- im Gegensatz zu Expertensystemen haben sie meistens ausschließlich die Aufgabe, technische Systeme zu regeln, das bedeutet, daß ihre Problemdomäne wesentlich kleiner und einfacher als die eines Expertensystems ist;

- im allgemeinen werden die Regeln eines Fuzzy-Controllers nicht von einem Anwendungsexperten, sondern explizit durch den Designer des *Fuzzy-Controllers* festgelegt;

- schließlich sind die Eingangsgrößen *Meßwerte* eines technischen Systems und die Ausgangsgrößen *Stellgrößen*.

Die Fuzzy-Logik hat bei regelungstechnischen Anwendungen das Konzept des Reglers wesentlich beeinflußt. Abbildung 6.51 zeigt einen geschlossenen Regelkreis mit dem technischen Prozeß als *Regelstrecke* und dem *Regler*.

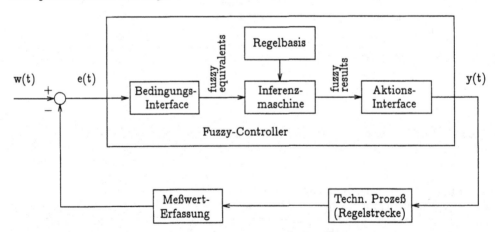

Abb. 6.51. Fuzzy-Controller (Blockdiagramm)

Der *Fuzzy-Controller* muß in dem geschlossenen Regelkreis (der bisher bekannten Struktur) die gleichen Schnittstellen erfüllen wie ein konventioneller Regler, d.h., am Eingang des Reglers wird wie üblich die Regelabweichung $e(t) = w(t) - y(t)$ bereitgestellt. Das Ausgangssignal des Reglers ist die Stellgröße $u(t)$. Um eingangs- und ausgangsseitig diese Signalanpassung zu ermöglichen, bedarf es jeweils eines Interfaces. Am Eingangsinterface ist die Regelabweichung mit Hilfe von Fuzzy-Sets und den festgelegten Zugehörigkeitsfunktionen in ein fuzzy-äquivalentes Datum umzusetzen. Die eigentliche Regelung wird mit einer *Inferenzmaschine* durchgeführt, die auf einen Satz von Regeln (nach denen zu entscheiden ist) zurückgreift. Der Regler arbeitet also als *regelbasiertes System* und kann von daher auch an veränderte regelungstechnische Anforderungen angepaßt werden. Die Ausgangsgröße der Inferenzmaschine als *fuzzy_results* bedarf mittels des nachfolgenden Interfaces noch der Umsetzung in eine Stellgröße $u(t)$, die geeignet ist, den technischen Prozeß zu steuern.

Bei einem klassischen Regler (z.B. PID-Regler) müssen alle Eingangsgrößen ($w(t)$ und $y(t)$) *scharfe* Werte sein, bei einem Fuzzy-Controller können dies auch *unscharfe* Größen sein. Das bietet z.B. den Vorteil, daß man billige Sensoren verwenden kann, die einen Meßwert nur unscharf wiedergeben. Ebenso kann es sein, daß auch der Sollwert nur ziemlich ungenau/unscharf vorgegeben wird (z.B. bei einer Waschmaschine: Die Wäsche ist *ziemlich schmutzig*. Niemand wird bei der Beurteilung der Verschmutzung die Schmutzpartikel sortieren, zählen und dann eine Maßzahl bilden aus der Anzahl/Größe dieser Partikel im Verhältnis zum Gesamtgewicht der zu waschenden Wäsche)..

Viele Regelkreise sollen auch gar nicht so genau arbeiten; z.B. gibt sich ein Autofahrer in der Funktion des Reglers folgende Sollwerte vor: „schnell", „langsam", oder „vorsichtig" fahren! So gibt es in technischen Systemen noch zahlreiche Anwendungen, die für den Einsatz von Fuzzy-Controllern geeignet sind: z.B. ist es bei einer Wohnraumheizungsregelung nicht erforderlich, die Solltemperatur um ±0.1 °C einzuhalten, und ein U-Bahnzug mit Linienzugbeeinflussung muß nicht (110 ± 0.1) km/h fahren und auf 1 mm genau an einem vorgegebenen Punkt am Bahnsteig anhalten. Bei vielen komplexen Regelkreisen ist eine solche Genauigkeit auch gar nicht möglich, und man ist vielmehr zufrieden, wenn sich die Regelstrecke überhaupt innerhalb vorgegebener Toleranzen regeln läßt.

Auf einen weiteren Vorteil von Fuzzy-Controllern soll abschließend noch hingewiesen werden: Bei manchen regelungstechnischen Anwendungen arbeitet ein Regler mit einer Vielzahl von Signalen/Meldungen vom Prozeß zusammen. Da man die Reaktion des Reglers als regelbasiertes System konzipiert hat, kann man die Systemantwort des Fuzzy-Controllers durch entsprechend hinterlegte Regeln in gewissen Grenzen halten, damit im Fall des Ausfalles eines Sensors oder eines falschen Signals dieses Sensors nicht die Stellgröße unmittelbar an die Grenzen des zugeordneten Wertebereiches gebracht wird (engl.: *smooth system reaction*). Dies kann z.B. dadurch erreicht werden, daß der aktuelle Wert der Regelabweichung e_i in der Form

$$e_i = 0.1 \cdot e_i + 0.9 \cdot e_{i-1} \qquad (6.98)$$

periodisch (Abtastperiode T_a) berechnet wird. Ein Hauptnachteil von Fuzzy-Controllern besteht allerdings zur Zeit noch darin, daß die erforderlichen Erfahrungen mit dieser Systementwurfsmethode noch unvollständig sind. In den nachfolgenden Abschnitten werden nun die wesentlichen Schritte beim Aufbau und bei der Implementierung eines Fuzzy-Controllers diskutiert. Begleitend wird ein kontinuierlich aufgebautes Fallbeispiel die behandelte Theorie in die Praxis umsetzen und so zur besseren Verständlichkeit der behandelten Materie beitragen. Die Aufgabenstellung kann kurz folgendermaßen umrissen werden:

Beispiel 6.2. Es gilt, einen Fuzzy-Controller zur Steuerung eines Ventils zu entwickeln. Die Stellung (ξ) des Ventils regelt die Brennstoffzufuhr einer Heizung in Abhängigkeit von den gemessenen Werten der beiden Eingangsgrößen *Temperatur* (T) und *Temperaturgradient* ($\delta = \frac{dT}{dt}$). Abbildung 6.52 gibt die Aufgabenstellung als Blockschaltbild wieder.

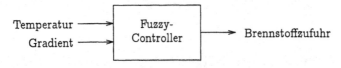

Abb. 6.52. Fuzzy-Controller

6.8.2.1 Fuzzifizierung

Bei der *Fuzzifizierung* (deutsch: *Verunschärfung*) werden die Zugehörigkeitswerte aller linguistischen Elementaraussagen, die die Eingangsgrößen und Ausgangsgrößen des *Fuzzy-Reglers* betreffen, bestimmt. Die Anzahl der gewählten linguistischen Terme sowie der Grad der Überlappung einzelner unscharfer Mengen ist vom jeweiligen Anwendungsfall abhängig und bleibt dem Entwickler des Fuzzy-Reglers vorbehalten.

Beispiel 6.3. Die Ränder der Wertebereiche der linguistischen Variablen T, δ und ξ wurden durch trapezförmige Fuzzy-Mengen abgedeckt. Für die Zwischenbereiche finden überwiegend dreiecksförmige Fuzzy-Mengen Verwendung. Abbildung 6.53 verdeutlicht, daß scharfe Eingangs- oder Ausgangswerte zu mehr als einer Fuzzy-Menge gehören können. So wurde eine Temperatur von 10 °C als *sehr kalt* bis *kalt* eingestuft. Eine Temperaturabnahme um 2 °C/min wurde jedoch eher als *null* bewertet.

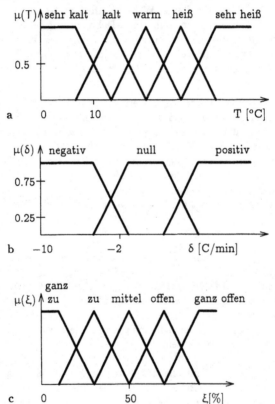

Abb. 6.53. Temperatur (a), Gradient (b) und Ventilstellung (c)

6.8.2.2 Regelbasis

Die Regelbasis enthält sog. Produktionsregeln $R_1, R_2, \ldots R_n$. In ihr ist das Expertenwissen zur Regelung des technischen Prozesses abgelegt. Diese Regelbasis kann allgemein beschrieben werden als

$$R_k: \text{IF } p_k \text{ THEN } c_k$$

Darin sind

- p_k die *Prämissen* als Funktionen der Eingangsgrößen e des Fuzzy-Reglers. Die Prämissen können durch die Fuzzy-Relationen AND und OR verknüpft sein. Auch das Voranstellen des Fuzzy-Operators NOT ist erlaubt;

- c_k die *Konklusionen* als Aussagen, die sich auf die Ausgangsgrößen u beziehen.

So könnte z.B. eine Regel für die Temperaturregelung lauten:

> **IF** (*Temperatur* = heiß **AND** *Gradient* = hoch) **OR**
> *Temperatur* = sehr heiß
> **THEN** *Ventilstellung* = ganz zu

Die in der Regelbasis enthaltenen Regeln sollten das Ergebnis eingehender Systemanalyse eines Prozesses sein und nach Möglichkeit *vollständig* und *widerspruchsfrei* sein. Hierbei handelt es sich für den Informatiker um eine Aufgabe der *Wissensakquisition* und *-verarbeitung* (engl.: *knowledge acquisition and knowledge engineering*). Was bezüglich einer bestimmten Eingangssituation zu entscheiden ist, läßt sich somit mit relativ geringem Aufwand dadurch modifizieren, daß man einfach den Inhalt der Regelbasis verändert.

Beispiel 6.4. Tabelle 6.6 zeigt den Inhalt einer Regelbasis für die beiden Eingangsgrößen T und δ zusammen mit der Konklusion für die Ausgangsgröße ξ. Die Tabelle ist folgendermaßen zu lesen:

> R_1: **IF** T = sehr kalt **AND** δ = negativ **THEN** ξ = ganz offen

Tabelle 6.6. Regelbasis für die Eingangsgrößen T und δ sowie die Ausgangsgröße ξ

AND	Gradient		
Temperatur	negativ	null	positiv
sehr kalt	ganz offen	ganz offen	offen
kalt	ganz offen	offen	offen
warm	mittel	mittel	zu
heiß	zu	zu	ganz zu
sehr heiß	zu	ganz zu	ganz zu

Man erkennt anhand des Beispiels, daß der Umfang der erforderlichen Regeln durchaus endlich ist und wider Erwarten nicht über alle Grenzen wächst.

Der besondere Vorteil einer Entscheidungsfindung mit Hilfe einer Regelbasis besteht darin, nicht etwa komplizierte Differentialgleichungen lösen und womöglich noch Integraltransformationen anwenden zu müssen, sondern einfach zu überprüfen, welche Regeln der Regelbasis zutreffen („feuern"), um daraus eine Entscheidung abzuleiten. Der besondere Vorteil solcher Regler besteht in einem leicht zu realisierenden Echtzeitverhalten.

6.8.2.3 Inferenz

Unter Inferenz versteht man die Auswertung der Regeln aus der Regelbasis und die anschließende Zusammenfassung der daraus abzuleitenden Handlungsanweisungen (Konklusionen) auf der Grundlage einer speziell implementierten *Entscheidungsstrategie*. Hierbei ist zu beachten, daß man völlig freie Hand bei der Auswahl einer solchen Strategie hat; allein wesentlich ist, daß die gewählte Vorgangsweise zum Erfolg führt. Die Auswertung der Regeln läuft folgendermaßen ab:

1. Ermittlung der *aktiven* Regeln. Zu Beginn werden aus der Regelbasis jene Regeln „gefiltert", deren Prämissen einen Erfülltheitsgrad größer als null aufweisen.

Beispiel 6.5. Angenommen, zu einem bestimmten Zeitpunkt t wird die Temperatur $T = 10$ °C und der Temperaturabfall von $\delta = 2$ °C/min gemessen. Für diese scharfen Eingangswerte sollen die einzigen aktiven Regeln aus einer alternativen Regelbasis lauten:

R_1: **IF** T = kalt **AND** δ = negativ **THEN** ξ = mittel
R_2: **IF** T = sehr kalt **OR** δ = null **THEN** ξ = offen

2. Ermittlung der *einzelnen* Ausgangs-Fuzzy-Mengen. Für jede aktive Regel wird der Wahrheitswert (als Zugehörigkeitsmaß) der Prämisse bestimmt. Er gibt an, in welchem Maß die Regel „feuert". In Abhängigkeit von der realisierten Entscheidungsstrategie liefert die Implikation nun unterschiedliche Zugehörigkeitsmaße. Zwei der wichtigsten Strategien seien erwähnt:

MAX-MIN-Inferenz. Im Bereich Fuzzy-Control ist dieses Schema, das auf *Zadeh* und *Mamdani* zurückzuführen ist, weltweit am meisten benutzt. Die Operatoren werden folgendermaßen auf die Verknüpfungen bzw. Relationen zugewiesen:

$$
\begin{array}{ll}
\text{OR} & \text{max} \\
\text{AND} & \text{min} \\
\text{Implikation} & \text{min}
\end{array}
\qquad (6.99)
$$

Beispiel 6.6. Abbildung 6.54 zeigt, wie die einzelnen Ausgangs-Fuzzy-Mengen im Falle der Eingangsgrößen Temperatur $T = 10$ °C und Temperaturabfall $\delta = 2$ °C/min für die MAX-MIN-Inferenz gefunden werden.

MAX-PROD-Inferenz. Bei dieser Inferenz-Strategie verwendet man dieselben Operatoren zur Realisierung der OR- und AND-Verknüpfung, die Implikation wird hingegen durch den Produkt-Operator ($\cdot$) abgebildet. Zusammengefaßt bedeutet dies:

$$
\begin{array}{ll}
\text{OR} & \text{max} \\
\text{AND} & \text{min} \\
\text{Implikation} & \cdot
\end{array}
\qquad (6.100)
$$

Beispiel 6.7. Abbildung 6.55 zeigt, wie die einzelnen Ausgangs-Fuzzy-Mengen im Falle der Eingangsgrößen Temperatur $T = 10$ °C und Temperaturabfall $\delta = 2$ °C/min für die MAX-PROD-Inferenz gefunden werden.

3. Ermittlung der *resultierenden* Ausgangs-Fuzzy-Menge. Da meist mehrere Regeln aus der Regelbasis gleichzeitig „feuern", bildet man als Ergebnis der Handlungsanweisungen aller Regeln die unscharfe Menge durch Vereinigung aller unscharfen Mengen.

Beispiel 6.8. Die resultierende Ausgangsmenge für das verwendete Fallbeispiel im Falle der MAX-MIN- bzw. MAX-PROD-Inferenz zeigt Abb. 6.56.

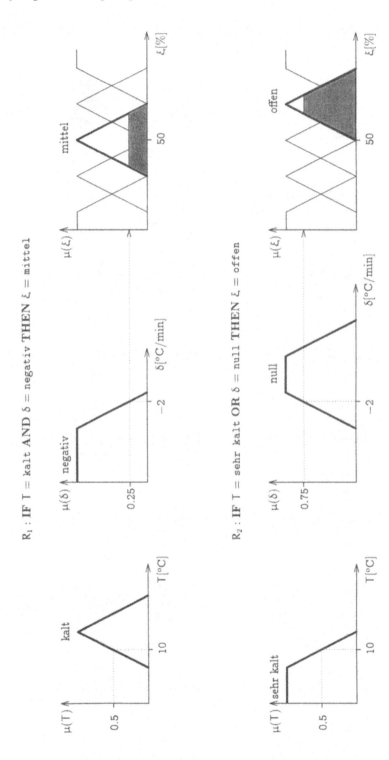

Abb. 6.54. MAX-MIN-Inferenz

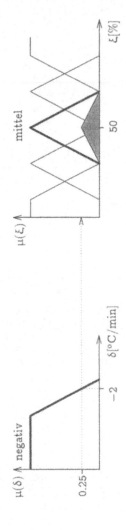

R_1 : **IF** T = kalt **AND** δ = negativ **THEN** ξ = mittel

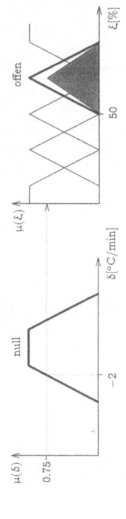

R_2 : **IF** T = sehr kalt **OR** δ = null **THEN** ξ = offen

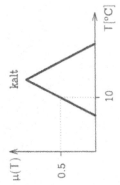

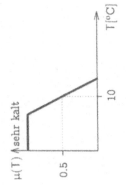

Abb. 6.55. MAX-PROD-Inferenz

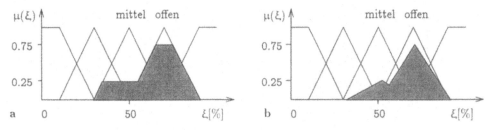

Abb. 6.56. Ausgangsmenge bei MAX-MIN-Inferenz (a) und MAX-PROD-Inferenz (b)

6.8.2.4 Defuzzifizierung

Unter *Defuzzifizierung* versteht man die Ermittlung eines scharfen Wertes u_S aus der unscharfen Menge U, die die Inferenz liefert. Übliche Methoden der Defuzzifizierung sind:

Maximum Height (maximale Höhe). Die *Maximum Height-Methode* liefert als Ausgangsgröße u_S den Wert, für den die Zugehörigkeitsfunktion der Ausgangsmenge U ihr Maximum erreicht. Damit gilt:

$$\mu_U(u_S) = \max \mu_U(u) \tag{6.101}$$

Der Vorteil dieser Methode besteht in der einfachen Berechnung von u_S aus μ_U. Ungünstig ist diese Methode nur dann, wenn in $\mu_U(u)$ mehrere Maxima auftreten.

Beispiel 6.9. Im Falle der MAX-MIN-Inferenz des verwendeten Fallbeispiels würde der Fuzzy-Controller einen beliebigen Wert aus dem Intervall [65, 75]% liefern; im Falle der MAX-PROD-Inferenz ergibt sich der eindeutige Wert 70%.

Mean of Maximum (Maximum-Mittelwert). Die *Maximum-Mittelwert-Methode* liefert als Ausgangsgröße u_S das arithmetische Mittel aller Werte, für die die Zugehörigkeitsfunktion $\mu_U(u)$ maximal ist. Ungünstig ist diese Methode allerdings dann, wenn im μ_U-Verlauf mehrere plateau-artige Verläufe (mit der Steigung 0) enthalten sind, auf denen überall der Maximalwert gegeben ist. Außerdem kann der Zugehörigkeitsgrad $\mu_U(u_S)$ unter Umständen sehr klein sein.

Beispiel 6.10. Sowohl die MAX-MIN-Inferenz als auch die MAX-PROD-Inferenz liefern den scharfen Wert 70%.

Center of Gravity (Schwerpunktmethode). Die *Schwerpunkt-Methode* liefert als Ausgangsgröße u_S die u-Komponente des Schwerpunktes der Fläche unter dem $\mu(u)$-Graphen. Dabei wird die Zugehörigkeitsfunktion als Fläche aufgefaßt. Die scharfe Ausgangsgröße erhält man durch die Berechnung der u-Koordinate des Flächenschwerpunktes nach folgender Berechnung

$$u_S = \frac{\int_u u \cdot \mu_U(u) \cdot du}{\int_u \mu_U(u) \cdot du} \tag{6.102}$$

Der Vorteil dieser Methode besteht darin, daß der gesamte Verlauf der Zugehörigkeitsfunktion $\mu(u)$ in die Berechnung des scharfen Wertes u_S eingeht. Nachteilig kann allerdings sein, daß der Zugehörigkeitswert $\mu(u_S)$ unter Umständen sehr klein sein kann.

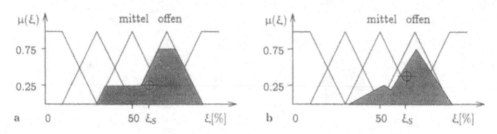

Abb. 6.57. Scharfer Wert für MAX-MIN-Inferenz (a) und MAX-PROD-Inferenz (b)

Beispiel 6.11. Die scharfen Werte bei Anwendung der Schwerpunktmethode sind in Abb. 6.57 schätzungsweise wiedergegeben. Dem interessierten Leser sei die genaue Berechnung zu Studienzwecken überlassen.

Abschließend kann bezüglich der Stellgröße eines Fuzzy-Reglers festgehalten werden, daß es besonders hilfreich ist, wenn die Stellgröße u des Reglers über den ganzen Wertebereich der Regelabweichung hinweg linear verläuft. Dadurch werden insbesondere Stabilitätsuntersuchungen am Regelkreis unterstützt.

Weiterführende Literatur

Dickmanns, E.: *Systemanalyse und Regelkreissynthese.* Stuttgart: B.G. Teubner Verlag, 1984.

DIN 19226: *Regelungstechnik und Steuerungstechnik: Begriffe und Benennungen.*

Iserman, R.: *Digitale Regelsysteme.* Berlin: Springer Verlag 1988.

Kahlert, J.; Frank, H.: *Fuzzy-Logik und Fuzzy-Control.* Wiesbaden: Vieweg Verlag, 1994.

Leonhard, W.: *Einführung in die Regelungstechnik.* Braunschweig: Vieweg Verlag, 1981.

Schildt, G.-H.: *Grundlagen der Impulstechnik.* Stuttgart: B.G. Teubner Verlag, 1987.

Schmidt, G.: *Grundlagen der Regelungstechnik.* Berlin: Springer Verlag, 1982.

Zimmermann, H.-J.: *Fuzzy Set Theory and Its Applications.* Dortrecht: Kluwer Academic Publishers, 1996.

Zadeh, L.: *Fuzzy-Sets*, Information and Control 8, 1965.

7 Software für Automatisierungssysteme

*Real-time computing is that type
of computing where the correctness of
the system depends not only
on the logical result of the computation,
but also on the time
at which the results are produced.*

John Stankovic, „Real-Time Computing Systems: The Next Generation"

Bisher haben Verfahren der Softwareentwicklung für Automatisierungssysteme nur in einigen Bereichen der Informatik eine Rolle gespielt, so z.B. in der Prozeßautomatisierung. Mit der fortschreitenden Entwicklung von Rechnersystemen, die zeitkritische Daten wie z.B. Bewegtbilder verarbeiten können sollen, treten *Echtzeitanforderungen* (engl.: *real-time constraints*) in immer neuen Anwendungsbereichen auf. Zentraler Kern eines Echtzeitsystems ist ein sog. *Echtzeitplaner* (engl.: *real-time scheduler*), der die betreffenden Programmprozesse so mit geeigneten Betriebsmitteln versorgt, daß die Zeitanforderungen dieser Programmprozesse termingerecht erfüllt werden.

Ein technisches System wird *Echtzeitsystem* (engl.: *real-time system*) genannt, wenn seine korrekte Funktionsweise nicht allein von den von ihm erzeugten Ausgabewerten abhängt, sondern auch von den zeitlichen Terminen, zu denen diese Ausgabewerte verfügbar sind. Beispiele für herkömmliche Anwendungsgebiete sind automatische Steuer- und Regelungssysteme (z.B. bei Robotics) in Fertigung, Verfahrenstechnik und Transportwesen (z.B. Linienzugbeeinflussung bei spurgeführten Verkehrssystemen). Neuere Anwendungen sind z.B. die rechnergestützte Flugsicherung sowie die Abwicklung von Termingeschäften im Börsenwesen.

Fälschlicherweise werden *Schnelligkeit* und *Effizienz* als die wesentlichen Merkmale von Echtzeitsystemen angesehen. Natürlich sind solche Eigenschaften wünschenswert für ein Echtzeitsystem, solange sie nicht auf Kosten der Transparenz des Systementwurfs gehen. Das wesentliche Merkmal eines Echtzeitsystems ist jedoch vielmehr die *Vorhersagbarkeit* des Zeitverhaltens, d.h., sowohl in der Praxis als auch in der Theorie zeigen zu können, daß die zeitlichen Anforderungen an das Echtzeitsystem entsprechend der Anforderungsspezifikation erfüllt werden.

Schnelligkeit und Effizienz sind zwar sehr begrüßenswerte Eigenschaften eines Echtzeitsystems, um enge zeitliche Anforderungen zu erfüllen, doch für manche Anwendungen mag *zu schnell* ebenso schlecht sein wie *zu langsam*; man stelle sich nur vor, ein Musikstück würde mit maximaler Geschwindigkeit abgespielt!

Um diesen Anforderungen in angemessener Weise gerecht zu werden, hat sich eine zentrale Technik herausgebildet, um die zeitliche Vorhersehbarkeit eines Rechnersystems zu erreichen, die sog. *Echtzeitplanung* (engl.: *real-time scheduling*), d.h., die Vergabe von Betriebsmitteln an Programmprozesse in der Weise, daß zuvor festgelegte zeitliche Anforderungen erfüllt werden.

Die sog. *Zeitigkeit* (engl.: *timeliness*) eines Ausgabetelegramms an einen technischen Prozeß spielt hier eine entscheidende Rolle: z.B. bei rechnergesteuerten Rangierbahnhöfen ist es von essentieller Bedeutung für die Umsteuerung einer Weiche, daß der Weichenantrieb nicht gerade zu einem Zeitpunkt aktiviert wird, zu dem sich ein Waggon mit zwei Drehgestellen in der Weichenzone befindet. Sonst kann es sich gegebenenfalls ereignen, daß das vordere Drehgestell in das eine und das hintere in das andere Gleis fährt (der Waggon macht auf diese Weise unweigerlich *Spagat*; so geschehen auf dem Rangierbahnhof Saarbrücken).

7.1   Softwareentwicklung

7.1.1   Programmprozesse

Programmusik mutet mich an wie
Buchstaben aus lebendigen Blumen.
Christian Morgenstern, „Kunst"

Die in einem Echtzeitsystem einplanbaren Programmprozesse sollen im folgenden auch als *Tasks* bezeichnet werden. Für die Bearbeitung eines Tasks wird genau eine Ressource benötigt (wenn in Prozeßrechnersystemen Tasks mehr als eine aktive Ressource verwenden, ist dies eine Granularitätsfrage, die vor Betrachtung der Einplanung gelöst werden muß: ein solcher Task läßt sich in mehrere Unter-Programmprozesse zerlegen).

Für die Einplanung von Tasks ist die Unterscheidung zwischen *Anwender-* und *Systemtasks* unerheblich, denn beide Arten von Tasks benötigen zugeteilte Zeitscheiben für die zur Verfügung stehenden Betriebsmittel, wenn auch vielleicht mit unterschiedlicher Priorität.

7.1.2   Betriebsmittel

Froh schlägt das Herz im Reisekittel,
vorausgesetzt man hat die Mittel.
Wilhelm Busch, „Maler Klecksel"

Ein Betriebsmittel (engl.: *resource*) ist eine Systemkomponente, die Programmprozesse zu ihrer Ausführung benötigen. In diesem Zusammenhang muß der Unterschied zwischen *Programm* und *Programmprozeß* erläutert werden. Unter einem Programm versteht man die sequentielle Folge von Ausdrücken/Anweisungen (z.B. als *source-code* vorliegend), während ein Programmprozeß ein *Process Image*, bestehend aus Data Area, Codeteil und Process Descriptor, darstellt. Im folgenden soll ein solcher Programmprozeß auch als *Task* bezeichnet werden.

Man unterscheidet *aktive* und *passive* Betriebsmittel: *Aktive* Betriebsmittel führen Operationen aus (z.B. Zentraleinheiten oder Signalprozessoren). *Passive* Betriebsmittel speichern z.B. Daten für Tasks (z.B. Hauptspeichersegmente oder Dateien). Neuere Entwicklungen der Rechnertechnik erlauben lokale Kontrolle aktiver Betriebsmittel oder den direkten Speicherzugriff durch separate aktive Betriebsmittel. Da diese aktiven Betriebsmittel wesentlich neben dem Zentralprozessor zum Zeitverhalten eines Prozeßrechnersystems beitragen, sollten die im System verfügbaren aktiven Betriebsmittel gezielt in die Echtzeitplanung des Gesamtsystems mit einbezogen werden.

Ein Betriebsmittel wird als *exklusiv* bezeichnet, wenn eine gleichzeitige Nutzung durch mehrere Tasks zu Fehlern führen würde. Aktive Betriebsmittel sind stets exklusiv. Dagegen sind passive Betriebsmittel wie z.B. ein Speichersegment, aus dem ausschließlich gelesen werden darf, von mehreren Tasks aus nutzbar, da mehrere Leseprozesse gleichzeitig korrekt auf die Daten zugreifen können. Ist die Anzahl der Tasks, die gleichzeitig auf ein passives Betriebsmittel zugreifen können, aus irgendwelchen Gründen (z.B. Lizenzvergabe) *begrenzt*, dann ist der Zugriff dieser Tasks auf das passive Betriebsmittel ebenfalls in die Echtzeitplanung aufzunehmen.

7.1.2.1   Betriebsmittelkapazität

Jedes Betriebsmittel ist durch eine bestimmte *Kapazität* gekennzeichnet. So können z.B. auf eine Harddisk nur endlich viele Schreib-/Lese-Zugriffe pro Sekunde durchgeführt werden, oder ein digitaler Datenfunkkanal erlaubt nach dem Shannonschen Theorem z.B. nur eine Datenübertragungsrate von 9.6 kBd für ungepackte Daten. Dann ist es die Aufgabe der Echtzeitplanung, bei der Zuteilung dieses Betriebsmittels auf verschiedene Tasks diese typische Größe der Betriebsmittelkapazität mit zu berücksichtigen. Meist wird eine *zeitliche* Zuteilung einer Ressource in Form von *Zeitscheiben* (engl.: *time slices*) vorgenommen. Existieren parallel räumlich mehrere gleichartige Ressourcen, so kann die Echtzeitplanung die Zuteilung auf Tasks auch räumlich vornehmen.

7.1.2.2   Einfach- und Mehrfachbetriebsmittel

Eine Ressource ist *exklusiv*, wenn keine andere Ressource für einen Task eine bestimmte Funktion erbringen kann (sog. *Einfachbetriebsmittel*). Die Zentraleinheit eines Einprozessorsystems ist hierfür ein typisches Beispiel.

Können mehrere Betriebsmittel die Anforderungen eines Tasks erfüllen, so gelten sie als *austauschbar*. Um z.B. Daten abzuspeichern, ist es gleichgültig, auf welcher Seite des Hauptspeichers die Daten abgelegt werden. Wenn die Ressourcen zwar austauschbar sind, aber z.B. mit verschiedener Verarbeitungsgeschwindigkeit arbeiten, so benötigt ein Task unterschiedliche Bearbeitungszeiten auf diesen Ressourcen. Dies muß im Echtzeitplanungssystem entsprechend berücksichtigt werden.

7.1.3   Prozeß-Synchronisation

*Es gibt keine Freiheit
ohne gegenseitiges Verständnis.*

Albert Camus, „Fragen der Zeit"

Ein Prozeßrechnersystem enthält üblicherweise verschiedene Betriebsmittel, die sowohl hardware- als auch softwaremäßige Komponenten eines Prozeßrechnersystems umfassen (z.B. den Prozessor, Prozeßelemente und Datenbereiche als Bestandteile des Hauptspeichers, periphere Geräte, Drucker). Der Zugriff auf ggfs. gemeinsam zu benutzende Betriebsmittel wird durch die *Prozeß-Synchronisation* geregelt. Sie umfaßt folgende Aufgaben:

Gegenseitige Abhängigkeit. Ein Task kann nur dann weiter bearbeitet werden, wenn eine bestimmte Bedingung erfüllt ist (engl.: *producer-consumer problem*) (Abb. 7.1).

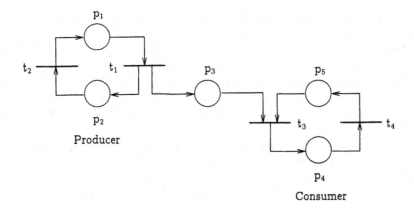

Abb. 7.1. Producer-Consumer Problem

Gegenseitiger Ausschluß. Beim gegenseitigen Ausschluß (engl.: *mutual exclusion*) soll erreicht werden, daß mehrere Tasks nicht gleichzeitig auf ein und dasselbe Betriebsmittel zugreifen können (Abb. 7.2). Die Benutzung dieses Betriebsmittels stellt einen sog. *kritischen Abschnitt* dar (engl.: *critical section*). Ein kritischer Abschnitt gilt als besetzt, wenn sich ein Task in diesem Bereich befindet. Will noch ein Task den kritischen Bereich *betreten*, so muß er bis zum erneuten Freiwerden des Prozessors verzögert werden.

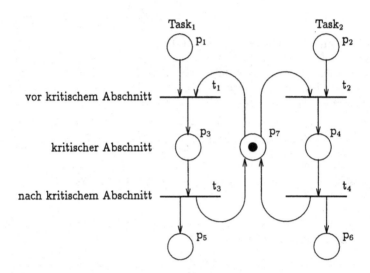

Abb. 7.2. Mutual Exclusion Problem

7.1.3.1   Synchronisation mit Flag-Bit

Ein Lösungsansatz für die Prozeß-Synchronisation kann darin bestehen, daß man *flags* in einem Flag-Register benutzt. Ein Flag-Bit kann dabei folgende Werte annehmen:

$$\text{Flag } F := \begin{cases} 1 \text{ für kritischer Bereich } besetzt, \\ 0 \text{ für kritischer Bereich } frei \end{cases}$$

Am Beispiel eines beliebigen Tasks Print, dessen Ablaufdiagramm in Abb. 7.3 dargestellt ist, wird gezeigt, wie beim Ablauf dieses Tasks mit dem Ziel des *Betretens* eines kritischen Bereiches zunächst die Flagvariable F abgefragt wird.

Ist $F = 0$ und damit der kritische Bereich frei, so wird zuerst die Flagvariable auf $F := 1$ gesetzt und damit der Zugang zum kritischen Bereich gesichert. Auf diese Weise wird eine *Verriegelung* vorgenommen, so daß der Task Print nun im kritischen Bereich bestimmte Aktionen ausführen kann. Nach Abschluß dieser Aktionen wird durch Zurücksetzen der Flag-Variablen ($F := 0$) eine *Entriegelung* durchgeführt.

Ist der kritische Bereich bereits belegt, so durchläuft der wartende Task bei der Abfrage auf den Wert der Flag-Variablen eine Schleife und belegt dabei *uneffizient* den Prozessor (engl.: *busy wait*).

Weiter muß beachtet werden, daß die Abfrage des Wertes der Flag-Variablen und das ggfs. durchzuführende Setzen von F auf 1 vor Unterbrechung durch einen anderen Task zu schützen ist. Dieser Schutz wird am besten hardwaremäßig sichergestellt (engl.: *atomic action*).

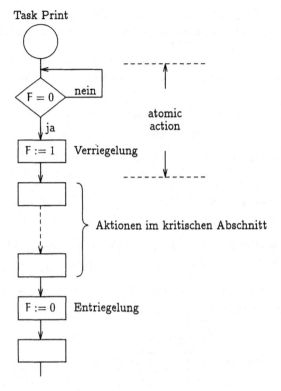

Abb. 7.3. Ablaufdiagramm bei Benutzung eines Flags F

7.1.3.2 Synchronisation mit Semaphoren

Ein anderes Verfahren zur Realisierung des gegenseitigen Ausschlusses wurde erstmals 1965 von *Dijkstra* vorgestellt. Dabei werden sog. *Semaphoren* benutzt. Der Begriff *Semaphor* stammt aus dem Altgriechischen und bedeutet soviel wie *Signal*. Mit Hilfe des Semaphor-Konzeptes wird die Synchronisation paralleler Prozesse ermöglicht. Ein Semaphor stellt eine *Datenstruktur* dar (Abb. 7.4).

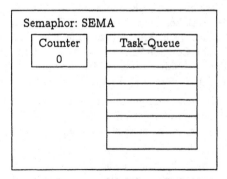

Abb. 7.4. Darstellung eines initialisierten Semaphors

Zunächst einmal kann mit einem entsprechenden Betriebssystemaufruf (engl.: *system call*) ein Semaphor z.B. mit S_OPEN(semaphorname) angefordert werden. Der allererste Systemcall erzeugt das Semaphor-Objekt, während alle folgenden S_OPEN-Calls (aus anderen Programmprozessen) das bereits erzeugte Objekt zurückliefern. Es gibt nun zwei Operationen S_V(semaphor) und S_P(semaphor) mit der folgenden Wirkung:

- Betrachtet man zunächst den Fall, daß der Counter auf einen Wert ≥ 1 initialisiert ist, dann bewirkt

    - S_V ein Inkrementieren der Counter-Variablen (Counter := Counter + 1),
    - S_P hingegen ein Dekrementieren (Counter := Counter − 1) der Counter-Variablen.

- Ist die Counter-Variable Counter ≤ 0, und ein Task setzt bezüglich dieses Semaphors den Systemcall S_P ab, so wird der Counter dekrementiert, der aufrufende Programmprozeß wird aber (z. B. mit Hilfe seiner Task-ID) in die Task-Queue eingetragen und in den Zustand *Blocked* versetzt; er bleibt damit in der Operation „hängen" (mehr darüber im Abschn. 7.1.5.3).

Beispiel 7.1. Wenn z.B. drei Tasks ein S_P auf den in Abb. 7.4 dargestellten Semaphor durchführen, so ergibt sich folgender Zustand des Semaphors (Abb. 7.5).

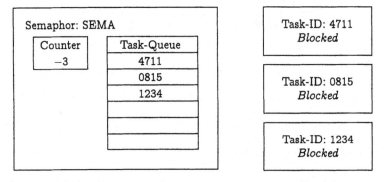

Abb. 7.5. Darstellung eines Semaphors mit drei wartenden Tasks

Wenn nun bei einem Wert der Counter-Variablen Counter < 0 ein Task den Systemcall S_V bezüglich desselben Semaphors aufruft, wird der Counter inkrementiert (Counter := Counter + 1), zusätzlich wird aber ein Task aus der Task-Queue entfernt und wieder in den Zustand *Ready* versetzt. Das bedeutet, dieser Task kommt aus seiner S_P-Operation, in der er hängengeblieben ist, wieder heraus. Der erste Systemcall S_V an den Semaphor würde daher das S_P des Tasks mit der ID 4711 beenden. Ist die Counter-Variable Counter < 0, so gibt der Absolutbetrag die Anzahl der an dem Semaphor wartenden Tasks an. Ist Counter ≥ 0, gibt die Counter-Variable die Anzahl der Tasks an, die den Systemcall S_P ohne Blockierung aufrufen können.

Es ist noch zu beachten, daß die Ordnung in der Task-Queue nicht unbedingt dem First In First Out-Prinzip (FIFO-Prinzip) entsprechen muß. Die in der Queue wartenden Tasks können auch nach Priorität geordnet werden. In diesem Fall wäre es der höchstpriore Task, der beim nächsten S_V Systemcall wieder in den Zustand *Ready* versetzt wird.

Wird ein Semaphor nicht mehr benötigt, so sollte ein entsprechender Systemcall aktiviert werden (z.B. S_CLOSE (semaphorname)), der die nicht mehr benötigte Datenstruktur an das Betriebssystem zurückgibt.

Beispiel 7.2. Abbildung 7.6 zeigt den zeitlichen Verlauf des Zählerstandes ⟨C⟩ = f(t), wenn nacheinander Tasks mit S_P eine Ressource anfordern und durch S_V wieder freigeben.

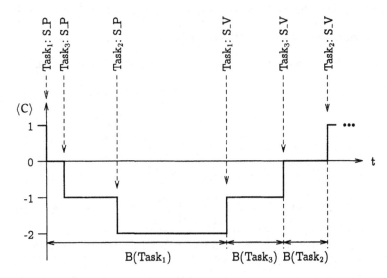

Abb. 7.6: Beispiel für den zeitlichen Verlauf des Zählerstandes einer Semaphore (B = Belegtzeit)

Zusammenfassend sei festgestellt, daß Semaphore ein geeignetes Mittel zur Prozeß-Synchronisation sind. Mit ihrer Hilfe kann der Zugriff von mehreren Programmprozessen auf eine gemeinsame Ressource geregelt werden (engl.: *mutual exclusion*).

7.1.3.3 Synchronisation mit Ereignissen

Eine weitere Form der Task-Synchronisation kann mit sog. Ereignissen (engl: *events*) durchgeführt werden. Darunter versteht man eine Synchronisationsvariable, die z.B. mit den Systemaufrufen EV_RECEIVE (get or wait for events) und EV_SEND (send an event) verknüpft wird. Nachdem ein Task den Befehl EV_RECEIVE ausgeführt hat, wird er in den Zustand *Blocked* versetzt, bis das Ereignis eingetroffen ist. Danach werden alle wartenden Tasks (und nicht nur ein Task wie im Fall des Semaphors) freigegeben. Ein Event kann entweder als binäre Variable oder als Zähler realisiert werden. Nach jeder Änderung des Event-Wertes trägt das Echtzeitbetriebssystem nur jene Tasks, für die die Bedingung erfüllt ist, in die Ready-Queue ein. Abhängig von der jeweiligen Implementierung kann der Systemaufruf EV_RECEIVE noch mit einer UND-/ODER-Verknüpfung weiterer Events kombiniert werden (engl.: *compound event*), so daß ein Task erst freigegeben wird, wenn die entsprechende Verbundbedingung erfüllt ist. Falls ein Event auftritt, so wird in der Regel ein Bit gesetzt. Tritt dasselbe Event noch einmal auf, so bleibt das zweite Event ohne Wirkung, da das zugehörige Bit bereits gesetzt ist.

7.1.4 Prozeß-Kommunikation

Für die Interprozeßkommunikation kommen bei Echtzeitbetriebssystemen neben globalen Variablen, die in einem für alle Tasks zugänglichen Speicherbereich untergebracht und vor gleichzeitig schreibendem Zugriff mittels Semaphore geschützt werden müssen, vor allem *Message-Queues* zum Einsatz. Eine Message-Queue wird normalerweise von zwei Tasks verwendet. Der sog. Source-Task legt unter Zuhilfenahme eines Systemaufrufs (z.B. Q_SEND) Nachrichten in der Queue ab. Der Sink-Task entnimmt die Nachrichten daraufhin (z.B. mittels Q_RECEIVE). Wenn eine Nachricht in eine Queue gelegt wird und kein Task an dieser Queue wartet, wird die Nachricht zwischenzeitlich in FIFO-Reihenfolge gepuffert. Falls der Source-Task ggfs. eine Nachricht mit hoher Priorität zu versenden hat, steht z.B. der Systemaufruf Q_URGENT zur Verfügung, wodurch die Nachricht an den Anfang der Message-Queue gereiht wird. Message-Queues können auch zur Synchronisation eingesetzt werden (Abb. 7.7).

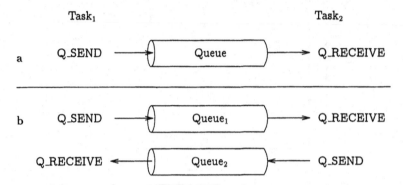

Abb. 7.7. Einweg- (a) und Zweiwegsynchronisation (b) mittels Message-Queues

Bei der Einwegsynchronisation synchronisiert sich der Sink-Task durch die Ankunft der Nachricht in der Message-Queue. Bei der Zweiwegsynchronisation hingegen werden zwei Message-Queues verwendet. $Task_1$ sendet eine Nachricht zur $Queue_1$ und arbeitet so lange nicht weiter, bis er seinerseits eine Nachricht von $Queue_2$ empfängt. $Task_2$ synchronisiert sich mit der Ankunft der Nachricht, die von $Task_1$ stammt, und quittiert diese mit einer Nachricht, die an $Queue_2$ abgesetzt wird.

7.1.5   Echtzeitbetriebssystem

Computer software can be roughly divided into two kinds:
the system programs and the application programs.
The most fundamental of all the system programs is
the operating system, which controls all
the computer's resources and provides the base upon
which the application programs can be written.

Andrew Tanenbaum, „Operating Systems"

Unter einem *Echtzeitbetriebssystem* versteht man ein Betriebssystem, das die quasi-parallele Bearbeitung von Programmen unter vorgegebenen Zeitbedingungen steuert und überwacht.

7.1.5.1   Aufgaben eines Echtzeitbetriebssystems

Die allgemeinen Aufgaben eines solchen Betriebssystems sind:

- Organisation des Anlaufs (Ladens) und des Ablaufs der Anwenderprogramme

- Organisation der Ein- und Ausgabe von Daten über die Peripherie

- Organisation des Datenverkehrs mit Externspeichern

- Organisation des Ablaufs bei irregulären Betriebszuständen (z.B. Stromausfall bei einem Prozeßrechnersystem)

Die Aufgaben der Koordinierung von Programmprozessen sind:

- Festlegung einer bestimmten Reihenfolge von Tasks

- gegenseitiger Ausschluß zweier oder mehrerer Tasks (engl.: *mutual exclusion*). Damit kann sichergestellt werden, daß zwei oder mehrere Programmprozesse nicht gleichzeitig auf eine Ressource des Systems zugreifen.

- Zuordnung von m Tasks zu n Prozessoren

- Abwicklung einer daten- oder ereignisgesteuerten Fortsetzung der Tasks

- Tasks, die auf Ereignisse oder Daten warten, ist während der Dauer des Wartens der Prozessor zu entziehen.

- Soll mehr als ein Task bearbeitet werden, soll eine festgelegte Schedulingstrategie angewandt werden. Dabei kann es zu *Verdrängungen* von Programmprozessen vom Prozessor kommen. Eine *Prozeßumschaltung* ist also in geeigneter Weise vorzunehmen.

- Stimulation eines Tasks (engl.: *task stimulation*) als Aktivierung eines wartenden Tasks durch einen anderen Task (internes Ereignis) oder durch einen Interrupt (externes Ereignis), also z.B. durch einen Uhrzeitanstoß von einem zentralen Uhrenimpulsgeber aus.

Die vorgenannten Aufgaben sollen durch die sog. *Ablaufsteuerung* als Bestandteil des Echtzeitbetriebssystems durchgeführt werden.

7.1.5.2   Aufbau eines Echtzeitbetriebssystems

Den prinzipiellen Aufbau eines Echtzeitbetriebssystems zeigt Abb. 7.8. Man erkennt eine schichtenartige Struktur. Im Betriebssystemkern (lat.: *nucleus*) befindet sich die Ablaufsteuerung.

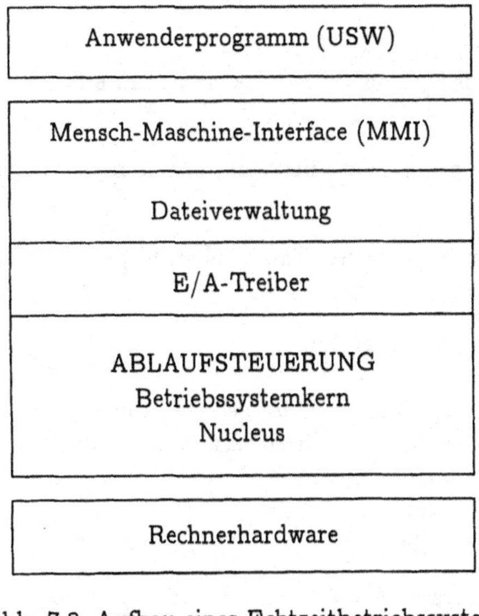

Abb. 7.8. Aufbau eines Echtzeitbetriebssystems

7.1.5.3   Zustandsmodell eines Echtzeitbetriebssystems

In der Literatur findet man eine Vielzahl von Modellen (z.B. endliche, deterministische Automaten), welche die grundsätzliche Arbeitsweise eines Echtzeitbetriebssystems erläutern. Das folgende Modell (Abb. 7.9) beschränkt sich auf vier Prozeßzustände, erhebt keinen Anspruch auf Allgemeingültigkeit und ist in der bereits vertrauten Petri-Netz-Notation wiedergegeben. Zu beachten ist, daß die Stellenkapazität der Stelle *Running* auf den Wert 1 festgelegt wurde.

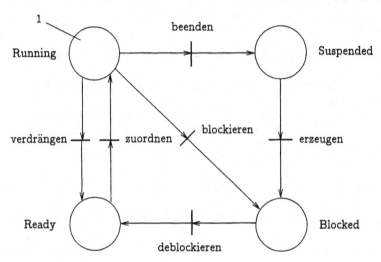

Abb. 7.9. Zustandsmodell eines Echtzeitbetriebssystems

Wie bereits erwähnt, enthält das angenommene Zustandsmodell vier Zustände, dargestellt durch die korrespondierenden vier Stellen des Petri-Netzes. Dabei soll vorausgesetzt werden, daß ein Task stets nur einen Zustand einnehmen kann. Ein Task entspricht in diesem Petri-Netz einer Marke. Der Übergang von einem Zustand in einen anderen kann nur durch das Betriebssystem, andere Tasks oder den Task selbst bewirkt werden. Die Zustände lauten:

- *Suspended* (nicht existent, ruhend):
  Die Bedingungen für den Ablauf eines Task sind nicht erfüllt.

- *Blocked* (blockiert):
  Der Taskablauf wird bis zum Eintreffen eines bestimmten Ereignisses zurückgestellt.

- *Ready* (bereit):
  Alle Bedingungen zum Ablauf eines Task sind erfüllt, es fehlt nur die Prozessorzuteilung.

- *Running* (laufend):
  Ein Task wird auf der CPU ausgeführt.

Das Petri-Netz enthält insgesamt sechs festgelegte Transitionen. Ursachen, die zum Feuern einer Transition führen, werden nun im einzelnen zusammen mit den Transitionen diskutiert.

Running $\longrightarrow$ *Suspended* (beenden):
    Ein Task terminiert.

Suspended $\longrightarrow$ *Blocked* (erzeugen):
    Ein Task wird kreiert (erzeugt) und in die *Blocked*-Queue eingetragen.

Blocked ⟶ **Ready** (deblockieren):

1. In einer Message-Queue kommt eine Message an, so daß der wartende Task in den Zustand *Ready* übergehen kann.

2. Ein Ereignis tritt ein, auf das der Task gewartet hat.

3. Über einen Semaphor wird eine Systemressource zur Verfügung gestellt.

4. Der Task hat für ein bestimmtes Zeitintervall pausiert oder bis zu einem bestimmten absoluten Zeitpunkt gewartet.

Ready ⟶ **Running** (zuordnen bzw. Prozessorzuteilung):

1. Ein Task geht von *Ready* in den Zustand *Running* über, wenn der bisher laufende Task den Prozessor räumt (entweder von selbst, oder weil ihm der Prozessor vom Betriebssystem entzogen wurde).

2. Wenn die Priorität des in der *Ready*-Queue wartenden Tasks höher ist als die Priorität des laufenden Tasks (Verdrängung des laufenden Tasks).

3. Für den laufenden Task läuft eine Zeitscheibe (engl.: *time slice*) ab, so daß dieser Task den Prozessor räumt. Dafür kann jetzt ein Task aus der *Ready*-Queue in den Zustand *Running* versetzt werden (Prozessorzuteilung).

Running ⟶ **Ready** (verdrängen bzw. Prozessorwegnahme):

1. Wenn in der *Ready*-Queue ein Task wartet, der eine höhere Priorität als der laufende Task hat, wird diesem der Prozessor entzogen (*Prozessorwegnahme*) und dem Task eine Position in der *Ready*-Queue zugeordnet.

2. Der laufende Task wird vom Prozessor verdrängt und der in der *Ready*-Queue wartende Task auf den Prozessor geladen, weil entweder vom Betriebssystem ein entsprechender Betriebssystemaufruf (engl.: *system call*) ausgeführt wurde oder eine Interrupt Service Routine diesen Zustandswechsel veranlaßt hat.

Running ⟶ **Blocked** (blockieren):

1. Der laufende Task fordert eine Nachricht aus einer leeren Message-Queue an.

2. Der Task wartet auf ein Ereignis.

3. Der Task wartet an einem Semaphor.

4. Der Task pausiert für ein bestimmtes Zeitintervall oder bis zu einem bestimmten absoluten Zeitpunkt.

In einigen Echtzeitbetriebssystemen kann auch ein direkter Zustandsübergang vom Zustand *Blocked* in den Zustand *Running* zulässig sein.

7.1.5.4 Task Control Block

Um alle Tasks durch das Echtzeitbetriebssystem verwalten zu können, werden sog. Task Control Blocks (TCB) eingeführt. Ein Task Control Block stellt eine *Datenstruktur* dar, die Angaben wie in Abb. 7.10 erhält.

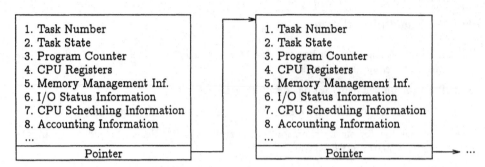

Abb. 7.10. Task Control Block (TCB)

Die Daten im TCB haben dabei folgende Bedeutung:

1. Identifikation des Tasks (Task-ID, ggfs. symbolischer Name)

2. Aktueller Task-Zustand (Running, Ready, Blocked oder Suspended)

3. Adresse des nächsten auszuführenden Befehls

4. Inhalt des *Scratch Pad*, Akkumulatorregister, Indexregister (stark prozessorabhängig)

5. Speichergrenzen, Page Tables

6. noch offenstehende I/O-Requests, Liste von dem jeweiligen Task zugeordneten Geräten (engl.: *devices*)

7. Scheduling Strategie (z.B. Priorität, time-slice beim Round-Robin Scheduling)

8. weitere Verarbeitungsdaten (z.B. aktueller Restwert der Zeitscheibe)

Die Datenstruktur enthält zusätzlich noch einen Zeiger (engl.: *pointer*), der auf den nachfolgenden Task in der betreffenden Queue verweist. Sobald ein Task kreiert worden ist, wird für diesen vom Betriebssystem ein *Taskdeskriptor* als Datenstruktur angelegt. Der TCB kann noch erweitert werden, um das Task-Scheduling verbessert zu unterstützen. Diese Erweiterung wird in manchen Echtzeitbetriebssystemen als Task Mode Word (TMW) gemäß Abb. 7.11 eingeführt.

---

1. Preemption Bit
2. Round-Robin Bit
3. Asynchronous Signal Service Routine (ASR)
...

Preemption Bit	„Vorkaufsrecht" für die CPU
Round-Robin Bit	Zeitscheibenverwaltung
ASR	Service Routine als Reaktion auf eintreffende Meldungen, ähnlich einer Interrupt Service Routine (siehe Abschn. 7.1.7.2)

Abb. 7.11. Task Mode Word (TMW)

7.1.6 Echtzeitplaner

Seine Pläne verschleiert vor der Welt ein kluger Mann,
und Schweigen führt sie aus.
Gleichgültig scheint er in seinem ganzen Tun,
sein frohes Wesen zeigt dem Verdacht ein ungestörtes Herz.

Bhavabhuti, „Malati und Madhava"

Die Aufgaben eines Echtzeitplaners (engl.: *real-time scheduler*) bestehen darin, Programmprozessen die für ihre Ausführung benötigten Betriebsmittel bereitzustellen. Jedes Verfahren zur Realisierung eines Echtzeitplaners basiert auf gewissen Annahmen über die verfügbaren Betriebsmittel, die einzuplanenden Tasks und die Ziele der gesamten Planung.

Immer dann, wenn ein Task den Zustand *Running* verläßt (entweder durch *beenden, blockieren* oder *verdrängen*), wird der freigewordene Prozessor einem anderen Programmprozeß zugeteilt. Für die angegebenen sechs Zustandsübergänge (Abschn. 7.1.5.3) existieren üblicherweise Prozeduren als Bestandteil des Betriebssystems. Der sequentielle Ablauf dieser Prozeduren stellt selbst einen Task mit höchster Priorität dar. Der *Scheduler* stellt einen Teil des Betriebssystems dar und besteht aus zwei Planungssystemen:

1. *long-term scheduler*

2. *short-term scheduler*

Dabei stellt der *long-term scheduler* ein langfristiges Planungsmittel dar (*strategische* Wirkungsweise). Aus der Vielzahl der in einem Prozeßrechnersystem bekannten Tasks, die im virtuellen Adreßbereich auf einem Externspeicher (z.B. Harddisk) hinterlegt sind, wählt er die Tasks aus, die für das weitere *short-term scheduling* zugelassen werden und überführt diese ggfs. in den *Ready*-Zustand. Der *short-term scheduler* stellt ein kurzfristiges Planungswerkzeug dar. Auf der Grundlage eines ihm zugrundeliegenden Schedulingalgorithmus wählt er aus den Tasks im Zustand *Ready* einen Task aus. Der Dispatcher als Bestandteil des Betriebssystems übernimmt dann die Aufgabe, diesen Task auf der CPU zum Ablauf zu bringen. Abbildung 7.12 veranschaulicht die Zusammenarbeit zwischen einer CPU und I/O-Systemen, die durch *long-term* und *short-term scheduler* unterstützt wird, wobei die vom *long-term scheduler* ausgewählten Tasks einer *Ready*-Queue zugeführt werden.

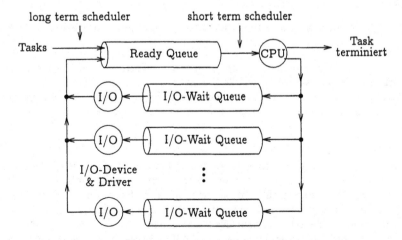

Abb. 7.12. Zusammenarbeit von CPU und I/O-Systemen

7.1.6.1 Zeitparameter von Tasks

Für ein Echtzeitplanungssystem lassen sich die zeitlichen Anforderungen für einen Task durch die in Abb. 7.13 dargestellten Parameter beschreiben.

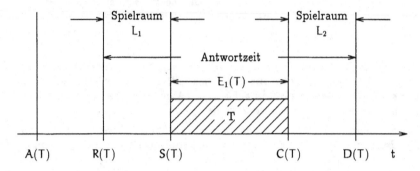

Abb. 7.13. Zeitparameter eines Tasks T

Für jeden Task T muß die folgende Relation bezüglich aller seiner Parameter gelten:

$$A(T) \leq R(T) \leq S(T) \leq C(T) - E(T) \leq D(T) - E(T) \tag{7.1}$$

Hierbei sind:

- $A(T)$: die Ankunftszeit (engl.: *arrival time*) eines Tasks, zu der der Task zusammen mit einer zugeordneten *Deadline* dem Echtzeitplaner bekannt wird. Wie lange der Echtzeitplaner benötigt, um den angekommenen Task einzuplanen, bestimmt auch, wann ein Task frühestmöglich abgeschlossen werden kann. So betrachtet kann die Echtzeitplanung selbst zeitkritisch sein.

- $R(T)$: die Bereitzeit (engl.: *ready time*), zu der der Task in den Zustand *Ready* gelangt ist, ohne jedoch bereits zur Ausführung zu kommen. Diese Zeit wird auch als Beantragungszeit (engl.: *request* time) bezeichnet.

- $S(T)$: die Startzeit (engl.: *start time*), zu der der Task die Zuteilung eines Betriebsmittels erhält.

- $C(T)$: die Abschlußzeit (engl.: *completion time*), zu der der zu bearbeitende Task beendet wird.

- $E(T)$: die Ausführungsdauer (engl.: *execution time*), während der der Task ein oder mehrere Betriebsmittel benötigt. Zu jedem Zeitpunkt t besitzt ein Task eine bestimmte *bisherige Ausführungsdauer* $E_{att}(T)$ (engl.: *attained execution time*) und eine bestimmte *verbleibende Ausführungsdauer* E_{rem} (engl.: *remaining execution time*), so daß gilt:

$$E(T, t) = E_{att}(T, t) + E_{rem}(T, t) \tag{7.2}$$

Die Ausführungsdauer eines Tasks hängt sowohl von Diensten ab, die der Task von einem Betriebsmittel verlangt, als auch von der Fähigkeit eines Betriebsmittels, diese Dienste zu erbringen. So ist es auch nicht ohne weiteres möglich, für einen Task die Ausführungsdauer auf einem bestimmten Betriebsmittel vorherzubestimmen, da die Ausführungsdauer zusätzlich vom dynamischen Ablauf des Tasks abhängt. So hängt die Ausführungsdauer z.B. von der gewählten Alternative bei einer Fallunterscheidung oder von der Anzahl von Schleifendurchläufen ab.

- D(T): die Frist zum spätest zulässigen Abschluß des Tasks (engl.: *deadline*). Die Frist für den Abschluß eines Tasks ergibt sich oft aus der Umgebung, in der ein Echtzeitsystem eingesetzt wird. Diese Fristen ergeben sich z.B. in einem flexiblen Fertigungssystem (FFS) aus dem Zeitpunkt, zu dem ein Roboter ein Werkstück mittels einer Pick-and-Place-Bewegung auf ein Transportband setzen soll, oder in einem Multi-Media-System aus dem Zeitpunkt, zu dem ein neues Videobild zur Anzeige gebracht werden soll. Es ist möglich, für solche Fristen verallgemeinernd eine *Nützlichkeitsfunktion* V(t) (engl.: *value function*) anzugeben (Abb. 7.14).

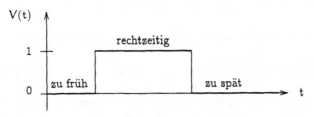

Abb. 7.14. Nützlichkeitsfunktion V(t)

Der Zeitraum zwischen Bereitzeit und der Frist eines Tasks wird als *Antwortzeit* (engl.: *response time*) bezeichnet. Verringert man die Antwortzeit um die Ausführungszeit, so erhält man den zeitlichen *Spielraum* L (engl.: *laxity*) zur Ausführung des Tasks T.

- L(T): Der Spielraum L ist der längste Zeitraum, für den der Echtzeitplaner den Start des Tasks ohne Gefahr zurückstellen kann, bevor er die unterbrechungsfreie Ausführung des Tasks veranlaßt.

Während die Frist zur Abarbeitung eines Tasks bestehen bleibt, ändert sich der Spielraum für einen Task mit zunehmender Zeit. Je länger ein Task auf seine Ausführung warten muß, desto kleiner wird sein *Spielraum*. Der Spielraum eines Tasks zum Zeitpunkt t ist definiert als

$$L(T,t) = D(T,t) - R(T,t) - E_{rem}(T,t) \tag{7.3}$$

Vielfach lassen sich die Zeitparameter nicht exakt vorhersagen. Deshalb geht man dazu über, eine *Worst-case-Abschätzung* durchzuführen. Einige Vorhersageverfahren benützen sowohl Durchschnittswerte wie auch statistische Verteilungen. Darüber hinaus können solche Angaben sowohl *absolut* als auch *relativ* gemacht werden.

Wenn z.B. eine Vorrangrelation zwischen zwei Tasks besteht, ist natürlich die Bereitzeit des zweiten Tasks an die Abschlußzeit des ersten Tasks gebunden. Das bedeutet, daß sich Unbestimmtheiten beim Abschluß des ersten Tasks auf den zweiten Task weitervererben.

Je unpräziser die Zeitparameter von Tasks in einem Echtzeitsystem sind, desto eher ist die Gefahr gegeben, daß Betriebsmittel *verschwendet* bzw. nicht effizient genug eingesetzt werden.

7.1.6.2 Scheduling-Strategien

Im folgenden werden einige Scheduling-Strategien kurz erläutert, die Aufzählung ist jedoch nicht vollständig.

1. First Come First Served (FCFS) Algorithm

Im einfachsten Fall wird ohne Berücksichtigung der Priorität der verdrängte Task in eine first in first out-Liste (FIFO-Liste) eingetragen, aus der der an vorderster Stelle stehende

Task beim Freiwerden des Prozessors zur Bearbeitung ausgekettet wird (Abb. 7.15). Diese Vorgehensweise wird auch als *zyklische Strategie* bezeichnet.

Abb. 7.15. FCFS-Strategie

2. Kombination von FCFS-Strategie mit Prioritätssteuerung

Sind den einzelnen Tasks Prioritäten zugeordnet, so kann so vorgegangen werden, daß für jede Prioritätsstufe eine FIFO-Liste aufgebaut wird. Wird nun ein Task der Priorität P_0 vom Prozessor durch einen Task mit höherer Priorität verdrängt, so wird der verdrängte Task in die FIFO-Liste mit der Prioritätsstufe P_0 am Ende eingekettet. Wird der Prozessor frei, weil ein Task terminiert oder ebenfalls verdrängt wird, so wird der Task mit der höchsten Priorität, der an der vordersten Stelle der betreffenden FIFO-Liste steht, fortgesetzt (Abb. 7.16).

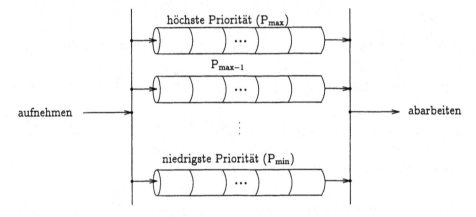

Abb. 7.16. FCFS-Strategie mit Prioritätensteuerung

Die Scheduling-Strategie muß jedoch insofern kritisch bewertet werden, als verhältnismäßig niedrig-priore Tasks ggfs. fortlaufend durch höher-priore zurückgedrängt werden. Die Konsequenz ist, daß solche niedrig-priore Tasks langfristig nicht zum Ablauf kommen.

3. Round-Robin Algorithm

Mit Hilfe der *Round-Robin-Strategie* soll erreicht werden, daß möglichst alle dem System bekannten Tasks zur Ausführung kommen. Dazu wird jedem Task eine Zeitscheibe zugeordnet. Gelangt ein Task in den Zustand *Running*, wird dessen Bearbeitungszeit (*Laufzeit*) auf der CPU durch einen *Time Slice Counter* kontrolliert. Dadurch soll verhindert werden, daß ein Task ständig die CPU belegt. Mit zunehmender Bearbeitungszeit wird der *Time Slice Counter* dekrementiert und verursacht beim Zählerstand null einen *Interrupt* an das Betriebssystem, damit der Task zur Freigabe der CPU veranlaßt wird. Meist wird der *Round-Robin-Algorithmus* nicht allein als Scheduling-Strategie eingesetzt, sondern vielfach einem *Priority Scheduling* nachgeordnet. Dabei ergibt sich ein Ablaufdiagramm wie in Abb. 7.17.

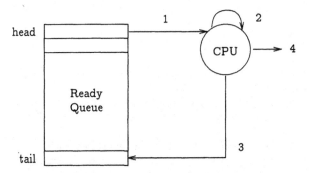

1 Prozessorzuteilung
2 erneute Prozessorzuteilung für eine weitere Zeitscheibe
3 Time Slice Counter abgelaufen
4 Task terminiert

Abb. 7.17. Round-Robin-Strategie in Verbindung mit Prioritätssteuerung

Eine bedeutende Dimensionierungsaufgabe stellt die Festlegung der Größe der Zeitscheibe (engl.: *time slice*) dar. Die Zeitscheibe setzt sich aus einer Anzahl von *ticks* zusammen. Ausgehend von der Taktfrequenz f_{CP} der CPU ergibt sich die Periodendauer des Taktes als $T_{CP} = \frac{1}{f_{CP}}$. Eine *tick*-Länge wird dann als $\Delta t = n \cdot T_{CP}$ festgelegt und in der *configuration table* des Betriebssystems eingetragen. Die Größe der Zeitscheibe q wird *task-spezifisch* als $q = v \cdot (n \cdot T_{CP})$ festgelegt und beim Kreieren eines Tasks in dessen *Task Control Block* hinterlegt. Übliche Werte für die Größe einer Zeitscheibe bewegen sich zwischen 10 ms und 100 ms.

Bei der Dimensionierung der Zeitscheibengröße sind zwei Extremwerte zu beachten: Wählt man die Zeitscheiben allgemein zu groß, so ergeben sich zu große Wartezeiten für erforderliche Taskwechsel; wählt man dagegen die Zeitscheiben allgemein zu klein, so werden zu häufig Taskwechsel erforderlich. Die mit den Taskwechseln verknüpfte *Context Switch Time* (CST) führt zu einer uneffizienten Nutzung der CPU wegen der Prozeßwechselzeiten (engl.: *system overhead*). Für Prozeßsteuerungen kann eine Empfehlung gegeben werden: Danach sollte $q \approx 10 \cdot CST$ betragen.

4. Preemptive Algorithm

Ist für einen Task das Preemption-Bit (engl.: *preemption* = Vorkaufsrecht) im Task Control Block auf 1 gesetzt, so bedeutet dies, daß der Task die CPU so lange zur Ausführung behalten kann, bis er entweder terminiert oder einen I/O-Request abgibt. Für Prozeßsteuerungen bedeutet dies, daß andere Programmprozesse so lange nicht mehr in den Zustand *Running* gelangen können. Dies kann dazu führen, daß Kommandotelegramme an den technischen Prozeß nicht mehr zeitgerecht ausgegeben werden können. Eine Ausnahme ist nur für sicherheitsrelevante Programmprozesse zulässig, um eine Unterbrechung der Bearbeitung solcher Programmprozesse auszuschließen.

5. Shortest Job First (SJF) Algorithm

Befinden sich mehrere Tasks in der *Ready*-Queue, so kann der Scheduler so vorgehen, daß stets der Task mit der (voraussichtlich) kürzesten Bearbeitungszeit auf die CPU gebracht wird.

Beispiel 7.3. Für vier verschiedene Tasks wurden Laufzeitabschätzungen in Zeiteinheiten (ZE) vorgenommen. Dabei ergaben sich folgende Werte:

Task$_1$: 6 ZE E(T$_1$)
Task$_2$: 8 ZE E(T$_2$)
Task$_3$: 7 ZE E(T$_3$)
Task$_4$: 3 ZE E(T$_4$)

Die überschlägig geschätzten Laufzeiten werden für jeden Task im zugehörigen Task Control Block eingetragen. Damit ergibt sich folgende Bearbeitungsfolge: Task$_4$, Task$_1$, Task$_3$, und Task$_2$. Für die mittlere Wartezeit ergibt sich ein Wert von $\frac{3+16+9+0}{4}$ZE $= 7$ZE.

Das vorliegende Verfahren muß insofern kritisch bewertet werden, da zum einen im Fall der Bearbeitung von Iterationen die voraussichtliche Laufzeit deterministisch nur ungenügend genau abgeschätzt werden kann, und zum anderen die prozeßbezogene Bedeutung der einzelnen Tasks nicht beachtet wird.

6. Earliest Deadline First (EDF) Algorithm

Unter der Annahme, daß für jeden Task ein Termin (die *Deadline*) bekannt ist, bis zu dem er spätestens abgeschlossen sein soll, kann die Taskauswahl so vorgenommen werden, daß der Task mit dem frühesten Termin zuerst bearbeitet wird.

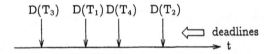

Abb. 7.18. Deadlines verschiedener Tasks

Danach ergibt sich für die in Abb. 7.18 skizzierte Terminsituation eine Reihenfolge zu bearbeitender Tasks als Task$_3$, Task$_1$, Task$_4$ und Task$_2$.

7. Least Laxity Algorithm

Sind für die dem Betriebssystem bekannten Tasks die voraussichtliche Laufzeit E sowie die Deadline D bekannt, bis zu dem ein Task spätestens terminieren soll, so läßt sich für jeden Task die voraussichtliche Restzeit TREST nach Abb. 7.19 bestimmen. Diese Restzeit wird auch als *Schlupf* oder *Spielraum* (engl.: *laxity*) bezeichnet. Der Task mit dem kleinsten Schlupf (mit der kleinsten Restzeit) erhält dann den Prozessor zuerst zugeteilt.

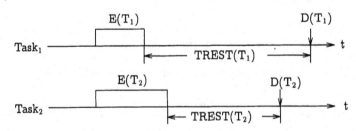

Abb. 7.19. Least laxity algorithm

Ebenso wie bei der Shortest-Job-First-Strategie ist hier kritisch anzumerken, daß das Verfahren auf einer Laufzeitabschätzung beruht, die im Fall der Ausführung von Iterationen nicht planbar ist.

Abschließend kann festgestellt werden, daß bei den meisten Scheduling-Verfahren eine Kombination einzelner Strategien angewandt wird, um den Prozeßanforderungen bestmöglich gerecht zu werden.

7.1.7   Reaktion auf externe Ereignisse

> *Der Weise ist auf alle Ereignisse vorbereitet.*
>
> Molière

Ziel der Softwareentwicklung für Automatisierungssysteme ist es, die *Rechtzeitigkeit* von Programmabläufen zu gewährleisten. Dies gilt sowohl für Tasks, die *periodisch* zu bearbeiten sind (z.B. zyklische Bearbeitung von Prozeßdatenmeldungen), als auch für jene Programmprozesse, die *ereignisgesteuert* ablaufen (z.B. Bearbeitung von Alarmmeldungen). Um die Rechtzeitigkeit von Programmabläufen zu erreichen, kann eine *synchrone* oder *asynchrone* Verarbeitung durchgeführt werden.

7.1.7.1   Synchrone Verarbeitung

Werden Tasks synchron bearbeitet, bedeutet dies, daß die einzelnen Programmprozesse mit Hilfe eines periodischen Zeitrasters, das von einer Echtzeituhr generiert wird, periodisch ausgeführt werden. Abbildung 7.20 zeigt einen technischen Prozeß zur direkten digitalen Regelung für drei Regelstrecken F_{S1} bis F_{S3} mit einem Prozeßrechner. Dieser erhält das periodische Zeitraster von einer Echtzeituhr.

Bei den Regelungen soll es sich z.B. um Raumtemperaturregelungen mit den Heizkreisen 1 bis 3 handeln, wobei die Regelgrößen y_1 bis y_3 Temperaturen entsprechen sollen. Die Stellgrößen u_1 bis u_3 sind die Eingangsgrößen für die Regelstrecken.

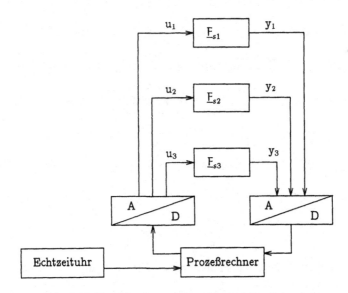

Abb. 7.20. Prozeßrechnersystem für drei Regelstrecken

Den zyklischen Ablauf der zugeordneten Regelalgorithmen DDC_1 bis DDC_3 auf dem Prozeßrechner zeigt Abb. 7.21 als Ablaufdiagramm.

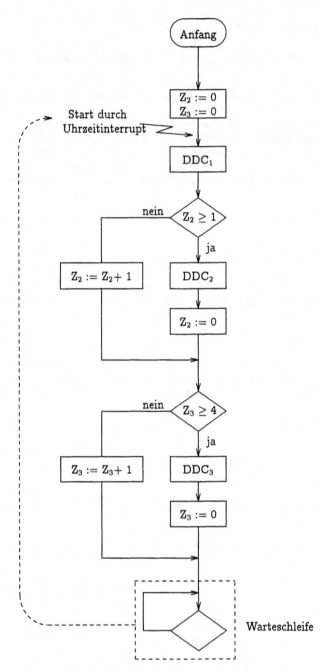

Abb. 7.21. Ablaufdiagramm bei zyklischer Programmbearbeitung

Zu Beginn werden die den Regelalgorithmen DDC_2 bis DDC_3 entsprechenden Zählervariablen Z_2 und Z_3 auf null gesetzt. Durch einen Uhrzeitinterrupt, der sich mit der Periodendauer T wiederholt, wird in das Ablaufdiagramm – wie eingezeichnet – eingesprungen. Nach Bearbeitung bzw. Nichtbearbeitung der Programme DDC_1 bis DDC_3 mündet das Ablaufdiagramm in einer Warteschleife, die erst beim nächsten Uhrzeitinterrupt wieder verlassen wird. Abbildung 7.22

zeigt den zeitlichen Ablauf der Programmbearbeitung von DDC_1 bis DDC_3.

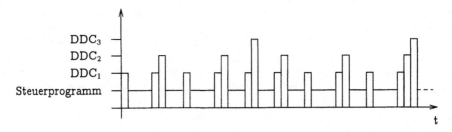

Abb. 7.22. Zeitlicher Ablauf der Programmbearbeitung

Man erkennt, daß die CPU des Prozeßrechners nicht effizient genutzt wird, da der Prozessor jeweils bis zum nächsten Interrupt im Wartezustand ist. Bei diesem Verfahren der zyklischen Programmbearbeitung liegt *Rechtzeitigkeit* vor, wenn der Maximalwert der Summe aller Bearbeitungszeiten t_i der geplanten Tasks kleiner oder höchstens gleich der Periodendauer T für das Auftreten des Uhrzeitinterrupts ist ($\sum t_i \leq T$).

Unabhängig von den Bearbeitungsverfahren für Tasks (*synchron* oder *asynchron*) liegt Rechtzeitigkeit bei der Reaktion auf Prozeßereignisse dann vor, wenn die Reaktionszeit des Gesamtsystems $T_{Reaktion}$ sehr viel kleiner als die typische Zeitkonstante $\tau_{Prozeß}$ des zu beeinflussenden Prozesses ist ($T_{Reaktion} \ll \tau_{Prozeß}$). Solche Zeitkonstanten hängen von der Art des technischen Prozesses ab: z.B. beträgt $\tau_{Prozeß,ES} = 6$ s in der Eisenbahnsignaltechnik, da angenommen wird, daß worst-case für den Stellbefehl einer Weiche vom Stellwerk aus (darunter fällt: die Ansteuerung des Weichenantriebes, das Umlaufen der Weiche, die Verriegelung in der Endlage und die Rückmeldung der neuen Weichenlage an das Stellwerk) eine Zeit von 6 s benötigt wird. Bei Überschall-Strahlflugzeugen mit hydraulisch gesteuerten, kombinierten Höhen- und Querrudern (engl.: *tailerons*) dagegen beträgt die Verstellzeit für vollen Ruderausschlag maximal $\tau_{Prozeß,SF} = 0,1$ s. Die Bedingung $T_{Reaktion} \ll \tau_{Prozeß}$ gilt als erfüllt, wenn $10 \cdot T_{Reaktion} \leq \tau_{Prozeß}$ ist.

Das beschriebene synchrone Bearbeitungsverfahren für Prozeßprogramme weist den Nachteil auf, daß auf nichtplanbare Ereignisse vom Prozeß her nicht angemessen reagiert werden kann; es sei denn, daß für Alarmbearbeitung ein separates Programm gleichberechtigt abläuft, das den Prozessor dann zyklisch belegt, auch wenn keine Alarme auftreten.

7.1.7.2 Asynchrone Verarbeitung

Bei diesem Verfahren wird versucht, die Bedingung der Rechtzeitigkeit zu erfüllen, ohne Voraussetzungen über den Zeitpunkt der Programmausführung zu machen. Die Programmprozesse laufen zu beliebigen Zeiten ab, außerdem ist die zeitliche Reihenfolge nicht festgelegt. Da weder der Zeitpunkt des Ablaufes eines Tasks noch die Reihenfolge der zu bearbeitenden Tasks festliegen, bedarf es einer Strategie, um Konfliktfälle zu vermeiden. Diese Strategie besteht darin, den einzelnen Tasks Prioritäten zuzuordnen. Prioritäten können wie für die Aufgabenstellung in Tabelle 7.1 dargestellt vergeben werden.

Tabelle 7.1. Programmanforderungen und ihre Prioritäten

Programm	Aktion	Priorität
Alarm	Erfassung und Auswertung des Alarmsignals	1 (höchste Priorität)
DDC_1	Regelung 1	2
DDC_2	Regelung 2	3
DDC_3	Regelung 3	4 (niedrigste Priorität)

Abbildung 7.23 zeigt im oberen Bereich den zeitlichen Verlauf der auftretenden Anforderungen für den zeitlichen Ablauf der einzelnen Tasks. Unter dem Einfluß der vergebenen Prioritäten kommt es zu einem verschachtelten Ablauf der Tasks. Man erkennt, daß das Programm DDC_3 mehrfach unterbrochen wird. Die sich ergebende Reihenfolge der bearbeiteten Tasks ist nicht deterministisch. Man erkennt auch, daß es zu einer *Tasküberholung* kommt. Zur Zeit $t = 4$ müßte DDC_2 gestartet werden. Es wird jedoch zunächst DDC_1 bearbeitet, dann folgt eine Alarmbearbeitung und danach wird erst wieder DDC_1 fortgesetzt. Für $t \geq 5$ kommt DDC1 erneut zur Ausführung und hat damit DDC_2 überholt. Solche *Tasküberholungen* sind dann besonders kritisch, wenn z.B. datenmäßige Kopplungen zwischen den Tasks bestehen.

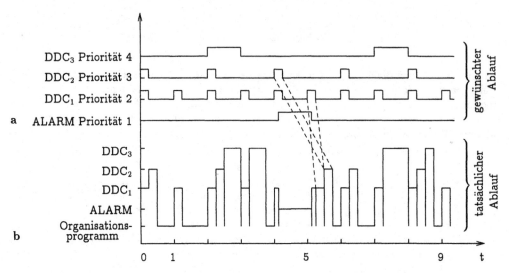

Abb. 7.23: Reihenfolge der Programmanforderungen mit ihren Prioritäten (a), verschachtelter Programmablauf mit Tasküberholung (b)

Programmunterbrechung. Durch sog. *Anforderungsmeldungen* (oder auch Alarme) werden vom Prozeß aus oder durch einen Bediener Programmunterbrechungen (engl.: *interrupt*) veranlaßt. Dabei bedeutet ein Interrupt eine Unterbrechung des laufenden Tasks zu einem taskunabhängigen Zeitpunkt. Solche Interrupts treten z.B. auf bei:

- *Notfällen:* Stromausfälle, Gerätefehler im Rechner oder in Peripheriegeräten, Gefährdung von Menschen; in diesen Fällen kommt es zu einem bedingungslosen Taskabbruch

- *Meldungen:* über Ereignisse im Prozeß (z.B. Kontaktbestätigungen durch Endschalter, Lichtschranken, Grenzwertmelder)

- *Meldungen:* über Ereignisse im Prozeßrechnersystem (z.B. Datenübertragung zum oder vom Externspeicher abgeschlossen)

Dabei wird so vorgegangen, daß den Interrupts im Gesamtsystem ihrer Bedeutung entsprechend unterschiedliche Prioritäten zugeordnet werden. Abbildung 7.24 veranschaulicht die Behandlung eines aufgetretenen Interrupts. Tritt während der Bearbeitung des Tasks T ein Interrupt auf, so reagiert das Prozeßrechnersystem so, daß zunächst mit dem Befehl PUSH alle Registerinhalte und der Programmzählerstand in den STACK gespeichert werden (um die Register des Prozessors für andere Aufgaben freizumachen). Dann schließt sich die Bearbeitung der Interrupt Service Routine (ISR) an, deren Inhalt von dem jeweils auslösenden Interrupt abhängt. Außerdem wird festgelegt, daß die ISR von Tasks nicht unterbrochen werden darf, jedoch eine Unterbrechung der gerade laufenden ISR durch einen höherprioren Interrupt zugelassen wird. Dabei kann es zu mehrfach verschachtelten Interruptserviceroutinen kommen. Bei sicherheitstechnischen Prozeßrechnersystemen ist im Rahmen des Sicherheitsnachweises daher besonders zu untersuchen, ob es im System zu sog. *Interruptlawinen* (engl.: *interrupt avalanches*) kommen kann, und wie das Gesamtsystem darauf reagiert (ob ggfs. eine Gefährdung im System auftreten kann). Nach Abschluß einer ISR oder mehrerer geschachtelter ISRs werden die Register des Prozessors mit dem Befehl POP zurückgeladen und entsprechend dem Programmbefehlszählerstand der unterbrochene Task T fortgesetzt. Um eindeutig zu kennzeichnen, daß ein Unterprogramm durch einen Interrupt angestoßen wurde, wird das Unterprogramm durch den Befehl IRET (*Interrupt Return*) abgeschlossen.

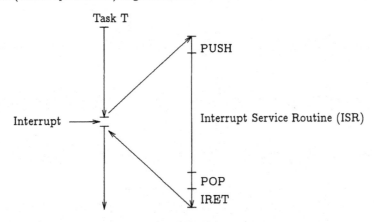

Abb. 7.24. Interruptbehandlung

Die Behandlung zeitlich geschachtelter Interrupts geht aus Abb. 7.25 hervor. Im oberen Teil der Abbildung ist die Reihenfolge der Programmbearbeitung aufgrund von eingetroffenen Interrupts dargestellt. Der untere Teil zeigt die Belegung des Stack-Bereiches mit den Prozessorzuständen PZ(T) und PZ(ISR1) im Stack-Bereich abhängig von der Zeit.

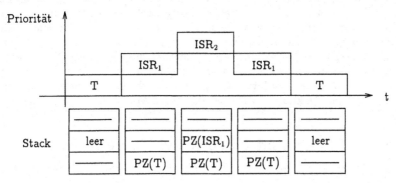

Abb. 7.25. Geschachtelte Interrupts und Stack-Belegung

Bei der Dimensionierung eines Prozeßrechnersystems ist der Stack-Bereich hinreichend groß zu wählen, da es sonst zu interruptbedingten Stack-Überläufen (engl.: *stack size overflow*) kommen kann. Für sicherheitsrelevante Prozeßrechnersysteme ist im Rahmen des Sicherheitsnachweises ein entsprechender Nachweis zu erbringen. Bei sicherheitsrelevanten Prozeßsteuerungen kann es erforderlich werden, einen aufgetretenen Interrupt vorübergehend zu sperren. Das

Ereignis dieses Interrupts darf jedoch nicht verlorengehen und muß daher gespeichert werden. Solche Interruptsperrungen können notwendig werden, wenn in einem sicherheitsrelevanten Programmprozeß z.B. gerade ein Anhalteweg für ein Schienenfahrzeug mit Linienzugbeeinflussung berechnet wird. Die Beschreibung der im System insgesamt auftretenden Interrupts kann mit Hilfe von sog. *Interruptvektoren* durchgeführt werden. Dabei wird jedem Interrupt ein *Interruptvektor* eindeutig zugeordnet (Interrupt ←→ Interruptvektor). Ist z.B. ein Interruptvektor 8 Bit breit, so sind insgesamt 256 Interrupts unterscheidbar. Die den Interrupts entsprechenden Interruptvektoren sind gemäß Abb. 7.26 im Hauptspeicher abgelegt. Jeder Interruptvektor stellt einen Zeiger dar, der auf die Einsprungadresse der zugeordneten Interruptserviceroutine im Hauptspeicherbereich verweist. In manchen Rechnersystemen werden Interruptvektoren für festgelegte Meldungen reserviert (so z.B. der Vektor INT für einen Divisionsfehler).

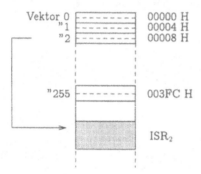

Abb. 7.26. Interruptvektoren

Software-Interrupts. Neben Hardware-Interrupts können auch durch Programme softwaremäßig Interrupts ausgelöst werden (der Befehl INT 55H löst z.B. den Interrupt mit der Vektor-Nr. 55H aus).

Sicherheitstechnische Aspekte bei interruptgesteuerten Systemen. Es existiert ein Arbeitspapier der Arbeitsgruppe 9 des TC 65A der IEC mit dem Titel *Safe Software*, wonach sicherheitsrelevante Prozeßsteuerungen grundsätzlich *nicht* interruptgesteuert aufgebaut sein sollen. In der Praxis werden von systementwickelnden Firmen dennoch sicherheitsrelevante Systeme interruptgesteuert aufgebaut. Es werden daher künftig erhebliche Anstrengungen erforderlich, auch für diese Systeme Sicherheitsnachweise zu führen. So sind im Rahmen eines Sicherheitsnachweises dynamische Untersuchungen am Gesamtsystem durchzuführen, um das Verhalten des Gesamtsystems z.B. beim Auftreten von *Interruptlawinen* zu überprüfen. Dieser Nachweis hat wesentlich größere Bedeutung als eine statische Softwareprüfung. Weiterhin muß sichergestellt werden, daß durch den Ausfall von Interrupts das Prozeßrechnersystem nicht *blind* wird. Dazu sind geeignete Watchdog-Funktionen zu realisieren, um den Ausfall von Interrupts zu erkennen.

7.2   Entwurf, Test und Nachweisverfahren

7.2.1   Entwurf

> *Wissen macht den Schüler,*
> *die freie Entwicklung den Meister.*
>
> Werner Kollath, „Aus- und Einfälle"

Kurz vorgestellt werden soll eine Art graphischer Sprache, die sog. *Task Maps* für den Grobentwurf von Automatisierungssoftware. Mit Hilfe von Task Maps kann man auf sehr einfache und übersichtliche Weise die wesentliche Softwarestruktur darstellen. Sie veranschaulichen prägnant die Kommunikationsbeziehungen unter den Tasks, Interrupt Service Routinen und der Prozeßperipherie. In gängigen *Computer Aided Software Engineering*-Tools (CASE-Tools) für den Automatisierungsbereich sind Editoren implementiert, die ein rasches Design der Software mittels Task-Maps unterstützen. Eine Zusammenstellung der häufig in Task-Maps auftretenden Symbole ist in Tabelle 7.2 zu finden.

Tabelle 7.2. Symbole für Task-Maps

Symbol	Bedeutung
Name P	Darstellung eines *Tasks* mit Priorität P (optional)
Name	Darstellung eines *Devices*
Name	Darstellung eines *Devices*, das durch einen Device Driver bedient wird
Name	Darstellung einer *Interrupt Service Routine*
Bedeutung ⟶	Darstellung eines *Datenflusses*
Bedeutung ⋯▷	Darstellung eines *Kontrollflusses*
Bedeutung ⋯▷	Darstellung eines *Interrupts*
Name ⟶▷⟶	Darstellung eines *Semaphors*. Der zu einem Semaphor hinführende Kontrollfluß repräsentiert S_V-Operationen, der wegführende S_P-Operationen.
Name ⟶◁⟶	Darstellung eines *Ereignisses*. Der hinführende Kontrollfluß repräsentiert Send-Operationen, der wegführende Receive-Operationen.
Name ⟶⊤⟶	Darstellung einer *Message-Queue*. Der hinführende Datenfluß repräsentiert Send-Operationen, der wegführende Receive-Operationen.
Name ⟶⋯⟶	Darstellung einer *globalen Variable*. Der hinführende Datenfluß repräsentiert schreibende, der wegführende lesende Zugriffe.

7.2.2   Dekomposition

Gewaltig viele Noten.

Josef II über eine Komposition Mozarts

Grundsätzlich gilt, daß es für die Dekomposition einer prozeßnahen Aufgabenstellung keine festen Regeln gibt. Dennoch ist dieser Arbeitsschritt des Informatikers vor Ort ein wichtiger Bestandteil der Problemanalyse. So muß der Informatiker eine Aufgabenstellung ausgewogen analysieren, d.h., er muß einmal entwerfen, welcher Set von Tasks und wieviele Interruptserviceroutinen erforderlich sein werden. Dabei geht es darum, die gesamte Aufgabenstellung in einzelne Tasks *herunterzubrechen*. Dabei gilt folgender Zusammenhang: eine sehr feine Aufteilung in sehr viele Tasks erlaubt einen sehr hohen Grad an Parallelität, wobei allerdings viele Tasks andererseits auch einen hohen *system overhead* (engl.: *overhead activities*) verursachen wegen des erforderlichen Kommunikationsaufwandes zwischen den Tasks. Hier gilt es, einen angemessenen Kompromiß zu finden. Für Echtzeitanwendungen führen wir deshalb den Begriff der *dependent actions* (*dact*) ein. Dabei versteht man unter einer *dependent action* eine Handlung, die an eine und nur eine Bedingung geknüpft ist. Diese *dependent action* wartet so lange, bis die zugehörige Bedingung erfüllt ist. Dabei gilt, daß diese Aktion sich niemals die Bedingung selbst erfüllen kann, dies kann nur von einem anderen Task bewirkt werden. Ein Task kann somit entweder an einer *Message-Queue*, einem *Semaphor* oder einem *Ereignis* warten. Die Vorgangsweise der Dekomposition wird am besten an einem Beispiel veranschaulicht.

Beispiel 7.4. Im Abschn. 1.1.2.4 wurde in die Arbeitsweise eines rechnergesteuerten Rangierbahnhofs eingeführt. Eine wichtige Aufgabenstellung bei dem rechnergesteuerten Ablauf von Waggons oder Waggongruppen ist die sog. *Ablaufverfolgung*. Dabei will man eine Kontrollfunktion hinsichtlich ablaufender Waggons ausüben. Dazu bedient man sich sogenannter Schienenkontaktbetätigungen bestehend aus den Befahrungsereignissen von Berg- (BK) und Talkontakten (TK) entsprechend Abb. 7.27.

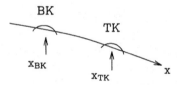

Abb. 7.27. Schienenkontaktbetätigungen für ein Schienenkontaktpaar

Einige Arbeitsschritte für diesen Fall könnten sein:

- Uhrzeitbearbeitung (absolute Zeit mit Datum)

- BK-Ereignis (Ort x_{BK} und t_{BK} markieren und speichern)

- Erwartungsfenster für die Betätigung des Talkontaktes aufmachen

- TK-Ereignis (Ort x_{TK} und t_{TK} markieren und speichern)

- Befahrungsreihenfolge prüfen

- $v_{mittel} = \frac{x_{TK} - x_{BK}}{t_{TK} - t_{BK}}$ berechnen, speichern und an die Ablaufverfolgung melden (damit können sog. *Gutläufer* und *Schlechtläufer* unterschieden und markiert werden)

- Absolute Ortung im Gleisnetz durch Identifizierung des Schienenkontaktpaares

- Fehlermeldungen ausgeben (z.B. Bergkontakt oder Talkontakt sind defekt, es wird kein Befahrungssignal generiert oder die Befahrung erfolgte in umgekehrter Reihenfolge)

Nach dem Arbeitsschritt der Dekomposition sollte untersucht werden, ob die Zerlegung in Einzelaktivitäten sinnvoll war und ob diese auch in entsprechende Tasks umgesetzt werden können. Anhand der zuvor vorgestellten Task-Maps wird daraufhin der erste Software-Entwurf lanciert.

Erfahrungswerte mit Dekompositionen haben gezeigt, daß definierte Tasks vom Programmieraufwand her einen Umfang von etwa 200 *Lines of code* (LOCs) nicht überschreiten sollten. Zum einen soll ein Task in seiner Gesamtheit noch eine logisch überprüfbare Einheit bilden (Aspekt der sinnvollen Testbarkeit eines Moduls), andererseits verursacht eine Aufgliederung in zu viele Tasks den oben angeführten *system overhead*.

Es soll angenommen werden, daß zwei Tasks $dact_A$ und $dact_B$ existieren. Dann sind beide Tasks voneinander zu trennen, wenn eines der folgenden Kriterien zutrifft:

- Zeitabhängigkeit: beide Tasks sind zeitabhängig und hören auf verschieden Uhren (z.B. unterschiedliche Frequenzen oder Phasenlagen);

- Asynchronität: $dact_A$ und $dact_B$ haben keine zeitliche Beziehung untereinander;

- Priorität: $dact_A$ und $dact_B$ sollen mit unterschiedlicher Priorität ausgeführt werden;

- Aspekt der Wartbarkeit: $dact_A$ und $dact_B$ bedeuten funktional oder logisch etwas ganz Verschiedenes.

Grundsätzlich gilt, daß die Anzahl kreierter Tasks nicht nach oben hin begrenzt sein soll. Man muß nur dem Echtzeitbetriebssystem die voraussichtliche maximale Anzahl notwendiger Tasks in Konfigurationstabellen bekanntgeben.

7.2.3 Modularisierung

Aus dem abgestorbnen Baum
wird immer noch ein tüchtiger Balken.

Paul Claudel, „Der Bürge"

Baumdiagramme eignen sich zur Darstellung von größeren Programmsystemen, wenn auf die detaillierte Darstellung auf Source-Code-Level aus Gründen der Übersichtlichkeit verzichtet werden soll. Das Baumdiagramm soll die Grobstruktur des Programmsystems darstellen und dadurch eine übersichtliche Kurzinformation geben (Abb. 7.28).

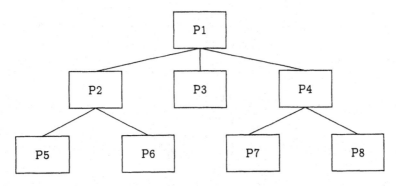

Abb. 7.28. Baumdiagramm

Wie in Abb. 7.34 gezeigt wird, ist der Ausgang eines Baumdiagramms die Wurzel (der sog. *Kopfbaustein*). Daran schließen sich Knotenbausteine an, bei denen Verzweigungen auftreten können. Bausteine am Ende von Verzweigungen werden auch als *Blätter* (eines Baumes) bezeichnet. Grundsatz für den richtigen Aufbau eines Baumdiagramms ist, daß jedes *Blatt* von der Wurzel aus nur auf genau *einem* Pfad erreichbar ist. Das Programmsystem nach Abb. 7.28 wird vollständig abgearbeitet (wenn das Programm nicht vorzeitig abgebrochen wird), indem Stufe um Stufe z.B. von links nach rechts abgearbeitet wird. Zu dem Programmsystem von Abb. 7.28 gehört somit der folgende Programmablauf:

P1-P2-P5-P2-P6-P2-P1-P3-P1-P4-P7-P4-P8-P4-P1

Man kann Baumdiagramme für ein Programmsystem manuell erstellen, unterliegt dabei jedoch der Gefahr, daß diese Dokumentation dem Softwareentwicklungsprozeß nicht gefolgt ist. Damit ist das Problem der Aktualität eines Baumdiagramms gegeben. Eine Abhilfe kann nur durch Automatisierung bewirkt werden, indem man industrielle Tools auf ein Programmsystem anwendet. Dann können Baumdiagramme auch als Bestandteil von Software-Validierungen angesehen werden, wenn die Aktualität des Baumdiagramms gegenüber der im Prozeß installierten Programmversion gewährleistet ist.

7.2.3.1 Zentrale Unterprogramme

Abbildung 7.29 zeigt den Output des Analysetools *BAUM* für ein Beispielprogramm. Man erkennt, daß zentrale Unterprogramme automatisch erkannt werden und im Baumdiagramm entsprechend gekennzeichnet werden.

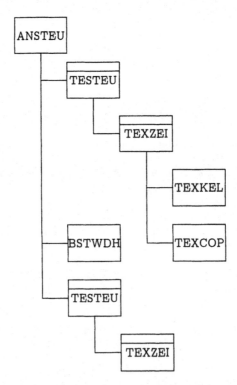

Abb. 7.29. Baumdiagramm mit zentralen Unterprogrammen TESTEU und TEXZEI

7.2.3.2 Rekursive Aufrufstruktur

Für sicherheitsrelevante Prozeßrechner-Software wird gefordert, auf rekursive Programmstrukturen zu verzichten. Obwohl rekursive Programmstrukturen auf Source-Code-Ebene oft besser verständlich erscheinen, erweisen sie sich im Rahmen von Sicherheitsnachweisen als nur schwer testbar. Rekursive Programmstrukturen sind deshalb für diesen Einsatzfall auszuschließen, da z.B. keine Vorhersage darüber gemacht werden kann, ob es zuerst zu einer Wertebereichsüberschreitung oder zuerst zu einem Stack-Überlauf kommt (Beispiel: Berechnung von n!).

Zwar besteht bei rekursiven Programmstrukturen nach einem Programmabbruch im Stack noch die Möglichkeit der Analyse, wo sich der Abbruch ereignete (*Historie*), dennoch sollten aus Gründen der Testbarkeit für sicherheitsrelevante Programme keine rekursiven Programmstrukturen eingesetzt werden. Ein Analysetool (z.B. *BAUM*) ist daher außerdem in der Lage, automatisch solche Module als *rekursiv* zu kennzeichnen, die rekursiv aufgerufen werden (Abb. 7.30).

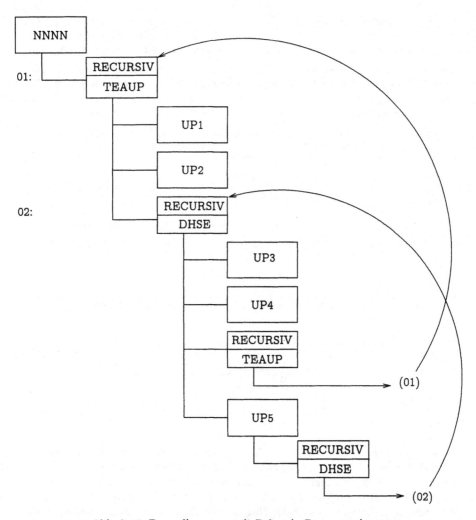

Abb. 7.30. Baumdiagramm mit Rekursiv-Programmierung

7.2.4 Validierung von Prozeßrechner-Software

Man darf nicht glauben,
eine Idee könne durch den Beweis ihrer Richtigkeit
selbst bei gebildeten Geistern Wirkungen erzielen.
Man wird davon überzeugt, wenn man sieht,
wie wenig Einfluß die klarste Beweisführung
auf die Mehrzahl der Menschen hat.
Der unumstößliche Beweis kann von seinem
gebildeten Zuhörer angenommen worden sein,
aber das Unbewußte in ihm wird ihn schnell zu
seinen ursprünglichen Anschauungen zurückführen.

George B. Shaw

7.2.4.1 Validierung und Verifikation

Man unterscheidet bei der Untersuchung bzw. beim Abnahmetest von Software die Begriffe *Validierung* und *Verifikation*. Dabei versteht man unter *Validierung* den Vorgang des *Gültig-Machens*. Dies leitet sich aus dem Lateinischen ab, wo *validus* gültig heißt. Validierung ist die Überprüfung der Implementierung eines Systems gegenüber den Benutzeranforderungen.

Dagegen versteht man unter *Verifikation* den mathematischen Beweis der richtigen Abbildung der Spezifikation auf die Implementation. Abbildung 7.31 veranschaulicht die Zusammenhänge. Die Validierung hat gegenüber der Verifikation größere Bedeutung, da sie die richtige Umsetzung der Benutzeranforderungen (engl.: *requirement specification*) einschließt.

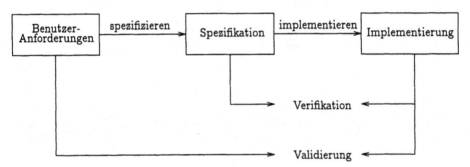

Abb. 7.31. Zusammenhang zwischen *Validierung* und *Verifikation*

Aus dieser Zuordnung läßt sich die Erkenntnis ableiten:

Die Validierung findet möglicherweise Fehler in der Spezifikation,
die Verifikation nicht!

7.2.4.2 Teststrategie

Abweichend von üblichen Testverfahren zur Validierung von Software sind zur Validierung von Prozeßrechner-Software insbesondere bei sicherheitsrelevanten Systemen außer *statischen* auch *dynamische* Softwaretests durchzuführen. Bisherige Verfahren zur Softwareentwicklung gingen von den Anforderungen an ein System aus, daran schloß sich eine Top-down-Entwicklung bis zur Inbetriebnahme an. Abbildung 7.32 verdeutlicht diesen Entwicklungsprozeß und unterscheidet dabei Tätigkeiten, Phasenergebnisse und Überprüfungen.

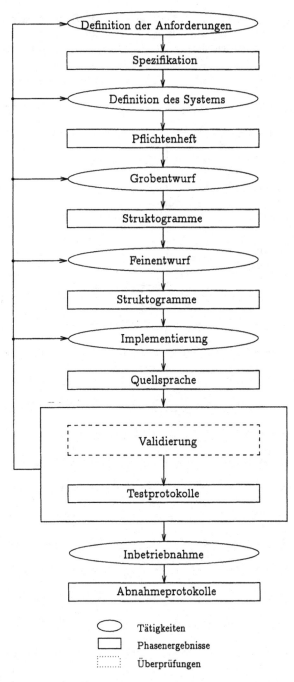

Abb. 7.32. Softwareentwicklung mit einmaliger Validierung

Die bisherige Vorgangsweise ist dadurch gekennzeichnet, daß es nur eine einmalige Validierung (Überprüfung) des Gesamtsystems gibt. Für Prozeßrechner-Software – insbesondere für sicherheitsrelevante Systeme – ist nach dem derzeitigen Kenntnisstand eine Softwareentwicklung mit einer phasenweisen Validierung erforderlich (Abb. 7.33). Man erkennt, daß jeder Softwareentwicklungsphase eine phasenbezogene Validation zugeordnet ist. Dadurch kann vermieden werden, daß am Ende des Softwareentwicklungsprozesses bei der einmaligen Validierung nach Abb. 7.32 z.B. Entwurfsfehler gefunden werden, die eine gesamte Neuentwicklung des Programms erforderlich machen würden. Man bezeichnet den Softwareentwicklungsprozeß nach Abb. 7.33 auch als das sog. *Wasserfallmodell*.

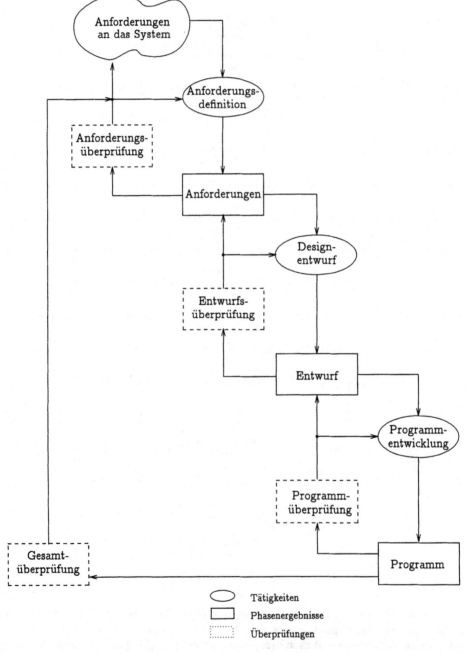

Abb. 7.33. Softwareentwicklung mit phasenbezogener Validierung

7.2.4.3 Statische Softwaretests

Statische Softwaretests gehen den entgegengesetzten Weg gegenüber dem Softwareentwicklungsprozeß als *Bottom-up*-Tests. Dabei wird so vorgegangen, daß ausgehend von einer modularen
Softwarestruktur nach Abb. 7.34 Softwarebausteine der untersten Ebene zuerst getestet werden.

Bei der Modularisierung der Software gemäß Abb. 7.34 mit dem Kopfbaustein P, den Knoten
P1 und P2 (*Hauptfunktionen*) und den weiteren verzweigten Einzelfunktionen sollte bei dem
Herunterbrechen auf Modulebene darauf geachtet werden, daß ein Baustein auf der untersten
Ebene (z.B. P1.3.2.1) noch eine eigenständige logische Funktion darstellt. Nur dann kann dieser
Baustein statisch noch sinnvoll getestet werden.

Ausgehend von einem validierten Baustein auf der untersten Ebene in Abb. 7.34 mit der
Systemgrenze 1 wird dann der nächste übergeordnete (aufrufende) Baustein getestet und dabei
davon ausgegangen, daß der aufgerufene Baustein die geforderte Funktion erfüllt. Damit ergibt
sich ein getesteter Bereich, der in Abb. 7.34 mit der Systemgrenze 2 versehen ist.

Diese Vorgehensweise als Bottom-up-Testverfahren wird fortgesetzt, bis die Wurzel des Baumdiagramms von allen Verzweigungen her erreicht ist.

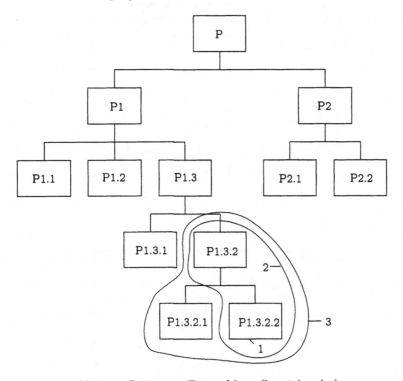

Abb. 7.34. Bottom-up-Testverfahren (bausteinweise)

Überdeckungsmaße. Zum statischen Test einzelner Bausteine sind vom IEEE (Institute of
Electrical and Electronic Engineers) sog. *Überdeckungsmaße* definiert worden. Sie reichen nach
Tabelle 7.3 von einer C0-Überdeckung (d.h., jede Programmanweisung wird mindestens einmal
ausgeführt) bis zur C-Überdeckung (d.h., alle Programmpfade werden mindestens einmal ausgeführt).

Für sicherheitsrelevante Prozeßrechnersoftware wird bei statischen Tests derzeit üblicherweise eine C1-Überdeckung verlangt. C1-Überdeckung bedeutet, daß jeder Programmzweig minde-

Tabelle 7.3. Überdeckungsmaße

Überdeckung	Bedeutung
C0	Jede Programmanweisung wird mindestens einmal ausgeführt.
C1-	Jeder nichtleere Programmzweig wird mindestens einmal ausgeführt.
C1	Jeder Programmzweig wird mindestens einmal ausgeführt.
C1p	Jeder Programmzweig wird mindestens einmal ausgeführt, wobei zusätzlich gilt: jedes mögliche Ergebnis jeder logischen Entscheidung wird mindestens einmal weiterverfolgt.
C2	Jeder Programmzweig wird mindestens einmal ausgeführt, wobei zusätzlich gilt: jede Schleife im Programm wird mindestens einmal mit ihrer kleinsten und mindestens einmal mit ihrer größten Anzahl von Wiederholungen ausgeführt und zusätzlich mindestens einmal umgangen.
C	Alle Programmpfade werden mindestens einmal ausgeführt.

stens einmal ausgeführt wird. Man hat sich an dieser Stelle bewußt auf eine C1-Überdeckung beschränkt, um den Testaufwand in vertretbaren Grenzen zu halten. Natürlich hätte ein Pfadtest eine wesentlich größere Eindringtiefe in das zu testende Modul. Abbildung 7.35 soll die Testfälle darstellen, die sich ergeben, wenn z.B. für zwei aufeinanderfolgende IF-Abfragen ein *Zweigtest* und ein *Pfadtest* verlangt werden.

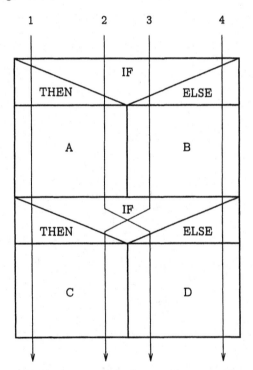

Zweigtest: Berührung aller logischen Konstrukte A bis D durch die Testfälle 1 und 4 oder 2 und 3

Pfadtest: Durchlauf aller möglichen Pfade (hier: 4) mit den Testfällen 1 bis 4

Abb. 7.35. Testfälle für Zweig- und Pfadtest

Der Zweigtest verlangt, daß alle logischen Konstrukte mindestens einmal berührt werden. Damit ergeben sich im Struktogramm nach Abb. 7.35 insgesamt zwei Testfälle. Verlangt man jedoch einen Pfadtest, so sind alle möglichen Pfade durch Vorgabe entsprechender Testdaten zu durchlaufen. Dabei ergeben sich bereits für dieses einfache Beispiel vier Testfälle.

Instrumentierung Bei der Instrumentierung von Software wird jedem logischen Konstrukt ein sog. *Instrumentierungszähler* zugeordnet. Vor Testbeginn werden alle Instrumentierungszähler auf null gesetzt. Für einen Testfall werden die entsprechenden Daten vorbelegt und dann der Programmlauf gestartet. Nach dem Programmlauf werden alle Instrumentierungszählerstände abgefragt (Abb. 7.36).

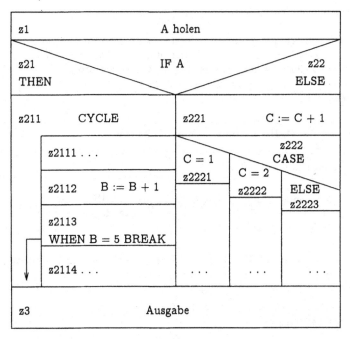

Abb. 7.36. Softwaretests mit Instrumentierungszählern

Für einen Testfall (Vorbelegung: A := FALSE und C := 1) lautet die Ausgabe der Stände der Instrumentierungszähler:

$$
\begin{array}{llll}
z1 & = 1 & & \\
z21 & = 0 & z22 & = 1 \\
z211 & = 0 & z221 & = 1 \\
z2111 & = 0 & z222 & = 1 \\
z2112 & = 0 & z2221 & = 0 \\
z2113 & = 0 & z2222 & = 1 \\
z2114 & = 0 & z2223 & = 0 \\
z3 & = 1 & &
\end{array}
$$

Anhand der Instrumentierungszählerstände kann der Testlauf nachgewiesen werden. Diese Vorgehensweise kann bis auf den Vorgang der *Testdatengenerierung* weitgehend automatisiert werden.

Für sicherheitsrelevante Prozeßrechnersoftware muß gefordert werden, daß die zu jedem logischen Konstrukt erforderliche *Verwaltungssoftware für das Inkrementieren der Instrumentierungszähler* in der Implementierung erhalten bleibt. Ein Funktionsnachweis für Software mit

Hilfe der Instrumentierung gilt im Betrieb nur für das geprüfte Programm *mit* Instrumentierung.
Ein Herausnehmen der Instrumentierung für die im Betrieb ablaufenden Tasks kann deswegen
nicht zugelassen werden, weil sich auf Grund der veränderten Laufzeiten für die Gesamtheit der
Tasks ein anderes Scheduling ergeben würde.

Die Grenzen solcher statischen Tests bestehen darin, daß allein nachgewiesen wird, daß in
dem untersuchten Programm kein *toter* Code enthalten ist. Entwurfsfehler oder Fehler in der
Spezifikation werden durch diese Tests nicht aufgedeckt.

7.2.4.4   Dynamische Softwaretests

Hinsichtlich der Durchführung *dynamischer Tests* für Prozeßrechnersoftware ist der Kenntnisstand noch nicht so weit fortgeschritten wie für statische Softwaretests. Wesentlich ist jedoch,
daß sich dynamische Tests stets auf das Gesamtsystem (Prozeßhard- und -software zusammen-
genommen) beziehen. Folgende Testmöglichkeiten im Rahmen eines Integrationstests können
angegeben werden:

- Protokollierung der CPU-Belastung (z.B. mit Hilfe von Laufzeitprogrammen)

- Nachweis hinreichender Stack-Größe

- Nachweis hinreichender Pufferspeichergrößen (z.B. mit Hilfe eines on-line mitlaufenden
  Programms zur Dokumentation des aktuellen Füllstandsgrades von Pufferspeichern mit
  zusätzlicher Schleppzeigerfunktion)

- bei interruptgesteuerten Systemen der Nachweis des hinreichended Gesamtsystemverhal-
  tens bei Interruptlawinen oder Ausfall von Interrupts

- Nachweis des Antwortzeitverhaltens im Echtzeitbetrieb gegenüber den Festlegungen in der
  Anforderungsspezifikation

Die derzeit möglichen dynamischen Tests stellen nur punktuelle Nachweise dar, es fehlt jedoch
noch an einer übergeordneten, koordinierten Teststrategie.

Ermittlung der CPU-Belastung. Ein wesentliches Qualitätsmerkmal eines Automatisierungssystems besteht darin, daß Spitzenwerte der CPU-Belastung während einer Betriebsphase $\leq 80\%$
sind. Dieser Wert empfiehlt sich vor allem deshalb, weil eine spätere Programmsystemerweiterung
in gewissen Grenzen möglich sein soll, ohne das Gesamtsystem neu entwickeln zu müssen.

Zum Zweck des Nachweises der Einhaltung eines oberen Grenzwertes für die CPU-Belastung
bedient man sich sog. on-line mitlaufender Prüfprogramme. Ein solches Prüfprogramm mit der
Bezeichnung CPU_LOAD arbeitet z.B. wie folgt.

Der Task CPU_LOAD läuft hauptspeicherresident mit niedrigster Priorität ab. Abbildung 7.37
zeigt ein Struktogramm als Nassi-Shneiderman-Diagramm. Der Task soll allein CPU-Zeit *ver-
brauchen*. Diese „Aktivität" läuft unter drei geschachtelten WHILE-Schleifen mit den Bezeich-
nungen „grob", „mittel" und „fein" ab. Am Ende des Moduls wird eine Uhrzeitausgabe veranlaßt.

Die drei geschachtelten WHILE-Schleifen entsprechen in ihrer Funktionalität drei „Stell-
schrauben", wie sie im Maschinenbau üblich sind. Mit diesen Einstellmöglichkeiten kann man
für beliebige Prozessoren und Taktfrequenzen einstellen, daß mit vorgegebener Genauigkeit nach
1 min jeweils eine Uhrzeitausgabe erfolgt, wenn der CPU_LOAD-Task nicht durch einen höherprioren Task von der CPU verdrängt wurde.

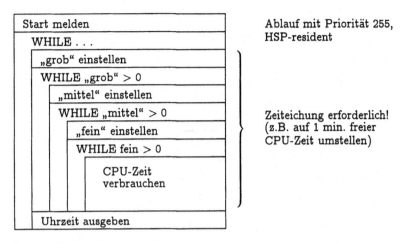

Abb. 7.37. NS-Diagramm für den Task CPU_LOAD

Erfolgt jedoch eine Verdrängung des CPU_LOAD-Tasks von der CPU, so äußert sich dies dadurch, daß zwei aufeinanderfolgende Uhrzeitausgaben weiter als 1 min zeitlich auseinander liegen. Die Uhrzeitausgaben erfolgen im übrigen in ein separates File, das nach Ablauf einer Betriebsphase ausgelesen und ausgewertet werden kann. Abbildung 7.38 zeigt als Beispiel eine Folge von Uhrzeitausgaben.

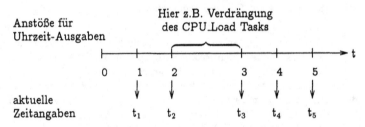

Abb. 7.38. Zeitliche Folge von Uhrzeitausgaben (Beispiel)

Ein zeitlicher Mittelwert für die CPU-Belastung kann dadurch bestimmt werden, daß man den Quotienten

$$\overline{\text{CPU\_LOAD}} = \frac{\text{Usersoftware\_Zeit}}{\text{CPU\_Betriebszeit}} \tag{7.4}$$

bildet. Die Zeit, in der User_Tasks ablaufen, errechnet sich aus der Differenz von CPU_Betriebszeit und CPU_LOAD-Zeit. Damit erhält man

$$\overline{\text{CPU\_LOAD}} = \frac{\text{CPU\_Betriebszeit} - \text{CPU\_LOAD\_Zeit}}{\text{CPU\_Betriebszeit}} \tag{7.5}$$

Das Prinzip solcher on-line mitlaufender Sondenprogramme besteht darin, bei zusätzlicher CPU-Belastung Aussagen über die dynamischen Eigenschaften eines Automatisierungssystems unter Echtzeitbedingungen zu erhalten.

Ermittlung des Füllstandsgrades von Pufferspeichern. Kommunizieren zwei Tasks miteinander, indem ein Task (Task$_1$) gewisse Meldungen in einen Puffer (engl.: *buffer*) einträgt und ein anderer Task (Task$_2$) diese Meldungen aus dem zugehörigen Puffer abholt, so ergibt sich eine Situation wie in Abb. 7.39.

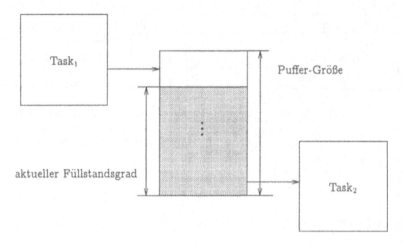

Abb. 7.39. Task-Kommunikation mit Puffer-Bereich

Durch ein entsprechendes on-line mitlaufendes Prüfprogramm ist der *aktuelle Füllstandsgrad* periodisch zu erfassen und der in einer Betriebsphase auftretende *Maximalwert des Füllstandsgrades* auszugeben.

Dabei ist der Nachweis zu erbringen, daß über eine festgelegte Betriebsdauer hinweg mit allen möglichen Prozeßzuständen die dimensionierte Puffergröße (engl.: *buffer size*) zu keinem Zeitpunkt überschritten wurde (sog. *Schleppzeigerfunktion*).

Entwickelt man ein Automatisierungssystem, so werfen sich von der Design- bis hin zur Testphase Fragen auf, die das Zeitverhalten des Systems betreffen. Das entstehende System muß immer auf Stimuli des zu kontrollierenden Prozesses reagieren. Wichtig hierbei ist, daß die Reaktionen nicht nur richtig, sondern auch rechtzeitig geschehen. In der Designphase werden für die Berechnung von Verarbeitungsergebnissen Zeitschranken vorgegeben, die im realen Einsatz des Systems eingehalten werden müssen. Ob eine solche Zeitschranke tatsächlich eingehalten wird bzw. wieviel Spielraum bis zu ihrer Erreichung noch zur Verfügung steht, hängt letztlich von der bereitstehenden Rechnerleistung ab. Die entsprechenden Design-Kriterien sollten daher spätestens in der Testphase überprüft werden. Die Beherrschbarkeit aller dynamischen Größen eines Systems ist unerläßlich, um Aussagen bezüglich des korrekten Verhaltens eines Automatisierungssystems anstellen zu können. In der Industrie herrschen (leider immer noch) Aussagen: „Da das System nun eine ganze Weile fehlerfrei funktioniert hat, wird es auch in Zukunft richtig arbeiten!" vor. Diese Aussagen sind aber nur so lange gültig, bis das Zusammentreffen unglücklicher Zustände sie widerlegt. Damit ist dann allerdings auch beträchtlicher Schaden verbunden.

Es gilt daher, in Zukunft *Monitoring*-Werkzeuge zu entwickeln, die diesem Problemkreis effektiv zu Leibe rücken. Beliebig viele, frei definierbare Zeitmessungen, die kontinuierlich während des Betriebes eines Automatisierungssystems durchgeführt werden können, erlauben etwa die Erfassung und Auswertung von Zeitreserven, die bei der Einhaltung von Deadlines entstehen. Monitoring-Werkzeuge ermöglichen es, Lasthypothesen zu überprüfen oder die Dauer zeitkritischer Programmabschnitte zu kontrollieren. Ebenso können zeitliche und funktionale Abhängigkeiten von Prozessen, Verarbeitungsfolgen, Interprozeßkommunikation und Synchronisationsmechanismen gemessen und genauer betrachtet werden. Die Implementierung solcher Werkzeuge ist allerdings eine diffizile Angelegenheit, die weiteren Forschungsprojekten vorbehalten sein wird.

Weiterführende Literatur

Blieberger, J.; Klasek, J.; Redlein, A.; Schildt, G.-H.: *Informatik*. Wien: Springer Verlag, 1996.

Ferrari, D.: *Client Requirements for Real-time Communication Services*. Berkley: International Computer Science Institute Technical Report 90-007, 1990.

Frevert, L.: *Echtzeit-Praxis mit PEARL*. Stuttgart: B.G. Teubner Verlag, 1985.

Hultzsch, H.: *Prozeßdatenverarbeitung*. Stuttgart: B.G. Teubner Verlag, 1981.

IEEE: *Überdeckungsmaße für statische Softwaretests*.

Kappatsch, A.; Mittendorf, H.; Rieder, P.: *PEARL*. München: R. Oldenbourg Verlag, 1979.

Koch, G.: *Maschinennahes Programmieren mit Mikrocomputern*. Mannheim: BI Wissenschaftsverlag, 1981.

Kopetz, H.: *Real-time Systems*. Dortrecht: Kluwer Academic Publishers, 1997.

Lauber, R.: *Prozeßautomatisierung I*. Berlin: Springer Verlag, 1976.

Martin, T.: *Prozeßdatenverarbeitung*. Berlin: Elitera Verlag, 1979.

Pieper, F.: *Einführung in die Programmierung paralleler Prozesse*. München: R. Oldenbourg Verlag, 1977.

Schaufelberger, W.; Sprecher, P.; Wegmann, P.: *Echtzeit-Programmierung bei Automatisierungssytemen*. Stuttgart: B.G. Teubner Verlag, 1985.

Schneider, H.-J.: *Problemorientierte Programmiersprachen*. Stuttgart: B.G. Teubner Verlag, 1981.

Werum, W.; Windauer, H.: *PEARL Process and Experiment Automation Real-time Language*. Braunschweig: Vieweg Verlag, 1978.

Wettstein, H.: *Aufbau und Struktur von Betriebssystemen*. München: Carl Hanser Verlag, 1978.

Wirth, N.: *Programmieren in Modula-2*. Berlin: Springer Verlag, 1983.

8 Schlußbetrachtung

Ende gut, alles gut.

Sprichwort

8.1 Zusammenfassung

Das vorliegende Buch soll nicht enden, ohne noch einmal Rückschau auf die vorangegangenen Abschnitte zu halten. Dabei ist klar, daß dennoch eine ganze Reihe von Fragen offen bleiben, da das Fachgebiet der Prozeßautomatisierung – um mit Fontane zu sprechen – doch ein weites Feld ist. So wurden auch einige dazugehörende Fachgebiete wie z.B. Datenbanksysteme, die heute bei der Automation unverzichtbar sind, nicht angesprochen. Auch technische Fachgebiete wie z.B. Robotik wurden nur gestreift und damit ungenügend behandelt. Andererseits sollen die Themenbereiche des vorliegenden Lehrbuches noch einmal benannt werden.

Am Anfang findet sich eine Einführung in die Prozeßautomatisierung mit ersten Definitionen, einer gewissen Abstraktionsstufe auf Systemebene, daß die Automatisierung nichts anderes sei als die Umwandlung von Stoffen, Informationen oder Energie in eine jeweils andere Form. Zur einführenden Motivation sind einige Beispiele technischer Prozesse eingefügt. Grundlegende Arbeiten hierzu finden sich bei R. Lauber (*Prozeßautomatisierung I*, Springer Verlag, 1976).

Unverzichtbar für Systemanalyse und -entwurf erweist sich die Notation mit Petri-Netzen. Es erschien deshalb besonders wichtig, den angehenden Ingenieur wie auch den Fachmann in der Praxis mit den Grundlagen der Petri-Netze vertraut zu machen, zumal da gerade mit Petri-Netzen parallele Prozesse besonders gut visualisiert werden können. So können gerade mit Petri-Netzen Probleme wie *mutual exclusion* oder das *producer-consumer* Problem elegant transparent gemacht werden. Um die Arbeitsweise mit Petri-Netz-Notation zu veranschaulichen, wurden einige Beispiele eingefügt, so z.B. ein Petri-Netz für einen Deadlock, eine Situation, vor der sich jeder Computerfachmann besonders fürchtet.

Zur Prozeßautomatisierung gehören sowohl Hard- als auch geeignete Software. So wichtige Begriffe wie MTBF, MTTR, Verfügbarkeit, Zuverlässigkeit und Sicherheit wurden eingeführt. Erwartet man doch von einem Fachmann auf dem Gebiet der Automatisierungstechnik, daß er ein solches System konzipieren kann und dabei besonderen Bedacht auf die technische Zuverlässigkeit und Verfügbarkeit der technischen Anlage legt. Ein Sondergebiet der technischen Prozeßautomatisierung betrifft jene Prozesse, von denen im Fall eines technischen Ausfalls in der Hardware oder eines Entwurfsfehlers (das gilt sowohl für Hard- als auch Software) eine Gefährdung von Personen und Sachen ausgehen kann. Das sind z.B. hochenergetische Prozesse bei Kernkraftwerken, spurgeführte Verkehrssystemen oder die Verfahrenstechnik in der chemischen Großindustrie. Zwar ist es leider bis heute noch nicht gelungen, ein Quantisierungsmaß für die technische Sicherheit einer Prozeßsteuerung angeben zu können, ganz im Gegensatz zu Meßgrößen zur Bestimmung der technischen Zuverlässigkeit eines Systems. Daher wurde in die Grundlagen der Sicherheitstechnik eingeführt ohne quantisierte Meßgrößen, dafür aber wurden grundlegende Konzepte sicherheitsrelevanter Komponenten vorgestellt. Heute hat man längst erkannt, daß man komplexe Steuerungs- oder Regelungskomponenten nicht mehr auf der Basis der klassischen Fail-safe-Technik realisieren kann, dafür aber ist an die Stelle der klassischen Fail-safe-Technik ein anderes Konzept getreten, nämlich Sicherheit eines technischen Prozesses per Verfahren zu gewährleisten; ein Ansatz, der vielversprechend ist und sich vor dem Hintergrund von immer leistungsfähigeren Rechnern auf verschiedenste on-line mitlaufende Prüfprogramme stützt. In diesem Zusammenhang wurde auch das Gebiet der fehlertoleranten Systeme nur gestreift. Der Abschnitt schließt mit der Darstellung von Möglichkeiten zur synchronen Uhrzeitführung in verteilten Echtzeitsystemen.

Der nächste Abschnitt behandelte die Übertragungstechnik und hier speziell die verschiedenen Feldbussysteme, die zu einer Vernetzung in verteilten Prozessorsystemen beitragen. Die Übersicht ist sicherlich nicht vollständig und bedarf eigentlich fortlaufender Aktualisierung; es wurde jedoch darauf Wert gelegt, dem Leser die verschiedenen Konzepte näherzubringen. Der Abschnitt wird abgeschlossen durch einen Unterabschnitt, der den ASi-Bus behandelt. Dieses Bussystem gehört nicht mehr zu den Feldbussystemen, sondern erweist seinen Nutzen auf der darunter liegenden Ebene der prozeß- und hardwarenahen Verdrahtung, wie sie bisher mit Kabelbäumen realisiert wurde, die bekanntlich außerordentlich kostenintensiv für den Hersteller ist und damit zugleich einen besonderen Ansatz zu einer Rationalisierungsmaßnahme bietet.

In einem Fachbuch über Prozeßautomatisierung sollte ein Beitrag über Computer Integrated Manufacturing nicht fehlen. Zwar ist die Euphorie über dieses Entwicklungs- und Fertigungskonzept mit durchgängiger Rechnerunterstützung inzwischen abgeklungen, aber es sind doch grundlegende Verfahrensweisen erhalten geblieben auf dem Gebiet der CAx-Systeme sowie deren zumindest teilweiser Integration. Grundlegende Arbeiten finden sich bei A. Scheer (*CIM – Der computergesteuerte Industriebetrieb*, Springer Verlag, 1990). Die Landschaft der verschiedenen CAx-Systeme gilt nicht als abgeschlossen; vielmehr kommen immer noch neue Teilverfahren hinzu wie z.B. das computergestützte Recycling, dem künftig aus ökologischen Gründen erhöhte Aufmerksamkeit zu schenken ist. An einigen Beispielen wurde anschaulich in einzelne CAx-Verfahren eingeführt, so z.B. CAE-Mechanik mit den Simulationsergebnissen eines linksseitigen Frontalcrashes eines Kleinkraftwagens mit selbsttragender Karosserie auf der Grundlage der Finiten-Elemente-Methode. Ein alternatives Unternehmenskonzept in Form der Lean Production wird konkurrierend zur CIM-Philosophie einführend erläutert.

Will man Automatisierung eines technischen Prozesses effizient betreiben, kann man auf die Regelungstechnik nicht verzichten. Sie findet in allen Ebenen automatisierter Prozesse Anwendung, ja sogar zuoberst bis in die Ebene der Geschäftsführung eines Unternehmens. So wird der Leser zunächst mit der klassischen Regelungstechnik vertraut gemacht, wobei in die Grundlagen der Systemtheorie eingeführt wurde. Um schließlich das Systemverhalten exakt beschreiben zu können, bedurfte es einer kurzen Einführung in die Laplace-Transformation. Diese Integraltransformation wurde nur insoweit behandelt, wie es für den Anwender erforderlich ist, um z.B. Antwortfunktionen im Zeitbereich berechnen zu können. Als ein wichtiger Teilbereich ist hier die Stabilität eines Regelkreises zu benennen. Die Darstellung geht jedoch über einschleifige Regelkreise nicht hinaus, wobei besonders der PID- und der Zweipunktregler behandelt wurden. Die klassische Regelungstechnik wird aber heute sinnvoll ergänzt durch Fuzzy Control. Daher findet man in diesem Unterabschnitt eine Einführung in Fuzzy-Sets mit allen dazugehörigen Definitionen und eine vertiefte Beschreibung dieses regelbasierten Regelungsverfahrens. Gerade dieser wissensbasierte Ansatz leistet besonders dort gute Dienste, wo es nicht gelingt, für einen technischen Prozeß ein mathematisches Modell zu entwickeln. Daher ist das Gebiet Fuzzy Control heute von immenser Wichtigkeit. Grundlegende Arbeiten finden sich bereits in Zadehs frühen Arbeiten (siehe z.B. *Fuzzy-Sets*, Information and Control 8, 1965).

Der letzte Abschnitt des vorliegenden Buches behandelt Softwareentwicklung für Prozeßregelungen unter Echtzeitbedingungen. Es wurde in grundlegende Verfahren der Softwareentwicklung eingeführt. Insbesondere für sicherheitsrelevante Prozesse muß Prozeßrechnersoftware einem Validierungs- und Verifikationsprozeß unterworfen werden. Besondere Bedeutung kommt dabei der Instrumentierung und on-line mitlaufenden Softwaretools zu. Methoden zur Bestimmung von Programmausführungszeiten konnten noch nicht ausführlich behandelt werden. Zwar sind hierzu eine Reihe von Ansätzen bekannt, es wird aber immer noch vielfach verkannt, welche Auswirkungen die mangelnde Reproduzierbarkeit bei der Ausführung von Programmsequenzen mit sich bringt. Die technisch-wissenschaftliche Gesamtsituation auf diesem Teilgebiet muß noch als wenig zufriedenstellend bezeichnet werden, da gerade bei Echtzeitsystemen die Vorhersagbarkeit für eine Echtzeitplanung eine Grundvoraussetzung ist. Gerade für sicherheitstrelevante Software ist die Vorhersagbarkeit von Programmabläufen wichtiger Bestandteil bei der Führung des Funktionsnachweises.

Das vorliegende Buch schließt daher mit der Einsicht, daß es nur facettenartig Teilbereiche der Prozeßautomatisierung beleuchten konnte. Daher wurde jeweils am Ende eines Abschnittes der Leser auf weiterführende Literatur verwiesen, sofern er an einer Vertiefung des Teilgebietes interessiert ist.

8.2 Ausblick

Viele Aufgaben der Automatisierungstechnik wie z.B. die Erstellung von Betriebsprotokollen oder die Verwaltung von Produktionsdaten werden heute bereits nicht mehr von speziellen Prozeßrechnern, sondern zunehmend von PCs ausgeführt. Somit ist heute der PC aus der Automatisierungstechnik nicht mehr wegzudenken. Eine ähnliche Entwicklung hat auch auf dem Gebiet der Software stattgefunden. Zunehmend findet man Betriebssysteme wie UNIX oder Windows-NT auch in der Prozeßautomatisierung. Speziell im prozeßnahen Bereich werden Echtzeitbetriebssysteme eingesetzt. Parallel dazu finden bei der eigentlichen Entwicklung von Automatisierungssoftware konventionelle Programmiersprachen (C oder C++) Anwendung.

Die zukünftige Entwicklung der Prozeßautomatisierung wird von Expertensystemen geprägt sein. Vielfach werden Expertensysteme konventionelle Programme verdrängen und ihrerseits den Prozeßablauf überwachen, steuern, regeln und optimieren. Eine wichtige Eigenschaft dieses Ansatzes ist die Abwendung von Gefahren für Personen und Sachen, die aus nicht gewollten Prozeßzuständen folgen. Die Stärke der künftigen Expertensysteme liegt darin, mögliche Gefahren zu erkennen, zu analysieren und letztlich rechtzeitige Gegenmaßnahmen zu ergreifen. Solche Entwicklungen stehen jedoch erst am Anfang.

Da der Trend zu verteilten Systemen ständig zunimmt, wird die Kommunikationstechnologie für die Automatisierung weiter in den Vordergrund rücken. Die Anbindung von Automatisierungssystemen an das Internet für Aufgaben der Fernwartung und Diagnose wird dabei unverzichtbar und wurde auch schon in Angriff genommen.

Die Prozeßautomatisierung braucht im zunehmenden Maße den Einsatz moderner Verfahren der Informatik. Dadurch werden komplexe Prozeßabläufe möglich. Andererseits ist zu erwarten, daß auch die Prozeßautomatisierung der Informatik neue Impulse geben wird.

A Laplace-Transformation

Die *Laplace-Transformation*, die eng mit der *Fourier-Transformation* zusammenhängt und ähnliche Eigenschaften aufweist, ist eine Integraltransformation. Dieser Anhang gibt kurz die wichtigsten Sätze, die Grundlage für die breite Anwendbarkeit der Laplace-Transformation sind, wieder (Tabelle A.1) und zeigt einzelne gebrochene-rationale Funktionen im Zeit- und Bildbereich (Tabelle A.2). Tabelle A.3 stellt stückweise stetige Funktionen im Zeit- und Bildbereich zusammen. Einzelheiten zur Laplace-Transformation finden sich u.a. in: I.N. Bronstein und K.A. Semendjajew *Taschenbuch der Mathematik*.

Tabelle A.1. Sätze der Laplacetransformation

Laplacetransformation $\mathcal{L}$	
$f(t)$	$\underline{F}(s) = \int_0^\infty f(t) \cdot e^{-s \cdot t} \cdot dt$
Inverse Laplacetransformation $\mathcal{L}^{-1}$	
$f(t) = \frac{1}{e \cdot \pi \cdot j} \cdot \int_{\sigma - j \cdot \omega}^{\sigma + j \cdot \omega} \underline{F}(s) \cdot e^{s \cdot t} \cdot ds$	$\underline{F}(s)$
Addition	
$f_1(t) + f_2(t)$	$\underline{F}_1(s) + \underline{F}_2(s)$
Multiplikation mit einer Konstanten	
$c \cdot f(t)$	$c \cdot \underline{F}(s)$
Ähnlichkeit	
$f(a \cdot t)$ für $a > 0$	$\frac{1}{a}\underline{F}(\frac{s}{a})$
Verschiebung im Zeitbereich	
$f(t - t_0)$	$\begin{cases} e^{-t_0 \cdot s} \cdot \underline{F}(s) & \text{für } t_0 > 0 \\ e^{-t_0 \cdot s} \cdot \underline{F}(s) - \int_0^{-t_0} f(\tau) \cdot e^{-s \cdot \tau} \cdot d\tau & \text{für } t_0 < 0 \end{cases}$
Verschiebung im Frequenzbereich	
$f(t) \cdot e^{-s_0 \cdot t}$	$\underline{F}(s + s_0)$
Dämpfung	
$f(t) \cdot e^{-\delta t}(\delta > 0)$	$\underline{F}(s + \delta)$
Differentiation im Zeitbereich	
$f'(t)$	$s \cdot \underline{F}(s) - f(+0)$ mit $f(+0) = \lim_{t \to +0} f(t)$
$f''(t)$	$s^2 \cdot \underline{F}(s) - s \cdot f(+0) - f'(0)$
$f^n(t)$	$s^n \cdot \underline{F}(s) - \sum_{i=0}^{n-1} s^{n-1-i} \cdot f^i(+0)$
Differentiation im Frequenzbereich	
$-t \cdot f(t)$	$\frac{d\underline{F}(s)}{ds}$
$(-1)^n \cdot t^n \cdot f(t)$	$\frac{d^n\underline{F}(s)}{ds^n}$

Tabelle A.1. (Fortsetzung)

Integration im Zeitbereich	
$\int_0^t f(\tau) \cdot d\tau$	$\frac{1}{s} \cdot \underline{F}(s)$
Integration im Frequenzbereich	
$\frac{f(t)}{t}$	$\int_s^\infty \underline{F}(u) \cdot du$
Faltung im Zeitbereich	
$f_1(t) * f_2(t)$	$\underline{F}_1(s) \cdot \underline{F}_2(s)$
Faltung im Frequenzbereich	
$f_1(t) \cdot f_2(t)$	$\underline{F}_1(s) * \underline{F}_2(s)$

Tabelle A.2. Funktionen im Zeit- und Bildbereich

	$f(t)$	$\underline{F}(s)$
1	$\delta(t)$	1
2	$\sigma(t) = 1$	$\frac{1}{s}$
3	$\rho(t) = t$	$\frac{1}{s^2}$
4	e^{-at}	$\frac{1}{s+a}$
5	$t \cdot e^{-at}$	$\frac{1}{(s+a)^2}$
6	$\frac{1}{a} \cdot (1 - e^{-a \cdot t})$	$\frac{1}{s \cdot (s+a)}$
7	$e^{-a \cdot t} \cdot (1 - a \cdot t)$	$\frac{s}{(s-a)^2}$
8	$t^n \qquad (n = 1, 2, 3, \ldots)$	$\frac{n!}{s^{n+1}}$
9	$t^n \cdot e^{-at} \qquad (n = 1, 2, 3, \ldots)$	$\frac{n!}{(s+a)^n}$
10	$\frac{1}{b-a} \cdot (e^{-at} - e^{-bt})$	$\frac{1}{(s+a) \cdot (s+b)}$
11	$\frac{1}{b-a} \cdot (b \cdot e^{-at} - a \cdot e^{-bt})$	$\frac{s}{(s+a) \cdot (s+b)}$
12	$\frac{1}{a \cdot b} \cdot \left[1 + \frac{1}{a-b} \cdot (a \cdot e^{-at} - b \cdot e^{-bt}) \right]$	$\frac{1}{s \cdot (s+a) \cdot (s+b)}$
13	$\sin \omega \cdot t$	$\frac{\omega}{s^2 + \omega^2}$
14	$\cos \omega \cdot t$	$\frac{s}{s^2 + \omega^2}$
15	$e^{-a \cdot t} \cdot \sin \omega \cdot t$	$\frac{\omega}{(s+a)^2 \cdot \omega^2}$
16	$e^{-a \cdot t} \cdot \cos \omega \cdot t$	$\frac{s+a}{(s+a)^2 \cdot \omega^2}$
17	$\frac{1}{a^2} \cdot (a \cdot t - 1 + e^{-a \cdot t})$	$\frac{1}{s^2 \cdot (s+a)}$
18	$\frac{1}{2} \cdot t^2$	$\frac{1}{s^3}$
19	$\frac{t^2}{2} \cdot e^{-a \cdot t}$	$\frac{1}{(s+a)^3}$
20	$e^{-a \cdot t} \cdot t \cdot (1 - \frac{a}{2} \cdot t)$	$\frac{s}{(s+a)^3}$
21	$\frac{1}{6} \cdot t^3$	$\frac{1}{s^4}$

Tabelle A.3. Stückweise stetige Funktionen im Zeit- und Bildbereich

f(t)	F(s)

$$\frac{A}{s} \cdot (1 - e^{-s \cdot t_0})$$

$$\frac{A}{s} \cdot (e^{-s \cdot t_1} - e^{-s \cdot t_2})$$

$$\frac{A}{s} \cdot (1 - e^{-\frac{s \cdot t_0}{2}})^2$$

$$\frac{A}{s} \cdot (e^{-\frac{s \cdot t_1}{2}} - e^{-\frac{s \cdot t_2}{2}})^2$$

$$\frac{2 \cdot A}{t_0 \cdot s^2} \cdot (1 - e^{-\frac{s \cdot t_0}{2}})^2$$

Tabelle A.3. (Fortsetzung)

$f(t)$	$\underline{F}(s)$

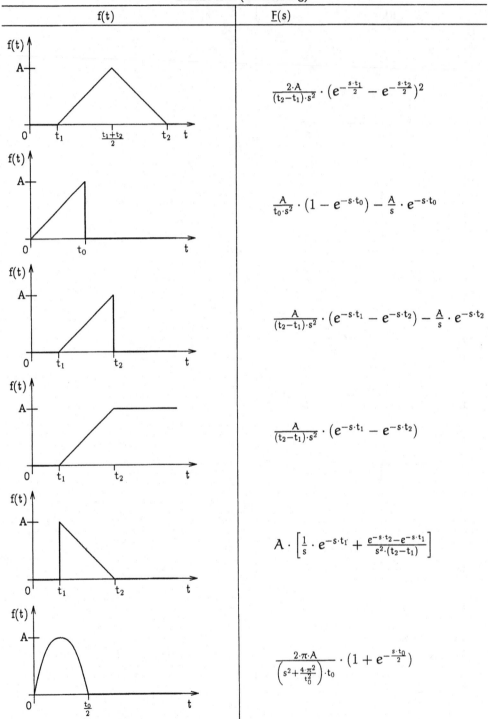

$$\frac{2\cdot A}{(t_2-t_1)\cdot s^2}\cdot\left(e^{-\frac{s\cdot t_1}{2}}-e^{-\frac{s\cdot t_2}{2}}\right)^2$$

$$\frac{A}{t_0\cdot s^2}\cdot\left(1-e^{-s\cdot t_0}\right)-\frac{A}{s}\cdot e^{-s\cdot t_0}$$

$$\frac{A}{(t_2-t_1)\cdot s^2}\cdot\left(e^{-s\cdot t_1}-e^{-s\cdot t_2}\right)-\frac{A}{s}\cdot e^{-s\cdot t_2}$$

$$\frac{A}{(t_2-t_1)\cdot s^2}\cdot\left(e^{-s\cdot t_1}-e^{-s\cdot t_2}\right)$$

$$A\cdot\left[\frac{1}{s}\cdot e^{-s\cdot t_1}+\frac{e^{-s\cdot t_2}-e^{-s\cdot t_1}}{s^2\cdot(t_2-t_1)}\right]$$

$$\frac{2\cdot\pi\cdot A}{\left(s^2+\frac{4\cdot\pi^2}{t_0^2}\right)\cdot t_0}\cdot\left(1+e^{-\frac{s\cdot t_0}{2}}\right)$$

Tabelle A.3. (Fortsetzung)

f(t)	$\underline{F}(s)$

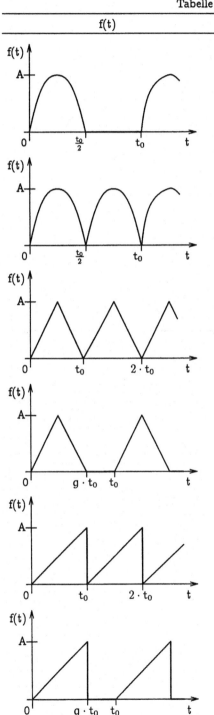

$$\frac{A\cdot\omega_0}{s^2+\omega_0^2}\cdot\frac{1}{1-e^{-\frac{s\cdot t_0}{2}}}$$

$$\left(\omega_0=\frac{2\cdot\pi}{t_0}\right)$$

$$\frac{A\cdot\omega_0}{s^2+\omega_0^2}\cdot\frac{1+e^{-\frac{s\cdot t_0}{2}}}{1-e^{-\frac{s\cdot t_0}{2}}}$$

$$\left(\omega_0=\frac{2\cdot\pi}{t_0}\right)$$

$$\frac{2\cdot A}{t_0\cdot s^2}\cdot\frac{1-e^{-\frac{s\cdot t_0}{2}}}{1+e^{-\frac{s\cdot t_0}{2}}}$$

$$\frac{2\cdot A}{g\cdot t_0\cdot s^2}\cdot\frac{(1-e^{-\frac{s\cdot g\cdot t_0}{2}})^2}{(1-e^{-s\cdot t_0})}$$

$$(0\leq g\leq 1)$$

$$\frac{A}{t_0\cdot s^2}\cdot\frac{1-(1+s\cdot t_0)\cdot e^{-s\cdot t_0}}{1-e^{-s\cdot t_0}}$$

$$\frac{A}{t_0\cdot s^2}\cdot\frac{\frac{1}{g}-(\frac{1}{g}+s\cdot g\cdot t_0)\cdot e^{-s\cdot g\cdot t_0}}{1-e^{-s\cdot t_0}}$$

$$(0\leq g\leq 1)$$

Tabelle A.3. (Fortsetzung)

f(t)	F(s)

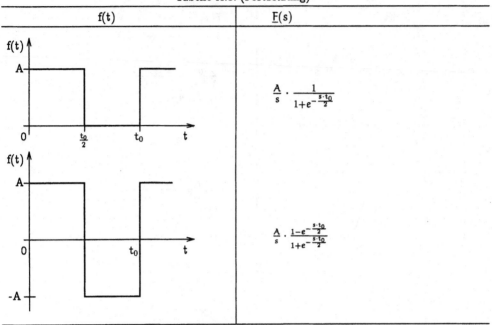

$$\frac{A}{s} \cdot \frac{1}{1+e^{-\frac{s\cdot t_0}{2}}}$$

$$\frac{A}{s} \cdot \frac{1-e^{-\frac{s\cdot t_0}{2}}}{1+e^{-\frac{s\cdot t_0}{2}}}$$

B Prozeßsymbole

Unter Zuhilfenahme sog. *Prozeßsymbole* läßt sich das Zusammenspiel einzelner Komponenten übersichtlich darstellen. Diese Prozeßsymbole sind vielfältiger Gestalt und immer auf den jeweiligen zu steuernden, technischen Prozeß zugeschnitten. Im folgenden sind – ohne Anspruch auf Vollständigkeit – die Prozeßsymbole, die häufig im Bereich der Energie- und Automatisierungstechnik eingesetzt werden, wiedergegeben.

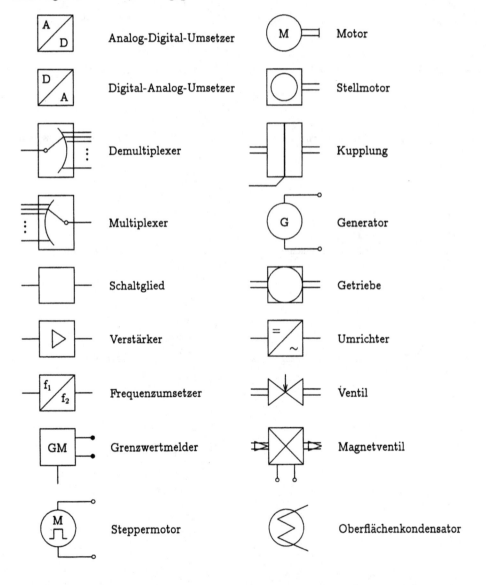

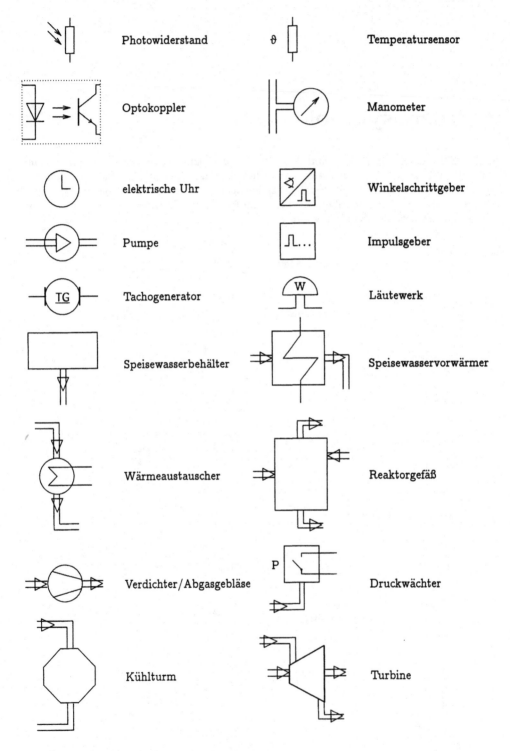

Photowiderstand	Temperatursensor
Optokoppler	Manometer
elektrische Uhr	Winkelschrittgeber
Pumpe	Impulsgeber
Tachogenerator	Läutewerk
Speisewasserbehälter	Speisewasservorwärmer
Wärmeaustauscher	Reaktorgefäß
Verdichter/Abgasgebläse	Druckwächter
Kühlturm	Turbine

Sachverzeichnis

SpringerInformatik

Johann Blieberger, Johann
Klasek, Alexander Redlein,
Gerhard-Helge Schildt

Informatik

Dritte, erweiterte Auflage
1996. 183 Abbildungen. XI, 418 Seiten.
Broschiert DM 60,–, öS 420,–
ISBN 3-211-82860-5
Springers Lehrbücher der Informatik

Das Buch ist eine unkonventionelle, auf intuitives Verständnis ausgerichtete Einführung in jene Aspekte der Informatik, die nicht ausschließlich die Entwicklung von Software betreffen. Trotz der breit angelegten Diskussion sehr heterogener Teilgebiete bleibt der Blick auf das Gesamtsystem erhalten. Beim Leser werden aber keine besonderen Vorkenntnisse vorausgesetzt.
Für die dritte Auflage wurde das Buch komplett überarbeitet und auf den neuesten Stand gebracht.

SpringerWienNewYork

Sachsenplatz 4-6, P.O.Box 89, A-1201 Wien, Fax +43-1-330 24 26
e-mail: order@springer.at, Internet: http://www.springer.at
New York, NY 10010, 175 Fifth Avenue • D-14197 Berlin, Heidelberger Platz 3
Tokyo 113, 3-13, Hongo 3-chome, Bunkyo-ku

SpringerTechnik

Rupert Patzelt,
Herbert Schweinzer (Hrsg.)

Elektrische Meßtechnik

Zweite, neubearbeitete Auflage
1996. 360 Abbildungen. XVI, 464 Seiten.
Broschiert DM 67,–, öS 470,–
ISBN 3-211-82873-7

Dieses Werk hat sich in kurzer Zeit als Standardlehrbuch der Meßtechnik etabliert. Für die zweite, neubearbeitete Auflage wurden nicht nur Fehler korrigiert, sondern der ganze Stoff gründlich überarbeitet und erweitert. Neu hinzugekommen sind Kapitel über Abtastung und Rekonstruktion von Zeitverläufen, und über Sensorprinzipien. Ein eigenes Kapitel über Meßdatenerfassung und -darstellung trägt der rasanten Entwicklung auf diesem Sektor Rechnung. Besonders wichtig ist immer die Überlegung, welche Einflüsse bei Meßvorgängen vernachlässigt werden können, bzw. welchen Einfluß diese Effekte haben können. Die dargestellten Meßmethoden und Schaltungen folgen bewährten Prinzipien, technische Details von Meßgeräten wurden soweit reduziert, daß die Aktualität der Darstellung gewahrt bleibt.

SpringerWienNewYork

Sachsenplatz 4-6, P.O.Box 89, A-1201 Wien, Fax +43-1-330 24 26
e-mail: order@springer.at, Internet: http://www.springer.at
New York, NY 10010, 175 Fifth Avenue • D-14197 Berlin, Heidelberger Platz 3
Tokyo 113, 3-13, Hongo 3-chome, Bunkyo-ku

SpringerGeowissenschaften

Bernhard Hofmann-Wellenhof, Gerhard Kienast, Herbert Lichtenegger

GPS in der Praxis

1994. 15 Abbildungen. IX, 143 Seiten.
Broschiert DM 42,–, öS 294,–
ISBN 3-211-82609-2

Das satellitengestützte Positionierungssystem GPS wurde ursprünglich für die militärische Navigation konzipiert und entwickelt. Bald wurden aber auch die Anwendungsmöglichkeiten im zivilen Bereich erkannt. Unter anderem zählt GPS heute bereits zu den Standardmethoden der geodätischen Punktbestimmung, wobei Genauigkeiten bis in den Millimeterbereich erzielt werden können.

Dieses Buch richtet sich an alle, die eine praxisbezogene Beschreibung von GPS hinsichtlich der Beobachtung und insbesondere der Auswertung suchen. Im Detail werden die Netzbildung, die Transformation der GPS Ergebnisse in das lokale Datum sowie die gemeinsame Ausgleichung von GPS und terrestrische Messungen behandelt, wobei zahlreiche numerische Beispiele angeführt sind. Im Anhang sind neben den Zahlenwerten für die Parameter der bekanntesten Ellipsoide auch die Formelsysteme für die gebräuchlichsten konformen Abbildungen enthalten.

SpringerWienNewYork

Sachsenplatz 4-6, P.O.Box 89, A-1201 Wien, Fax +43-1-330 24 26
e-mail: order@springer.at, Internet: http://www.springer.at
New York, NY 10010, 175 Fifth Avenue • D-14197 Berlin, Heidelberger Platz 3
Tokyo 113, 3-13, Hongo 3-chome, Bunkyo-ku

Springer-Verlag
und Umwelt

Als internationaler wissenschaftlicher Verlag sind wir uns unserer besonderen Verpflichtung der Umwelt gegenüber bewußt und beziehen umweltorientierte Grundsätze in Unternehmensentscheidungen mit ein.

Von unseren Geschäftspartnern (Druckereien, Papierfabriken, Verpackungsherstellern usw.) verlangen wir, daß sie sowohl beim Herstellungsprozeß selbst als auch beim Einsatz der zur Verwendung kommenden Materialien ökologische Gesichtspunkte berücksichtigen.

Das für dieses Buch verwendete Papier ist aus chlorfrei hergestelltem Zellstoff gefertigt und im pH-Wert neutral.